# 中国市政设计行业 BIM 指南

上海市政工程设计研究总院（集团）有限公司
组织编写

主编
张吕伟　蒋力俭

中国建筑工业出版社

图书在版编目（CIP）数据

中国市政设计行业BIM指南/张吕伟，蒋力俭编著.
北京：中国建筑工业出版社，2017.7
ISBN 978-7-112-20741-1

Ⅰ.①中… Ⅱ.①张…②蒋… Ⅲ.①市政工程—计
算机辅助设计—应用软件—指南 Ⅳ.①TU99-39

中国版本图书馆CIP数据核字（2017）第098958号

本书共10章，分别介绍了BIM技术和标准、BIM实施和管理、模型拆分、BIM模型、BIM信息、BIM交付、BIM构件、BIM应用、BIM应用案例、BIM常用软件介绍等内容。书后附盘，主要介绍了国内外市政设计行业主流软件资料。

本书可供从事市政工程设计的技术人员使用。

责任编辑：于　莉
责任设计：李志立
书籍设计：京点制版
责任校对：李欣慰　张　颖

**中国市政设计行业 BIM 指南**

上海市政工程设计研究总院（集团）有限公司　组织编写
主编　张吕伟　蒋力俭

*

中国建筑工业出版社出版、发行（北京海淀三里河路9号）
各地新华书店、建筑书店经销
北京京点图文设计有限公司制版
北京方嘉彩色印刷有限责任公司印刷

*

开本：787×1092毫米　1/16　印张：13½　字数：310千字
2017年7月第一版　2017年7月第一次印刷
定价：99.00元（含光盘）
ISBN 978-7-112-20741-1
（30394）

# 中国市政设计行业 BIM 指南编委会

**编写指导**

栗元珍　张　亮

**主　　编**

张吕伟　蒋力俭

**主要参编人员**（按姓名首字字母排序）

边惠葵　程生平　付后国　高立鑫　高　远　过　骏　侯　铁

何　莹　何则干　姜天凌　李　宁　李卫东　刘百韬　庞　然

宋　磊　吴军伟　吴　迪　吴　昊　王奇达　王胜华　王　睿

王　健　王　海　徐　亮　徐　辰　徐海军　夏海兵　杨海涛

张　磊　张为民　张辛平　朱伟南　赵　烨

**案例编写人员**

徐晓宇　耿媛婧　田兴业　刘　钊　韩宝良　陈立楠　吴文高

胡方健　苏　杰　徐亚男　杨　宇　杨　晓　史小峰　奇　杰

崔铁万　朱继园　吴冬毅　施新欣　李扬帆　张琪峰　陆敏博

黄鸿达　张　斌　雷　鸣　贾小飞　盛　誉　黄丹丹　张学生

朱小羽　赵　嘉　李　昂　许金寿　薛治纲

**主审人员**

周质炎　魏　来　于　洁　吴　巍　曹　景　史春海　许大鹏　袁胜强

# 《中国市政设计行业 BIM 指南》参编单位

**指导单位**：中国勘察设计协会市政工程设计分会

**主编单位**：上海市政工程设计研究总院（集团）有限公司

**参编单位**：北京市市政工程设计研究总院有限公司

上海市城市建设设计研究总院（集团）有限公司

中国市政工程华北设计研究总院有限公司

中国市政工程西北设计研究院有限公司

中国市政工程中南设计研究总院有限公司

中国市政工程西南设计研究总院有限公司

上海市隧道工程轨道交通设计研究院

广州市市政工程设计研究总院

同济大学建筑设计研究院（集团）有限公司

苏州市市政工程设计院有限责任公司

天津市市政工程设计研究院

大连市市政设计研究院有限责任公司

深圳市市政设计研究院有限公司

南京市市政设计研究院有限责任公司

济南市市政工程设计研究院（集团）有限责任公司

合肥市市政设计研究总院有限公司

# 序

在经济全球化、市场多元化、竞争差异化的大趋势下，企业之间的项目竞争已经逐步转变为全产业链的竞争，我国的勘察设计行业要实现快速发展，就一定要利用信息技术整合产业链资源，实现全产业链的协同作业，构建基于行业特征的信息模型，实现全产业链的信息集成、共享和协作，而BIM具备新一代信息技术所特有的作用和价值，正好符合了这方面的需求。BIM是近年来引领建筑数字技术走向更高层次的新技术，它的全面应用将大大提高建筑企业的生产效率，提升工程建设的集成化程度。以BIM技术为代表的三维协同设计技术的应用，在提高设计水平和质量等方面的促进作用，已日益成为行业的共识。同时，亦为BIM技术在建筑全生命周期中的应用奠定基础。BIM技术不仅仅改变设计手段，对于企业的技术创新、管理创新乃至转型发展也具有深远的影响，未来必定是行业信息化建设的重点。

2016年是“十三五”的开局之年，住房和城乡建设部印发了《2016-2020年建筑业信息化发展纲要》，明确提出要增强BIM、大数据、智能化、移动通信、云计算、物联网等信息技术集成应用能力。BIM技术是一次将虚拟和实体建造过程有效结合的技术革命，我们需要这项技术为工程项目实现资源节约、环境保护，并创造更大的经济效益。面对EPC、PPP等建筑方式的发展和推广，BIM技术能更好地促进各类信息在产业链中有序、高效地流动和应用，支撑并推动行业业态的整合和创新。我们坚信，有了政策的支持，行业协会、设计企业以及软件研发企业的共同努力，BIM技术应用的前景一片光明。推进这项技术发展需要搭建一个交流合作平台，行业协会能够发挥自身优势，担当这一重任，满足行业需求。

2014年10月23日，中国勘察设计协会市政工程设计分会信息管理工作委员会委托上海市政工程设计研究总院（集团）有限公司组织成立《中国市政设计行业BIM指南》编写组，由来自全国17家国家和省级市政设计单位参与。编写组团队来自市政设计一线市政设计人员和BIM技术应用人员，这种多元化结构，十分有利于吸纳不同领域的专家从不同视角对BIM认识，有利于共同探讨BIM的基本理论、应用现状和未来前景。

BIM应用从现状到全员普及还需要很长一段时间，还有很多困难和挑战需要解决，这些都需要所有行业和企业从业人员的参与和实践，衷心希望本书能够在BIM普及应用的过程中对行业有所启发，有所提醒乃至有所帮助。

施设

中国勘察设计协会理事长

# 前 言

BIM 技术作为一种新兴的先进设计手段，得到我国政府和设计行业的高度重视。在中国勘察设计协会《"十三五"工程勘察设计行业信息化工作指导意见》的总体目标指引下，中国市政设计行业近年来积极探索 BIM 技术在市政工程设计中的应用及推广，在 BIM 正向设计、虚拟实现、性能分析、工程量统计、仿真模拟等方面积累了丰富的项目成果和应用经验，市政设计行业的 BIM 技术应用水平得到快速提升，并在多项大型市政工程设计创新中发挥出支撑、驱动作用。

为进一步提高中国市政行业设计单位 BIM 应用的整体水平，积极发挥先行单位的引领和示范作用，2014 年 10 月中国勘察设计协会市政工程设计分会信息管理工作委员会组织成立了《中国市政设计行业 BIM 指南》编撰组，由上海市政工程设计研究总院（集团）有限公司牵头，联合全国 16 家委员单位和国内外 6 家著名软件公司组成。编撰团队由各委员单位一线设计人员和 BIM 技术应用人员组成，集聚各单位 BIM 技术人员的经验和才智，确保指南编撰更具有权威性、指导性和可操作性。2015 年 11 月，在兰州召开的中国勘察设计协会市政工程设计分会信息管理工作委员会的年会上发布了《中国市政设计行业 BIM 指南 2015 版》。之后，又对标国标《建筑信息模型交付标准》作进一步完善，形成了《中国市政设计行业 BIM 指南》（以下简称《指南》）。

《指南》在确定中国市政设计行业 BIM 技术应用总体原则的基础上，对给水、排水、道路、桥梁、隧道、管廊等核心专业在模型拆分、模型精度、构件与交付等技术方面，提出了相应量化指标，以期为上述专业的 BIM 应用推广提供依据。《指南》精选了各委员单位 BIM 技术应用中有代表性的 BIM 项目，针对实施过程中碰到的各种问题进行剖析，供相似工程应用借鉴。《指南》编撰工作是建立在大量的行业实践基础之上，面向市政行业对国家及地方 BIM 标准进行解读和研讨，对应用的拓展进行细化和补充，推动中国市政设计行业 BIM 应用走向标准化。《指南》力求做到反映 BIM 技术的最新应用和发展趋势，通过工程案例突出实用性，成为一线工程技术人员的好帮手和好工具。

《指南》的编撰工作得到了全国诸多单位和专家的支持与帮助，中国建筑标准设计研究院 BIM 中心主任魏来和中国建筑设计院有限公司 BIM 设计研究中心主任于洁等专家对稿件的校审、指导做了大量的工作，在此一并致以诚挚的谢意。由于时间仓促及限于学术水平，疏漏和不足之处在所难免，敬请广大读者不吝指正。

《中国市政设计行业 BIM 指南》编委会

2017 年 5 月

# 目　录

# 第 1 章
## BIM 技术和标准

# 1.1 BIM 理解

## 1.1.1 BIM 定义

BIM（Building Information Modeling）是“建筑信息建模”的简称，最初发源于 20 世纪 70 年代的美国，由美国佐治亚理工大学建筑与计算机学院（Georgia Tech College of Architecture and Computing）的查克伊士曼博士（Chuck Eastman,Ph.D.）提出。其被定义为：“建筑信息建模是将一个建筑建设项目在整个生命周期内的所有几何特性、功能要求与构件的性能信息综合到一个单一的模型中。同时,这个单一模型的信息中还包括了施工进度、建造过程的过程控制信息。”

美国国家 BIM 标准委员会（The National Building Information Modeling Standards Committee 简称 NBIMS）对 BIM 定义如下：“BIM 是建设项目的兼具物理特性与功能特性的数字化模型，且是从建设项目的最初概念设计开始的整个生命周期里做出任何决策的可靠共享信息资源。实现 BIM 的前提是在建设项目生命周期的各个阶段，不同的项目参与方通过在 BIM 建模过程中插入、提取、更新及修改信息以支持和反映出各参与方的职责。BIM 是基于公共标准化协同作业的共享数字化模型。”

根据美国国家 BIM 标准委员会的定义，BIM 可从三个层面来描述，首先，BIM 是关于建筑设施的数据产品或智能数字化表述；其次，BIM 是一种协作过程，它包含事务驱动和自动化处理能力，以及维护信息的可持续性和一致性的开放信息标准；最后，BIM 是一种熟知的用于信息交换、工作流和程序步骤的工具，可作为贯穿建筑全生命周期的可重复、可验证、可维持和明晰的信息环境。

BIM 采用面向对象的方法描述包括三维几何信息在内建筑的全面信息，这些对象化的信息具有可复用、可计算的特征，从而支持通过面向对象编程实现数据的交换与共享。在建筑项目中采用遵循共同标准的建筑信息模型作为建筑信息表达和交换的方式，将显著地促进项目信息的一致性，减少项目不同阶段间信息传递中的信息丢失，增强信息的复用性，减少人为错误，极大地提高工程建设行业的工作效率和技术、管理水平。

建筑信息模型不是简单地将数字信息进行集成，它还是一种数字信息的应用，并可以用于设计、建造、管理的数字化方法，这种方法支持建筑工程的集成管理环境，可以使建筑工程在其整个进程中显著提高效率、大量减少风险。

## 1.1.2 BIM 内涵

BIM 作为一种全新的理念，涉及一个工程项目全生命期，从规划、设计、理论到施工维护技术一系列的创新，也包括管理的变革，BIM 的应用是工程建设行业的第二次革命，第一次革命是 CAD 的应用。CAD 的应用是一个技术层面的革命，BIM 的应用不仅仅涉及技术，更重要它还涉及管理的变革，所以作为一场革命，它会更深刻，涉及的面会更广，实施起来也会更难。

1. 模型信息的完备性

除了对工程对象进行三维几何信息和拓扑关系的描述，还包括完整的工程信息描述，如对象名称、结构类型、建筑材料、工程性能等设计信息；施工工序、进度、成本、质量以及人力、机械、材料资源等施工信息；工程安全性能、材料耐久性能等维护信息；对象之间的工程逻辑关系等。

2. 模型信息的关联性

信息模型中的对象是可识别且相互关联的，系统能够对模型的信息进行统计和分析，并生成相应的图形和文档。如果模型中的某个对象发生变化，与之关联的所有对象都会随之更新，以保持模型的完整性和健壮性。

3. 模型信息的一致性

在工程项目生命期的不同阶段，模型信息是一致的，同一信息无需重复输入，而且信息模型能够自动演化，模型对象在不同阶段可以简单地进行修改和扩展而无需重新创建，避免了信息不一致的错误。

### 1.1.3 BIM 特征

1. 可视化

可视化即“所见所得”的形式，对于工程建设行业的作用是非常大的，例如经常拿到的施工图纸，只是各个构件的信息在图纸上的线条绘制表达，但是其真正的构造形式就需要设计参与人员去自行想象。对于一般简单的构筑物，这种想象很容易理解，但是对于形式各异、复杂造型构筑物，光靠人脑去想象就未免有点不太现实了。

BIM 提供了可视化的思路，让线条式的构件形成一种三维的立体实物图形展示在人们的面前。目前利用效果图展示构筑物,但是这种效果图是分包给专业的效果图制作团队，由他们识读线条式信息制作出来的，并不是通过构件的信息自动生成的，缺少了同构件之间的互动性和反馈性。然而 BIM 提到的可视化是一种能够同构件之间形成互动性和反馈性的可视。在 BIM 信息模型中，由于整个过程都是可视化的，所以，可视化的结果不仅可以提供效果的展示及报表的生成，更重要的是在项目设计、建造、运营过程中的沟通、讨论、决策都在可视化的状态下进行。

2. 协调性

不管是业主单位还是施工及设计单位，无不在做着协调及相配合的工作。一旦项目的实施过程中遇到了问题，就要将有关人员组织起来开协调会，找出问题发生的原因及解决办法，然后做出变更，提出补救措施的问题解决。

BIM 的协调性服务就可以事先处理这种问题，也就是说 BIM 信息模型可在构筑物建造前期对各专业的碰撞问题进行协调，生成协调数据并提供出来。当然 BIM 的协调作用也并不是只能解决各专业间的碰撞问题，它还可以解决例如净空要求之协调、防火分区与其他设计布置之协调、地下排水布置与其他设计布置之协调等问题。

3. 模拟性

模拟性并不是只能模拟设计出的构筑物模型，还可以模拟不能够在真实世界中进行操作的事物。在设计阶段，BIM 可以按设计需要进行模拟实验，例如：节能模拟、紧急疏散模拟、日照模拟、热能传导模拟等；在招投标和施工阶段可以进行 4D 模拟（三维模型加时间信息），也就是根据施工的组织设计模拟实际施工，从而确定合理的施工方案用以指导施工。同时还可以进行 5D 模拟（三维模型加费用信息），从而来实现成本控制；后期运营阶段可以进行日常紧急情况的处理方式的模拟，例如地震人员逃生模拟及消防人员疏散模拟等。

4. 优化性

整个设计、施工、运营的过程就是一个不断优化的过程。工程设计优化受三个条件的制约：信息、复杂程度和时间。没有准确的信息做不出合理的优化结果，BIM 模型提供了构筑物的实际存在的信息，包括几何信息、物理信息、规则信息，还提供了构筑物建造过程信息。目前基于 BIM 的优化可以做下面的工作：

（1）项目方案优化：把项目设计和投资回报分析结合起来，设计变化对投资回报的影响可以实时计算出来；这样业主对设计方案的选择就不会主要停留在对形状的评价上，而是更准确地了解哪种项目设计方案更有利于自身的需求。

（2）特殊项目的设计优化：特殊项目占整个工程项目比例不大，但却是施工难度比较大和存在施工问题比较多的地方，对这些内容的设计施工方案进行优化，可以带来显著的工期和造价改进。

5. 可出图性

BIM 并不是为了出日常多见的设计院工程设计图纸及一些构件加工的图纸，而是通过对工程项目进行可视化展示、协调、模拟、优化，帮助业主形成更加准确的成果：

（1）综合管线图（经过碰撞检查和设计修改，消除了相应错误以后）；

（2）综合结构留洞图（预埋套管图）；

（3）碰撞检查报告和建议改进方案。

### 1.1.4 BIM 价值

1. 解决当前工程建设领域信息化的瓶颈问题

（1）建立单一工程数据源。工程项目各参与方使用的是单一信息源，确保信息的准确性和一致性。实现项目各参与方之间的信息交流和共享。从根本上解决项目各参与方基于纸介质方式进行信息交流形成的“信息断层”和应用系统之间“信息孤岛”问题。

（2）推动现代 CAD 技术的应用。全面支持数字化的、采用不同设计方法的工程设计，尽可能采用自动化设计技术，实现设计的集成化、网络化和智能化。

（3）促进工程项目全生命期管理，实现各阶段的工程性能、质量、安全、进度和成本的集成化管理，对建设项目生命期总成本、能源消耗、环境影响等进行分析、预测和控制。

2. 基于 BIM 的工程设计

（1）实现三维设计。能够根据三维模型自动生成各种图形和文档，而且始终与模型逻辑相关，当模型发生变化时，与之关联的图形和文档将自动更新；设计过程中所创建的对象存在着内建的逻辑关联关系，当某个对象发生变化时，与之关联的对象随之变化。

（2）实现不同专业设计之间的信息共享，还能实现测绘与工程设计的深入融合。各专业 CAD 系统可从信息模型中获取所需的设计参数和相关信息，不需要重复录入数据，避免数据冗余、歧义和错误。

（3）实现各专业之间的协同设计。某个专业设计的对象被修改，其他专业设计中的该对象会随之更新。

（4）实现虚拟设计和智能设计。实现设计碰撞检测、能耗分析、成本预测等。

3. 基于 BIM 的施工及管理

（1）实现动态、集成和可视化的 4D 施工管理。将建筑物及施工现场三维模型与施工进度相链接，并与施工资源和场地布置信息集成一体，建立 4D 施工信息模型。实现建设项目施工阶段工程进度、人力、材料、设备、成本和场地布置的动态集成管理及施工过程的可视化模拟。

（2）实现项目各参与方协同工作。项目各参与方信息共享，基于网络实现文档、图档和视档的提交、审核、审批及利用。项目各参与方通过网络协同工作，进行工程洽商、协调，实现施工质量、安全、成本和进度的管理和监控。

（3）实现虚拟施工。在计算机上执行建造过程，虚拟模型可在实际建造之前对工程项目的功能及可建造性等方面存在的潜在问题进行预测，包括施工方法实验、施工过程模拟及施工方案优化等。

BIM 是引领建筑业信息技术走向更高层次的一种新技术，它的全面应用，将为建筑业界的科技进步产生无可估量的影响，大大提高建筑工程的集成化程度。同时，也为建筑业的发展带来巨大的效益，使设计乃至整个工程的质量和效率显著提高，成本降低。

## 1.2　BIM 应用必要性

工程建设行业是国民经济重要支柱产业之一，它的技术进步和产业升级，关系到国家经济发展的大局，从这个角度看，我国工程建设行业的技术进步，是国家战略发展的需要。近年来以 BIM 技术为代表的三维协同设计技术的应用，在缩短设计周期、降低设计成本、提高设计水平和质量等方面的促进作用，已日益成为行业的共识。BIM 技术不仅仅改变设计手段，对于企业的技术创新、管理创新和企业的转型发展也具有深远的影响，未来必定是行业信息化建设的重点。

国务院办公厅《关于促进建筑业持续健康发展的意见》（国办发 [2017]19 号），在第 16 条加强技术研发应用中，提出加快推进建筑信息模型（BIM）技术在规划、勘察、设计、施工和运营维护全过程的集成应用，实现工程建设项目全生命周期数据共享和信息化管理，为项目方案优化和科学决策提供依据，促进建筑业提质增效。

### 1.2.1 提升工程建设行业生产效率

BIM 技术是将依托传统的二维表达方式进行设计建造向依托三维数字化表达方式进行设计建造转变的革命性技术，是促进绿色建筑发展、提高工程建设行业信息化水平、推进智慧城市建设和实现工程建设转型升级的基础性技术。基于 BIM 的技术特点，工程建设行业与 BIM 技术的结合无疑能使得行业更好地抓住新形势下的发展机遇。

尽管我国工程建设行业生产效率增速极快，但生产效率的提高过分依赖于固定资产投入的增加，而行业其他资源的投入由于不合理的分配并没有产生有效的效率增加值。尤其是管理模式落后、信息化水平低等问题致使信息在工程建设全生命周期中各阶段、各参与方之间的传递过程中不断损失，从而造成重复劳动和信息传递失真。这些都已经成为制约工程建设行业劳动生产率进一步有效提高的瓶颈。

影响设计效率主要因素是沟通问题，它花费时间占整个设计的三分之一。目前，沟通方式主要通过图纸或效果图，对于较大型的扩建或改造工程，考虑到成本因素，可以做些动画，但这些都属于静态沟通。静态沟通可以用于沟通原则问题，但是对于较细节的问题沟通比较困难，而动态沟通通过实时漫游或对三维模型任意剖切进行沟通，能解决这些细节问题，能起到比较好的效果，如图 1-1 所示。

图 1–1　基于 BIM 模型设计方案讨论

BIM 通过项目信息的收集、管理、交换、更新、储存过程和项目业务流程，为建设项目全生命周期中的不同阶段、不同参与方提供及时、准确、足够的信息，支持不同项目阶段之间、不同项目参与方之间以及不同应用软件之间的信息交流和共享，以实现项目规划、设计、施工、运营、维护效率和质量的提高和工程建设行业持续不断的行业生产力水平提升，从而有效地提高工程建设行业的生产效率。

### 1.2.2 促进工程建设节能减排

目前大规模水处理、道路桥梁等扩建或改造工程越来越多，考虑到节能减排和环境污染等因素，在扩建或改造工程设计中，性能分析必须得到重视。BIM 技术在虚拟模型能耗分析方面，几乎包含了节能设计所需的全部信息，能够良好地指导设计师进行绿色设计。

通过 BIM 应用软件创建简单的建筑信息模型，设计师可以随时方便地对设计方案进行建筑能耗模拟，同时根据得到的结果合理地进行方案调整，更好地实现节能。BIM 设计通过将非几何信息集成到三维构件中，如材料特征、物理特征、力学参数、设计属性、价格参数、厂商信息等，使得构件成为智能实体，三维模型升级为 BIM 模型。BIM 模型用于建筑能耗分析、日照分析、结构分析、照明分析、声学分析、客流物流分析等诸多方面。可以说 BIM 技术在节能设计中的应用能有效地提高设计方案的准确性和可靠性，实现节能型工程。

### 1.2.3 加快工程建设工业化

国务院办公厅《关于促进建筑业持续健康发展的意见》( 国办发 [2017]19 号 )，在第十四条推广智能和装配式建筑中提出，坚持标准化设计、工厂化生产、装配化施工、一体化装修、信息化管理、智能化应用，推动建造方式创新，大力发展装配式混凝土和钢结构建筑，在具备条件的地方倡导发展现代木结构建筑，不断提高装配式建筑在新建建筑中的比例。

传统工程建设生产方式，是将设计与建造环节分开，设计环节仅从目标建造体及结构的设计角度出发，而后将所需建材运送至目的地，进行露天施工，完工交底验收；而工程建设工业化生产方式，是设计施工一体化的生产方式，标准化的设计至构配件的工厂化生产，再进行现场装配的过程。

工厂化建造是指采用构配件定型生产的装配施工方式，即按照统一标准定型设计，在工厂内成批生产各种构件，然后运到工地，在现场以机械化的方法装配成建造物的施工方式。案例如图 1-2 所示。

图 1-2 上海国定路高架下匝道立柱预制装配施工

BIM 模型可以与各种设计软件结合来设计构件，制定标准和规则，有利于实现标准化。BIM 模型中采集的信息能够完整地导入构件加工系统，用技术实现构件设计和加工一体化，提高构件加工精度，有利于实现构件部品的工厂化。

BIM 模型中每一构件的信息都会显示出来，准确显示出构件应在的位置和搭接顺序，确保施工安装能够顺利完成，有利于实现施工安装装配化。

工程建设工业化需要利用 BIM 信息共享平台，实现工程设计标准化、构配件生产工厂化、施工操作装配化。

# 1.3 BIM 技术能力

## 1.3.1 BIM 技术与核心竞争力

BIM 技术就是"四新"中"新技术"的一个代表，它将替代传统应用和形成市场力量的新技术，会产生例如建造工业化、绿色建造、智慧城市等新业态，并带动发展基于信息集成的协同这一类的新模式，发展出全新的工程建设产业，从而在工程建设的全生命周期中，从设计到施工到运行维护，推动传统方式发展和转型升级。因此在当前互联网、大数据、计算机时代背景下，BIM 技术成为工程建设产业的有力支撑。

BIM 技术的核心能力在于以下三点：一是将工程实体成功创建成一个具有多维度结构化数据库的工程数字模型。这样工程数字模型可在多种维度条件下快速实现创建、计算、分析等，为项目各条线的精细化及时提供准确的数据。二是数据对象粒度可以达到构件级。像钢筋专业甚至可以以一根钢筋为对象，达到更细的精细度。BIM 模型数据精细度够高，可以让分析数据的功能变得更强，能做的分析就更多，是项目精细化管理的必要条件。三是 BIM 模型同时成为项目工程数据和业务数据的大数据承载平台。正因为 BIM 是多维度（≥ 3D）结构化数据库，项目管理相关数据放在 BIM 的关联数据库中，借助 BIM 的结构化能力，不但使各种业务数据具备更强的计算分析能力；而且还可以利用 BIM 的可视化能力，所有报表数据不仅随时即得，还是 3D、4D 可视化的，更人性化也更能提升协同效率。

BIM 技术对设计单位提高竞争力有以下几方面优势：

（1）BIM 提供的全信息模型，可以清晰地体现各专业的工作量，为各单位细化工作量考核提供依据，提高管理水平。

（2）在 BIM 的应用过程中，积累了企业整体知识库，这对于企业的未来发展是一个很重要的基础。

（3）从传统业务来看，70% 的工作量是重复的。通过 BIM 模型的复用，可以使业务成本降低，提升企业利润率。

（4）通过企业平台的搭建，在不断完善过程中，将发挥提高人员效率、减员增效的作用。

（5）通过 BIM 模型运维的业务拓展，产生信息交换价值，促进信息消费，使信息资产增值。

企业可以通过 BIM 技术的应用，提升设计能力、管理水平、提高市场效率、开发新的业务领域，从这个意义上说，设计企业将是 BIM 技术的最大的受益者。

### 1.3.2 BIM 技术与协同设计

尽管协同设计的理念已经深入工程师的脑海中，然而对于协同设计的涵义及内容，以及它的未来发展，人们的认识却并不统一。目前所认识到的协同设计，很大程度上是指基于网络的一种设计沟通交流手段，以及设计流程的组织管理形式。

BIM 的出现，则从另一角度带来了设计方法的革命，其变化主要体现在以下几个方面：

（1）从二维设计转向三维设计；

（2）从线条绘图转向构件布置；

（3）从单纯几何表现转向全信息模型集成；

（4）从各专业单独完成项目转向各专业协同完成项目；

（5）从离散的分步设计转向基于同一模型的全过程整体设计；

（6）从单一设计交付转向建筑全生命周期支持。

BIM 技术与协同设计技术将成为互相依赖、密不可分的整体。协同是 BIM 的核心概念，同一构件元素，只需输入一次，各专业共享元素数据并于不同的专业角度操作该构件元素。协同已经不再是简单的文件参照，BIM 技术将为未来协同设计提供底层支撑，大幅提升协同设计的技术含量。BIM 带来的不仅是技术，也将是新的工作流程及新的行业惯例。

未来的协同设计，将不再是单纯意义上的设计交流、组织及管理手段，它将与 BIM 融合，成为设计手段本身的一部分。借助于 BIM 的技术优势，协同的范畴也将从单纯的设计阶段扩展到建筑全生命周期，需要设计、施工、运营、维护等各方的集体参与，因此具备了更广泛的意义，从而带来综合效率的大幅提升。

### 1.3.3 BIM 技术与未来发展

在未来相当长的时间内，有关 BIM 应用不同技术路线和实现方法的探讨还会继续，因为迄今为止全球工程建设行业还没有找到一条能够充分实现 BIM 应用目标和价值的明确的路线图，总体上 BIM 还处于研究探索和试验性应用阶段。

企业生存和发展，显然不能等到上面这些研讨和探讨都尘埃落定以后再来应用 BIM。企业决策层和管理层应随时根据市场、企业和 BIM 技术的发展情况及时做出和调整企业 BIM 应用决策以及根据决策采取切实的行动。

企业 BIM 应用决策有两个方面的困难，一方面如上所述 BIM 应用本身也还没有完全成熟，存在着各种困难和不确定因素；另一方面，企业内部决策和管理层对 BIM 的了解相对比较少，而对 BIM 了解相对比较多的作业层对企业运营和管理又缺乏相应的战略和经验，因此企业在 BIM 应用决策这件事情上面临不小的挑战。

从信息化角度来看，BIM 技术应用一定是全员的，否则不可能很好地发挥其作用。如果只是某个专业使用，发挥不了作用。在企业内部要考虑建立一个好的激励机制，让大家把智慧都贡献到企业的知识库里来。这样做虽然一开始投入大，但是应用到一定程度后，成本自然就降下来了。

# 1.4 国外 BIM 标准和实施状况

国际上 BIM 标准可分为三个主要体系：美国体系、欧洲体系和亚洲体系。

欧洲体系的标准发展最早，细化且深入，操作性较强，数据标准采用国际 IFC 体系。如英国、芬兰、挪威等国。

美国体系的标准覆盖范围较全面，国家和地方互相配合，侧重基于 COBie 的交付标准。

亚洲体系的标准偏向项目应用层面，数据标准层面较弱。如新加坡、韩国、日本等国。

国际上已经发布的 BIM 标准主要可以分为两类：第一类是基础数据标准，通常由行业性协会或机构提出的推荐做法，包含信息存储、分类及交换格式；第二类为执行应用标准，是针对 BIM 项目应用的指导性标准，包含项目分类、模型等级、项目交付、协同工作、IT 管理等内容。

## 1.4.1 国际 BIM 标准

对于发布的 BIM 标准，目前在国际上主要分为两类：一类是由 ISO 等认证的相关行业数据标准，另一类是各个国家针对本国建筑业发展情况制定的 BIM 标准。行业性标准主要分为 IFC（Industry Foundation Class 工业基础类）、IDM（Information Delivery Manual，信息交付手册）、IFD（International Framework for Dictionaries，国际字典）三类，它们是实现 BIM 价值的三大支撑技术。各个国家的 BIM 标准，是该国针对自身发展情况制定的指导本国实施 BIM 的操作指南。

## 1.4.2 英国

英国是目前全球 BIM 应用增长最快、最早把 BIM 应用在各项政府工程上的国家之一，英国不仅颁布了各项规定并制定了相关标准，并且出台了 BIM 强制政策，从而减少工作重复，节省设计、工期和总体项目管理的成本。

2016 年 4 月 4 日起，英国所有建筑项目的招投标必须满足 BIM Level 2；所有投标厂商必须具备“在项目上使用 BIM Level 2 的协同能力”，包括所有相关符合信息和数据。

BIM 作为一种全新的理念和技术，给传统建筑技术带来了革命性的改变。2011 年，英国政府发布了 Bew-Richards BIM 应用图表，将 BIM 应用分为了下面 3 个等级。

BIM Level 1：项目各参与方各自建立自己的信息库，无协作关系。我国企业多处于 Level 1。

BIM Level 2：包含一系列特定领域的模型组合，能作为一个完整的生态系统进行数据的存储和共享。设计方需建立共享文件，任何项目的各参与方都有权查看最新的设计进展。

BIM Level 3：项目能建立完全的协同合作关系。英国政府规定，2019 年前达到 Level 3。

英国 BIM 强制政策的实施，意味着过半中小企业或无缘政府合同。英国电子承包商协会（ECA）为此制定了四项行动计划，帮助建筑企业做好迎战 BIM Level 2 的准备。英国政府表示，只要项目各方具备驾驭 BIM 的能力，并围绕同一个 BIM 模型版本工作，BIM 就可以通过减少工作重复，节省设计、工期和总体项目管理的成本，这也是英国政府试图通过强制使用 BIM 条例达到的效果。

英国新实施的强制令将带来更多的好处。“将会有更好的设计协调、供应链上各方更好的结合、更安全的项目和更短的工期，随着更多人进入 BIM 工作模式，这些好处都会实现。”

在英国，多家设计与施工企业共同成立“AEC（UK）BIM 标准”项目委员会。2009 年，在该项目委员会的领导下，制定了相关标准，即“AEC（UK）BIM Standard”。目前该标准作为英国本土的行业推荐标准。在 2010 年和 2011 针对 Autodesk Revit 和 Bentley Building 两种软件发布了相应的 BIM 使用标准，具有很强的社会实践性。

### 1.4.3 美国

美国不像英国对建筑业统一而有组织地实施 BIM。而是采取“由下而上”的方法，在实施 BIM 的过程中，提高技术水平，美国政府不会致力于追求“强制”。

虽然美国没有把注意力放在强制令上面，也没有放在英国 BIM 要求中的资产数据要求上，但美国建筑业在 BIM 的实施上已经超过英国很多年，和英国相比，BIM 在美国更像是一种日常业务模式。

美国的供应链不会因为 BIM 收取额外费用，BIM 现在已经被当成一种惯例。在资格预审或竞标文件中没有特别强调或很少强调要展示公司资质，因为所有的人都在这么做。

在 2004 年，美国就开始基于 IFC 编制国家 BIM 标准。在 2007 年，美国发布了 BIM 应用标准第一版 NBIMS（National Building Information Model Standard）Ver.1。该标准是美国第一个完整的具有指导性和规范性的标准，它规定了基于 IFC 数据格式的建筑信息模型在不同行业之间信息交互的要求，实现信息化促进商业进程的目的，对正确应用 BIM 起到了很好的作用。

在 2012 年华盛顿举行的 IAI（International Alliance for Interoperability）大会上，美国 Building SMART 联盟发布了 NBIMS-US 第二版，包含了 BIM 参考标准、信息交换标准与指南和应用三大部分。其中参考标准主要是经 ISO 认证的 IFC、XML、Omniclass、IFD 等技术标准；信息交换标准包含了 COBie、空间规划复核、能耗分析、工程量和成本分析等。

## 1.5 国内 BIM 标准和实施状况

2007 年，中国建筑标准设计研究院提出了《建筑对象数字化定义》JG/T 198—2007，其非等效采用了国际上的 IFC 标准《工业基础类 IFC 平台规范》，只是对 IFC 进行了一定简化。

2008 年，由中国建筑科学研究院、中国标准化研究院等单位共同起草了《工业基础类平台规范》GB/T25507—2010，等同采用 IFC（ISO/PAS16736：2005），在技术内容上与其完全保持一致，仅为了将其转化为国家标准，并根据我国国家标准的制定要求，在编写格式上作了一些改动。

2010 年，清华大学通过研究，参考 NBIMS，结合调研提出了中国建筑信息模型标准框架（简称 CBIMS），并且创造性地将该标准框架分为面向 IT 的技术标准与面向用户的实施标准。

### 1.5.1 国家标准

目前在编或已经通过报审的 BIM 国家标准分为四个层次：

（1）统一标准：《建筑信息模型应用统一标准》GB/T 51212—2016，2017 年 7 月 1 日起实施；

（2）基础标准：《建筑工程信息模型存储标准》、《建筑信息模型分类和编码标准》；

（3）执行标准：《建筑信息模型交付标准》、《制造工业工程设计信息模型应用标准》；

（4）应用标准：《建筑信息模型施工应用标准》、《建筑工程设计信息模型制图标准》。

相较于美国，我国 BIM 国家标准的制定目的虽然同样是为了促进工程建设行业的转型升级，但政府对于整个行业的把控力度和美国存在较大差别。

目前很多大项目都在应用 BIM 技术，从而推动政府要快速把国家级标准编制出来。由于标准出台后，有着很强的实施层面的因素，因此对于编制单位来说，除了要提供先进理念，还需要把一些优秀的实践成果和实践方式加入进去，才能够形成一个比较完善的国家标准。与美国市场主导下的 BIM 标准发展不同，我国 BIM 国家标准的制定中政府起到了绝对的主导作用。

### 1.5.2 上海

上海市政府是国内首家发布 BIM 政策的省级政府。自 2014 年开始，先后发布包括《关于在本市推进 BIM 技术应用的指导意见》（沪府办发 [2014]58 号）在内的多条 BIM 技术推进政策，这些政策给上海市 BIM 技术推广提供了政策支持。

2015 年，上海市城乡建设和管理委员会发布《上海市建筑信息模型技术应用指南（2015 版）》（沪建管 [2015]336 号）作为各参与单位参考依据和指导标准。上海 BIM 技术应用推广联系会议办公室发布三项 BIM 相关通知：《上海市推进建筑信息模型技术应用三年行动计划（2015-2017）》（沪建应联办 [2015]1 号）、《关于报送本市建筑信息模型技术应用工作信息的通知》和《上海市建筑信息模型技术应用咨询服务招标文件示范文本》。

上海市工程建设规范《建筑信息模型应用标准》DB/TJ 08-22-1-2016 由上海市住房和城乡建设管理委员会发布，于 2016 年 9 月 1 日正式实施。

上海市《建筑信息模型应用标准》是国家相关标准的落实和具体化，具有更好的操作性和实用性。上海地方标准将构件产品的分类、说明及交换标准纳入其中，有利于 BIM 的构件化设计模式应用，可有效提高建筑构件产品的社会化生产效率，推进建筑工业化发展，同时对建筑部件相关产业发展带来巨大商机。

### 1.5.3 北京

国内最早发布 BIM 相关标准的城市为北京。北京市地方标准《民用建筑信息模型设计标准》DB11/1063—2014，经北京质量技术监督局批准，由北京市质量技术监督局和北京市规划委员会共同发布，于 2014 年 9 月 1 日正式实施。

北京市《民用建筑信息模型设计标准》的核心内容除 BIM 的基本概念、定义之外，还包括三部分主要内容，即：BIM 的资源要求、模型深度要求和交付要求，它们是从 BIM 的实施过程规范民用建筑 BIM 设计的基本内容。

该地方标准中，重点强调了设计单位应保证交付物的准确性，这就要求设计单位必须对交付物进行审查，检查的方法通常有人工检查和计算机软件辅助检查两种。人工检查偏重于检查设计的正确性，模型是否正确地表达了设计意图；一些规范性的检查可通过计算机软件辅助进行。

## 1.6 BIM 技术与信息技术

住房城乡建设部《2016—2020 年建筑业信息化发展纲要》（建质函 [2016]183 号）对建筑业信息化提出了明确目标。“十三五”时期，全面提高建筑业信息化水平，着力增强 BIM、大数据、智能化、移动通信、云计算、物联网等信息技术集成应用能力，建筑业数字化、网络化、智能化取得突破性进展，初步建成一体化行业监管和服务平台，数据资源利用水平和信息服务能力明显提升，形成一批具有较强信息技术创新能力和信息化应用达到国际先进水平的建筑企业及具有关键自主知识产权的建筑业信息技术企业。

集成的应用主要分三个方面：一个是多专业的集成应用；第二个是多参与方的协同应用；第三个是全生命期跨阶段的综合应用，针对多专业和多参与方的协同应用。

BIM 用于设计的性能分析、建造的进度和成本控制，整合业主、设计、施工、贸易、制造、供应商，使工程项目的一体化交付成为可能。而 BIM 的更高层次应用是通过提高沟通效率实现工程质量和效率提高，BIM 代表着一种新的理念和实践，即通过信息技术的应用和创新的管理模式，来减少工程建设行业的各种浪费，进而降低碳排放，实现绿色建造。

BIM 的迅猛发展，对传统的设计、建造及管理方式，节能分析和可持续建造等产生巨大的影响。随着 BIM 的发展及应用，鼠标指挥施工，移动终端指挥现场，可视产业化建造等引发工程建设行业颠覆性革命。

### 1.6.1 BIM 与云计算

云计算是一种基于互联网的计算方式，以这种方式共享的软硬件和信息资源可以按需提供给计算机和其他终端使用。BIM 与云计算集成应用，是利用云计算的优势将 BIM 应用转化为 BIM 云服务，目前在我国尚处于探索阶段。

基于云计算强大的计算能力，可将 BIM 应用中计算量大且复杂的工作转移到云端，以提升计算效率；基于云计算的大规模数据存储能力，可将 BIM 模型及其相关的业务数据同步到云端，方便用户随时随地访问并与协作者共享；云计算使得 BIM 技术走出办公室，用户在施工现场可通过移动设备随时连接云服务，及时获取所需的 BIM 数据和服务等，如图 1-3 所示。

图 1–3　应用移动设备进行工程质量检查

## 1.6.2　BIM 与物联网

物联网是通过射频识别、红外感应器、全球定位系统、激光扫描器等信息传感设备，按约定的协议将物品与互联网相连进行信息交换和通信，以实现智能化识别、定位、跟踪、监控和管理的一种网络。

BIM 与物联网集成应用，实质上是建筑全过程信息的集成与融合。BIM 技术发挥上层信息集成、交互、展示和管理的作用，而物联网技术则承担底层信息感知、采集、传递、监控的功能。二者集成应用可以实现建筑全过程“信息流闭环”，实现虚拟信息化管理与实体环境硬件之间的有机融合。目前 BIM 在设计阶段应用较多，并开始向建造和运维阶段应用延伸。物联网应用目前主要集中在建造和运维阶段，二者集成应用将会产生极大的价值。

将现代物流理念、先进的物流技术和现代物流模式引入 BIM 设计开发理念，将推动建设物资的采购、运输、配送、储备等进行计划、组织、指挥、协调、控制和监督的活动。通过使物流功能达到最佳组合，在保证物流服务水平的前提下，实现物流成本的最小化，这是现代建筑企业项目管理的根本任务所在。

在工程建设阶段，二者集成应用可提高施工现场安全管理能力，确定合理的施工进度，支持有效的成本控制，提高质量管理水平。如临边洞口防护不到位、部分作业人员高处作业不系安全带等安全隐患在施工现场比较常见，基于 BIM 的物联网应用可实时发现这些隐患并报警提示。高空作业人员的安全帽、安全带、身份识别牌上安装的无线射频识别，可在 BIM 系统中实现精确定位，如果作业行为不符合相关规定，身份识别牌与 BIM 系统中相关定位会同时报警，管理人员可精准定位隐患位置，并采取有效措施避免安全事故发生。

BIM 与物联网集成应用目前处于起步阶段，尚缺乏数据交换、存储、交付、分类和编码、应用等系统化、可实施操作的集成和实施标准，且面临着法律法规、建筑业现行商业模式、BIM 应用软件等诸多问题，但这些问题将会随着技术的发展及管理水平的不断提高得到解决。

BIM 与物联网的深度融合与应用，势必将智能建造提升到智慧建造的新高度，开创智慧建筑新时代，是未来建设行业信息化发展的重要方向之一。未来建筑智能化系统，将会出现以物联网为核心，以功能分类、相互通信兼容为主要特点的建筑“智慧化”大控制系统。

### 1.6.3　BIM 与 VR/AR

VR 虚拟现实（Virtual Reality，简称 VR）是近年来出现的高新技术，也称灵境技术或人工环境。虚拟现实是利用电脑模拟产生一个三维空间的虚拟世界，提供使用者关于视觉、听觉、触觉等感官的模拟，让使用者如同身临其境一般，可以及时、没有限制地观察三度空间内的事物。AR 增强现实（Augmented Reality，简称 AR）：增强现实 AR，它通过电脑技术，将虚拟的信息应用到真实世界，真实的环境和虚拟的物体实时地叠加到了同一个画面或空间同时存在。

市政设计行业目前最大的痛点在于“所见非所得”和“工程控制难”，难点在于统筹规划、资源整合、具象化联系和平台构建。BIM+VR 模式有望提供行业痛点的解决路径。系统化 BIM 平台将设计过程信息化、三维化，同时加强项目管理能力。VR 在 BIM 的三维模型基础上，加强了可视性和具象性。通过构建虚拟展示，为使用者提供交互性设计和可视化印象。

BIM 与虚拟现实技术集成应用，可提高模拟的真实性。传统的二维、三维表达方式，只能传递建筑物单一尺度的部分信息，使用虚拟现实技术可展示一栋活生生的虚拟建筑物，使人产生身临其境之感。同时，还可以将任意相关信息整合到已建立的虚拟场景中，进行多维模型信息联合模拟，可以实时、任意视角查看各种信息与模型的关系，指导设计、施工，辅助监理、监测人员开展相关工作，如图 1-4 所示。

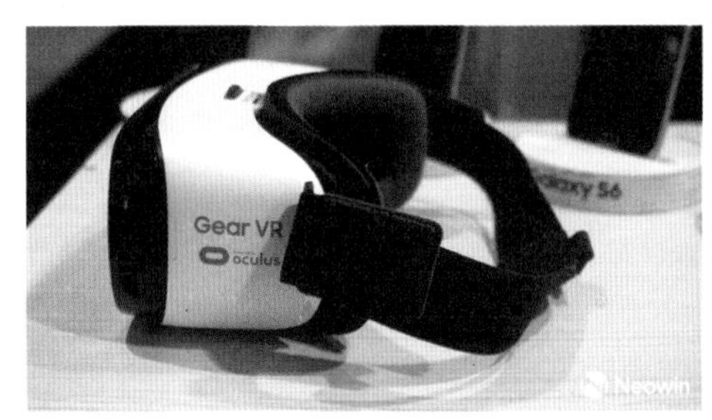

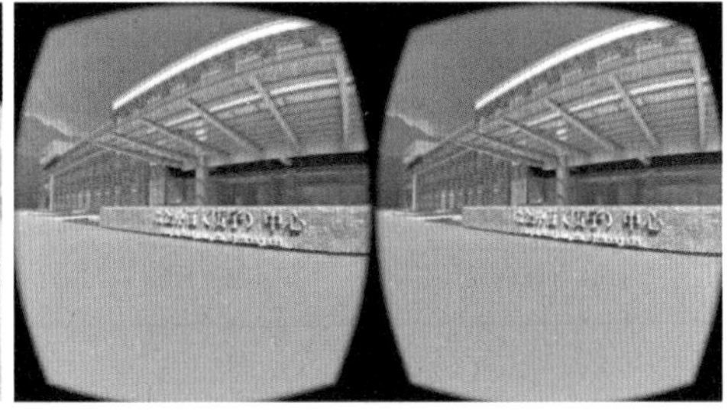

图 1-4　VR 展示效果

BIM 与虚拟现实技术集成应用，可有效提升工程质量。在施工之前，将施工过程在计算机上进行三维仿真演示，可以提前发现并避免在实际施工中可能遇到的各种问题，如管线碰撞、构件安装等，以便指导施工和制定最佳施工方案，从整体上提高工程建设效率，确保工程质量，消除安全隐患，并有助于降低施工成本与时间耗费。

BIM 与虚拟现实技术集成应用，可提高模拟工作中的可交互性。在虚拟的三维场景中，可以实时地切换不同的施工方案，在同一个观察点或同一个观察序列中感受不同的施工过程，有助于比较不同施工方案的优势与不足，以确定最佳施工方案。同时，还可以对某个特定的局部进行修改，并实时地与修改前的方案进行分析比较。此外，还可以直接观察整个施工过程的三维虚拟环境，快速查看到不合理或者错误之处，避免施工过程中的返工。

### 1.6.4 BIM 与无人机航拍

无人驾驶飞机，简称“无人机”，是对利用无线电遥控设备和自备的程序控制装置操纵的不载人的飞机的统称。最开始的无人机主要用于军事领域，小型的无人机可用来进行侦查和情报搜集，大型的无人机则主要用来进行武装打击。

无人机和搭载摄像头的灵活性能使得非常细小但有非常重要的工程细部问题得以发现，使得整个建筑的质量检测不留死角；另一方面，无人机直升直降，快速巡航的飞行特点也使得管理人员能实时把控项目现场的工作进度，为项目部排查安全隐患，加强过程控制和优化施工组织方案提供了强大的支持，如图 1-5 所示。

图 1-5 无人机拍摄桥梁施工现场

无人机系统可快速获取地表信息，获取超高分辨率数字影像和高精度定位数据，生成 DEM、三维正射影像图、三维景观模型、三维地表模型等二维、三维可视化数据，便于进行各类环境下应用系统的开发和应用。

### 1.6.5 BIM 与 3D 扫描

3D 扫描是集光、机、电和计算机技术于一体的高新技术，主要用于对物体空间外形、结构及色彩进行扫描，以获得物体表面的空间坐标，具有测量速度快、精度高、使用方便等优点，且其测量结果可直接与多种软件接口。3D 激光扫描技术又被称为实景复制技术，采用高速激光扫描测量的方法，可大面积高分辨率地快速获取被测量对象表面的 3D 坐标数据，为快速建立物体的 3D 影像模型提供了一种全新的技术手段。

建设工程改造，因为图纸不齐全或长年累月的位移导致在对其改造时因无法获取准确的数据信息，无法正确实施改造；通过三维激光扫描改造现场，建立 BIM 体系模型，通过 BIM 体系模型建立整套的 BIM 改造方案，如图 1-6 所示。

图 1-6　上海市浙江路桥大修工程 3D 激光扫描（原桥扫描）

BIM 与 3D 激光扫描技术的集成，越来越多地被应用在施工领域，在施工质量检测、辅助实际工程量统计、钢结构预拼装等方面体现出较大价值，如图 1-7 所示。将施工现场的 3D 激光扫描结果与 BIM 模型进行对比，可检查现场施工情况与模型、图纸的差别，协助发现现场施工中的问题，如图 1-8 所示，这在传统方式下需要工作人员拿着图纸、皮尺在现场检查，费时又费力。

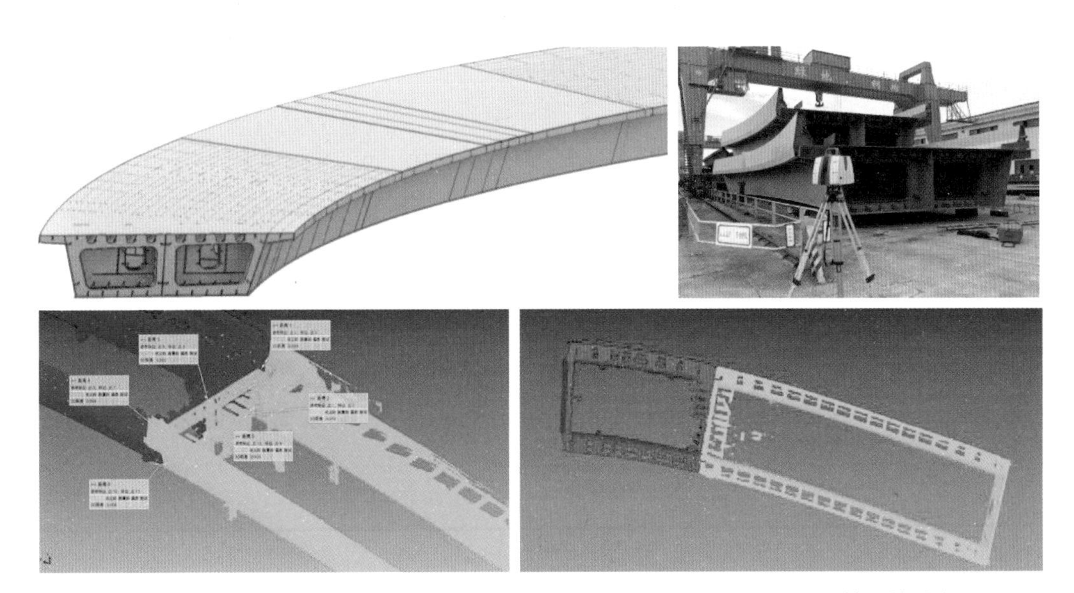

图 1-7　上海市国定东路钢结构下匝道 3D 激光扫描（预拼装 + 加工精度检验）

图 1-8　上海市浙江路桥大修工程 3D 激光扫描（新桥扫描 + 施工精度检验）

### 1.6.6 BIM 与 3D 打印

3D 打印技术是一种快速成型技术，是以三维数字模型文件为基础，通过逐层打印或粉末熔铸的方式来构造物体的技术，综合了数字建模技术、机电控制技术、信息技术、材料科学与化学等方面的前沿技术。

BIM 与 3D 打印集成应用，主要是在设计阶段利用 3D 打印机将 BIM 模型微缩打印出来，供方案展示、审查和进行模拟分析；在建造阶段采用 3D 打印机直接将 BIM 模型打印成实体构件和整体建筑，部分替代传统施工工艺来建造建筑。BIM 与 3D 打印集成应用，可谓两种革命性技术的结合，为建筑从设计方案到实物的过程开辟了一条“高速公路”，也为复杂构件的加工制作提供了更高效的方案。目前，BIM 与 3D 打印技术集成应用有三种模式：基于 BIM 的整体建筑 3D 打印、基于 BIM 和 3D 打印制作复杂构件、基于 BIM 和 3D 打印的施工方案实物模型展示，如图 1-9 所示。

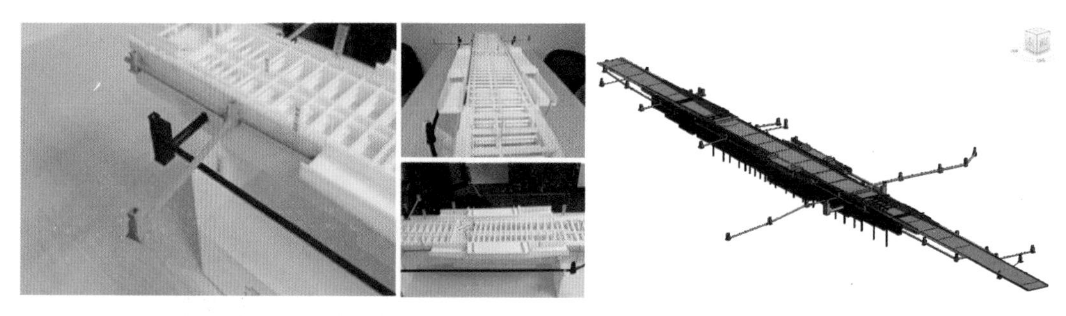

图 1–9　地下通道 3D 打印

### 1.6.7 BIM 与 GIS

地理信息系统（GIS）是用于管理地理空间分布数据的计算机信息系统，以直观的地理图形方式获取、存储、管理、计算、分析和显示与地球表面位置相关的各种数据。

BIM 与 GIS 集成应用，是通过数据集成、系统集成或应用集成来实现的，可在 BIM 应用中集成 GIS，也可以在 GIS 应用中集成 BIM，或是 BIM 与 GIS 深度集成，以发挥各自优势，拓展应用领域。

目前，二者集成在城市规划、城市交通分析、城市微环境分析、市政管网管理、城市规划、数字防灾、既有建筑物改造等诸多领域有所应用，与各自单独应用相比，在建模质量、分析精度、决策效率、成本控制水平等方面都有明显提高，如图 1-10 所示。

BIM 与 GIS 集成应用，可提高长线工程和大规模区域性工程的管理能力。BIM 的应用对象往往是单个建筑物，利用 GIS 宏观尺度上的功能，可将 BIM 的应用范围扩展到道路、铁路、隧道、水电、港口等工程领域。

BIM 与 GIS 集成应用，可增强大规模公共设施的管理能力。现阶段，BIM 应用主要集中在设计、施工阶段，而二者集成应用可解决大型公共建筑、市政及基础设施的 BIM 运维管理，将 BIM 应用延伸到运维阶段。

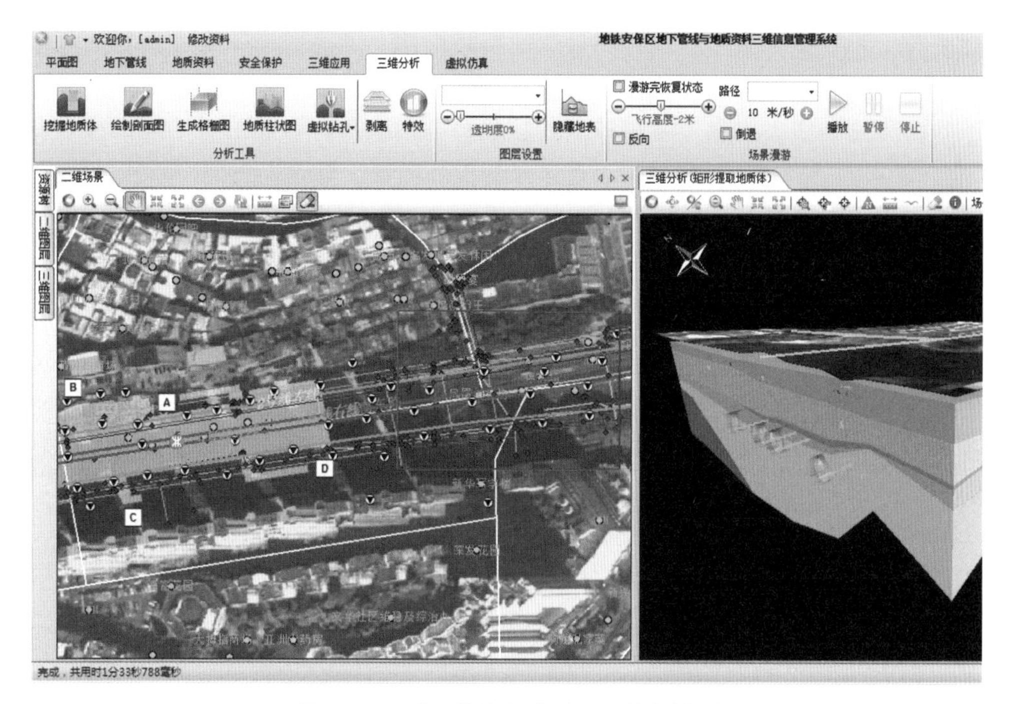


图 1–10　地下管线和地质 GIS 信息模型

随着互联网的高速发展，基于互联网和移动通信技术的 BIM 与 GIS 集成应用，将改变二者的应用模式，向着网络服务的方向发展。当前，BIM 和 GIS 不约而同地开始融合云计算这项新技术，分别出现了“云 BIM”和“云 GIS”的概念，云计算的引入将使 BIM 和 GIS 的数据存储方式发生改变，数据量级也将得到提升，其应用也会得到跨越式发展。

### 1.6.8　BIM 与大数据

继物联网、云计算之后，大数据已经成为当前信息技术产业最受关注的概念之一。大数据是为了更经济地从高频率获取的、大容量的、不同结构和类型的数据中获取价值，而设计的新一代架构和技术。人们普遍将该定义概括为四个“V”，即更大的容量（Volume，从 TB 级跃升至 PB 级，甚至 EB 级）、更高的多样性（Variety，包括结构化、半结构化和非结构化数据），以及更快的生成速度（Velocity）。前面三个“V”的组合推动了第四个因素价值（Value）。

2015 年 9 月 5 日，国务院发布《关于印发促进大数据发展行动纲要的通知》（国发[2015]50 号）明确了大数据发展的指导思想、发展目标和发展任务，标志着大数据已成为重要战略资源，大数据发展将充分享受政策红利。2016 年国家发改委还密集出台了《关于组织实施促进大数据发展重大工程的通知》、《促进大数据发展三年工作方案（2016-2018）》等配套政策，以保证国务院政策的真正落实。

工程建设行业是我国的支柱产业，建设全生命周期内会产生海量数据。2014 年，我国在建项目达 60 余万个，而每个项目都会涉及建设方、总包方、分包方、材料设备厂商、劳务公司、设计院、监理方、政府部门等，在此过程中会产生大量数据。

现阶段工程建设企业还缺乏对信息化的有效应用，无法通过传统方法管理海量工程数据，从而实现精细化管理。管理的支撑是数据，项目管理的基础就是工程基础数据的管理，及时、准确地获取相关工程数据就是项目管理的核心竞争力。工程建设行业大数据应用和 BIM 普及的核心，是基于企业核心数据的积累、存储和管理。

BIM 的本质和精髓就是建设信息化过程，是对建设项目物理和功能特性的数字表达，也是共享的知识源，为项目设施从概念到拆除的全生命周期中的所有决策提供可靠依据的过程，在项目的不同阶段中，不同利益相关方通过在 BIM 中插入、提取、更新和修改信息，以支持和反映其各自职责的协同作业，这其中都有赖于大数据的支撑。

BIM 的核心在于信息（Information），其应用是大数据时代的必然产物。而 BIM 作为工程建设行业的信息来源，其不仅能够处理项目级的基础数据，最大的优势是承载海量项目数据。工程建设行业是数据量和规模比较大的行业，随着 BIM 的发展及普及，势必会促使工程建设行业大数据时代的到来。

大量的信息和数据是工程项目建设的根基，从科技管理角度来看，这些信息资源的科学管理成为现阶段建设工程项目管理的重要瓶颈。大数据无法用单台的计算机进行处理，必须采用分布式计算架构。它的特色在于对海量数据的挖掘，但它必须依托云计算的分布式处理、分布式数据库、云存储和虚拟化技术。

云处理为大数据提供了弹性可拓展的基础设备，大数据环境与云处理技术深度结合后，可以合理解决工程项目管理中数据信息利用的难点。

利用 BIM 产生大数据解决智慧城市中大数据缺失的问题，为大数据的聚合搭起了无限空间。使智慧城市有了核心资源大数据，构架了智慧城市管理平台，并为参与者和使用者的协同管理提供了基础条件。

## 1.7 BIM 技术与装配式建筑

装配式建筑是用预制部品部件在工地装配而成的建筑。发展装配式建筑是建造方式的重大变革，是推进供给侧结构性改革和新型城镇化发展的重要举措，有利于节约资源能源、减少施工污染、提升劳动生产效率和质量安全水平，有利于促进建筑业与信息化工业化深度融合、培育新产业新动能、推动化解过剩产能。

利用 BIM 技术，将组成工程的每个部分分解成为尺寸、形状都标准化且可以定型生产的构件。在 BIM 中根据构件的特点，建立构件库，构件库可以包括材料库、预制构件库（预制梁、预制板等）等。建立构件库时，应完善每个构件的信息。信息包含：构件的编号、尺寸信息、材质信息、位置信息，从而解决构配件标准化的问题。

采用 BIM 技术可以比较容易实现模块化设计和构件的零件化、标准化，在建筑工业化中的应用有天然的优势。建筑工业化的管理要求，与 BIM 技术的全生命周期管理理念不谋而合。

### 1.7.1　设计标准化

建立标准化的构件库，不断增加 BIM 虚拟构件的数量、种类和规格，满足装配式构筑物设计特点。BIM 技术有助于完成构件拆分和优化设计，提高技术经济性。BIM 模型以三维信息模型作为集成平台，在技术层面上适合各专业的协同工作，各专业可以基于同一模型进行工作，通过对项目性能分析模拟，实现绿色目标，提高建筑性能。

### 1.7.2　工厂化生产

通过 BIM 模型对构筑物构件的信息化表达，构件加工图在 BIM 模型上直接完成和生成。BIM 建模是对构筑物的真实反映，在生产加工过程中，BIM 技术能自动生成构件下料单、派工单、模具规格参数等生产表单，指导构件生产。借助工厂化、机械化的生产方式，采用集中、大型的生产设备，只需要将 BIM 信息数据输入设备，就可以实现机械的自动化生产，这种 CAM 数字化建造的方式可以大大提高工作效率和生产质量。

### 1.7.3　装配式施工

将施工进度计划写入 BIM 信息模型，将空间信息与时间信息整合在一个可视的 4D 模型中，就可以直观、精确地反映整个构筑物的施工过程。通过虚拟建造，安装和施工管理人员可以非常清晰地获知装配式构筑物的组装构成，如图 1-11 所示。

图 1–11　上海市国定东路高架下匝道装配式构件施工

## 1.8　BIM 平台

### 1.8.1　信息共享平台

BIM 核心理念是信息集成，消除信息孤岛。设计人员可能拥有诸多模型，但这些模型由不同的 BIM 软件创建，各自独立，将面临一堆无从合成的“数据”模型，需要依靠信息共享管理平台来解决这一问题。

信息共享平台的核心作用是建立起一个完善的信息交换环境，让政府、业主、设计、施工、监理、运维人员之间信息互动，实现 BIM 技术应用价值的飞跃。信息共享平台的功能如下：

1. 平台是信息收集、处理、展示环境

能够适应不同项目阶段、不同项目参与方的信息收集。能够实现项目参与人员便捷地获得模型几何、非几何信息。能够支撑政府审批、监督管理，有效提升工作效率。

2. 平台是大数据承载容器

交通工程建设过程周期长、参与方众多，包含了大量异构的设计数据、施工过程和管理数据。平台能够承载大数据，支撑建设决策和管理。

信息共享平台要实现信息收集、处理、管理、应用一体化功能，如图 1-12 所示。

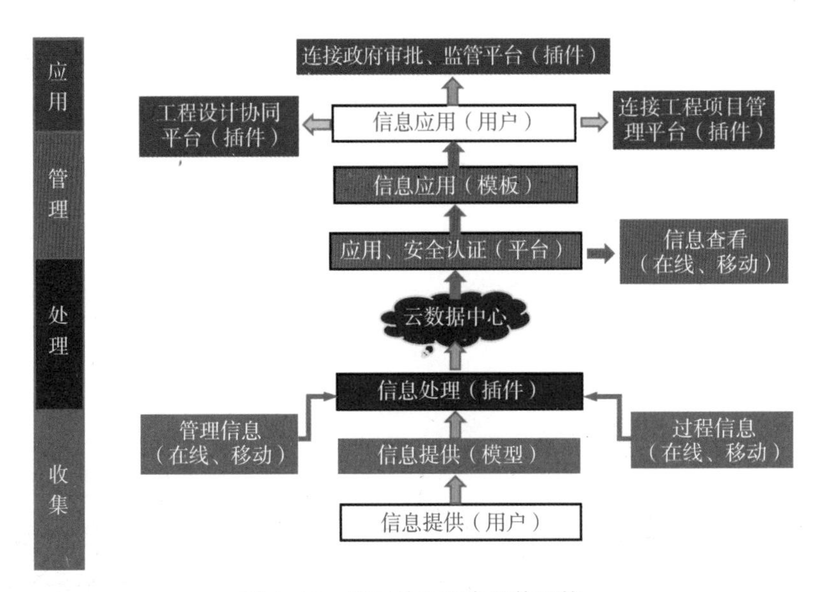


**图 1-12　信息共享平台总体架构**

图 1-12 中，收集：平台基于云技术存储基础设施，满足移动互联、在线应用的随时随地访问与信息收集需求。处理：平台提供能够控制和处理所有进出平台的数据，通过公共数据服务接口，实现各类数据在平台的集中和多层次的处理，为下一步大数据分析应用做积累。应用：平台为上海市交通建设工程 BIM 技术应用提供信息交换环境。实现工程建设全过程中的数据收集，满足政府对工程项目审批、监督和管理。管理：平台基于应用和数据分层架构，建立分类分级授权，不断完善数据标准和管理规范，实现应用与数据之间、应用与应用之间的开放集成，并确保信息安全。

## 1.8.2　协同设计平台

协同设计平台，为 BIM 项目的相关方提供协同工作的环境，实现对项目实施中各种信息的有效管理和控制，确保相关方信息的准确、统一、安全，以及数据存储的完整性和传递的准确性。

目前，大多数 BIM 设计软件都是基于项目进行管理，内置了各专业之间设计协同的机制，但由于 BIM 数据文件较大，而且一般的 BIM 项目都涉及了多种软件和多专业团队的协作，如三维漫游、碰撞检测需要和可视化软件对接，项目进度管理需要和项目管理软件对接等；各种软件存储文件的格式不同，需要进行相互识别，因此，BIM 设计软件自带的管理无法有效满足需求。需要搭建平台来进行管理。

BIM 设计协同平台有两种形式，第一种方式是基于服务器的文件共享方式，不需要额外的软件平台，在服务器上按照项目建立文件夹，由 BIM 项目运维管理人员创建项目协同模版，对各文件夹的存放内容和访问权限进行设置和管理。相应的专业配合、进度管理等通过规则进行约定。这种方式相对简单，投入小，成本低，对设计人员习惯改变不大，适合规模较小或信息化水平不高的设计单位使用。第二种方式是基于协同管理软件的 BIM 协同平台，它具有管理规则内置、管理自动化、流程化的特点，可以通过平台进行协作，并提供项目数据分析和管理功能，适合信息化程度高、项目多的大的设计单位使用，如图 1-13 所示。

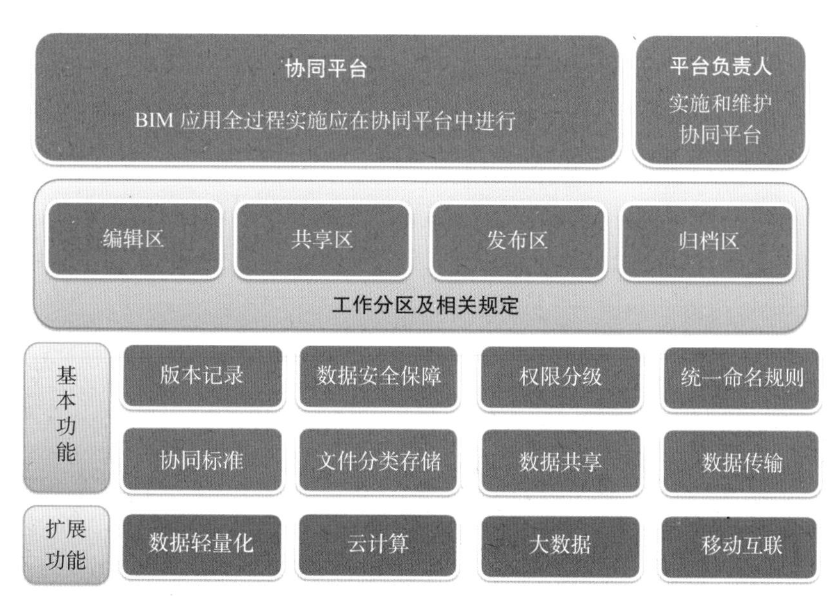


图 1-13　协同设计平台总体架构

BIM 协同平台具有数据扩展性，与常用的 BIM 软件兼容，支持主流的 BIM 数据格式。基于云平台、支持移动客户端（如手机、平板电脑等）也是协同平台建设应该考虑的发展选项。

### 1.8.3　可视化展示平台

BIM 技术具有将工程项目全生命周期中各项信息，整合至可视化的 BIM 模型中，借助由可视化及相关工程参数的整合，大幅减少各种重复作业与界面协同所浪费的时间及成本，且改善及修正工程管理中的弊病及施工技术上的漏洞。

BIM 可视化展示平台实现功能：

1. BIM 最直观的特点在于三维可视化，利用 BIM 的三维技术在前期可以进行碰撞检查，优化工程设计，减少在建设工程施工阶段可能存在的错误损失和返工的可能性，而且优化净空，优化管线排布方案。最后施工人员可以利用碰撞优化后的三维管线方案，进行施工交底、施工模拟，提高施工质量，同时也提高了与业主沟通的能力，如图 1-14 所示。

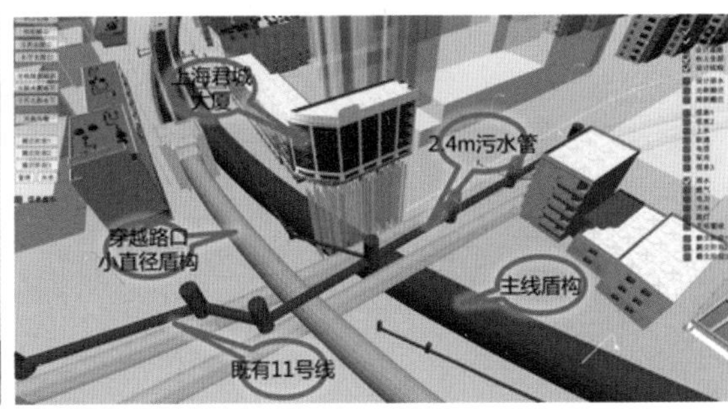


图 1–14　三维可视化展示

2. 三维可视化功能再加上时间维度，可以进行虚拟施工。随时随地直观快速地将施工计划与实际进展进行对比，同时进行有效协同，施工方、监理方甚至非工程行业出身的业主领导都对工程项目的各种问题和情况了如指掌。这样通过 BIM 技术结合施工方案、施工模拟和现场视频监测，大大减少建设工程质量问题、安全问题，减少返工和整改，如图 1-15 所示。

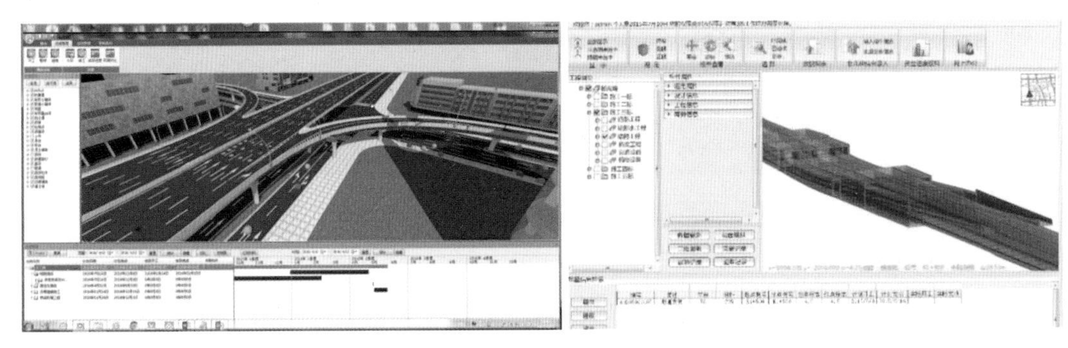

图 1–15　三维可视化管理

3. 三维渲染动画，给人以真实感和直接的视觉冲击。建好的 BIM 模型可以作为二次渲染开发的模型基础，大大提高三维渲染效果的精度与效率，给业主更为直观的宣传介绍，提升中标几率。

# 第 2 章

## BIM 实施和管理

作为工程建设行业系统性的创新，BIM 的应用已远远超越技术范畴。目前市政项目的 BIM 应用已涉及包括规划、建筑、结构、设备、施工技术、造价及项目管理等专业领域在内的项目全生命周期，BIM 应用的参与方则包括业主、设计、施工、监理、咨询机构等。恰当地实施 BIM，可降低建设项目的成本，有效地缩短建设项目的施工周期，也能提高建设项目的质量与可持续性，BIM 应用通过为建设项目决策提供信息支撑而实现上述价值。在实施过程中，BIM 应用的输入、输出信息随建设项目的进展而逐渐完善、准确，BIM 实施是一个渐进明细的过程。

## 2.1 企业 BIM 实施

### 2.1.1 企业 BIM 实施模式

目前设计阶段的 BIM 实施大致可以分为以下几种应用模式：

1. 全过程 BIM 设计

从项目方案设计、方案深化或初步设计开始，即由设计师团队使用 BIM 设计软件并采用 BIM 流程，完成全部项目设计内容，并交付全套设计成果，我们称为全过程 BIM 设计模式。虽然，现阶段应用中存在不少困难和问题，但全过程 BIM 设计的模式是未来设计 BIM 的主流形式。

2. 局部阶段 BIM 设计（局部部位 BIM 设计）

在项目设计某特定阶段，由设计师团队使用 BIM 设计软件和流程，完成本阶段项目设计内容，并交付本阶段设计成果，我们称为局部阶段 BIM 设计模式。

3. 阶段性设计 BIM 验证

在项目设计某特定阶段，或贯穿整个项目过程分阶段在传统 CAD 设计师团队进行项目设计的过程中，由设计师使用 BIM 设计软件，根据已有的 CAD 设计成果配合进行 BIM 建模、设计验证、模型更新工作，并交付本阶段 BIM 成果，我们称为阶段性设计 BIM 验证模式。

4. 施工图设计后 BIM 验证

在传统 CAD 设计师团队完成项目施工图设计并交付后，由 BIM 团队使用 BIM 设计软件，根据已完成的 CAD 施工图进行 BIM 建模、碰撞检查工作，并交付 BIM 成果，我们称为施工图设计后 BIM 验证模式。

5. 施工图设计后 BIM 深化设计

在传统 CAD 设计师团队完成项目施工图设计并交付后，由设计师使用 BIM 设计软件，根据已完成的 CAD 施工图设计成果进行验证后，优化修改设计，将未完成的专项设计按照业主的要求进行完善，并交付全套设计成果，我们称为 BIM 设计验证加深化设计模式。

6. 设计、施工一体化的 BIM 顾问

由设计单位担任业主或甲方的 BIM 顾问，制定项目 BIM 实施方案和实施标准。再由设计单位首先完成全过程 BIM 设计，并将其 BIM 成果延续应用到后续的 BIM 施工深化设计、施工组织管理、工程算量、竣工模型甚至智能运维阶段的深入应用中，这种模式我们称为设计、施工一体化的 BIM 顾问模式。这种模式对设计单位是一种全新的工作模式。

### 2.1.2　企业 BIM 实施评价

企业 BIM 实施评价见表 2-1。

企业 BIM 实施评价表　　表 2-1

| | 评价内容 | 初级 | 掌握 | 成熟 |
|---|---|---|---|---|
| 战略层面 | BIM 目标 | 没有 BIM 目标 | 制订了基本的 BIM 目标 | BIM 目标是明确的，可测量的，可实现的，相关的、适时的 |
| | 企业领导支持 | 没有企业领导支持 | 企业领导有限的支持、有限资源投入 | 全力支持 BIM 实施，合理的资源投入 |
| | BIM 战略中心 | 没有成立 BIM 战略中心 | BIM 战略中心正式成立了，但没有覆盖所有的业务部门 | BIM 战略中心覆盖各专业，由各个业务部门的成员组建成立 |
| BIM 应用 | 项目级 BIM 应用 | 满足 BIM 应用的最低要求 | 在项目阶段与其他参与方分享、拓展 BIM 应用 | 跨阶段、跨组织开放性分享 BIM 数据 |
| | 企业级 BIM 应用 | BIM 数据人为维护供业务部门使用 | BIM 数据直接与业务系统集成 / 对接 | BIM 数据实时与业务系统进行维护更新 |
| 流程 | 项目流程 | 没有项目 BIM 流程文档 | 主要 BIM 应用有具体的 BIM 流程文档 | 具体的 BIM 流程文档及定期维护与更新机制 |
| | 组织流程 | 没有内部组织 BIM 流程文档 | 主要应用部门均有高层级的 BIM 流程文档 | 具体的 BIM 流程文档及定期维护与更新机制 |
| 信息化 | 模型构件分解 | 没有统一的模型分解规则 | 企业建立了统一的模型分解规则 | 建立了与行业标准相一致的模型分解规则 |
| | 模型深度 | 没有统一的模型深度 | 企业建立了统一模型深度标准 | 企业的模型深度标准与行业一致 |
| 相关设施 | 软件 | 有接收和导入 BIM 数据的软件（单机版） | 所有的 BIM 软件都能供所有人使用（网络版） | 有基础和高端合理分配的 BIM 软件系统，满足数据交换要求 |
| | 硬件 | 有能运行基本 BIM 软件的硬件设施 | 所有的硬件设施均支持基本 BIM 软件运行 | 有基础和高端合理分配的硬件设施（云平台） |
| | 物理空间 | 没有专门的 BIM 空间 | 简单的工作站用于 BIM 数据浏览 | 具有用于协同的可浏览的大屏幕的 BIM 工作室 |
| 人力资源 | 组织结构 | 小型的 BIM 实施团队不在传统的组织结构中 | 创建了大型的跨专业的 BIM 团队 | BIM 实施团队支持业务部门的 BIM 应用 |
| | 人才储备 | 需要时进行外部 BIM 人才招聘 | 企业培养 BIM 技术骨干 | BIM 技术人才在工程项目中进行培养 |
| | 培训机制 | 没有设立 BIM 培训机制 | 定期进行常规培训 | 建立企业 BIM 培训机制 |

## 2.2 BIM 项目实施总体策划

传统建设工程作业方式，是将信息由上而下层层传达，随着工程团队的规模不断扩大，信息传递也呈现若干衰减的态势，另外建设工程团队在横向连接上，通常经由工程师沟通传达，信息传递也会出现若干损失与失真。为了提升行业效能，BIM 孕育而生，同时也改变了传统的作业模式。为了更高效地服务市政 BIM 项目，有效应用 BIM 技术，在项目启动前应该进行系统而细致的 BIM 实施策划。对于建设项目，也有必要将 BIM 实施策划看作建设项目整体策划的一部分，分析 BIM 应用对项目目标、组织、流程的影响，并将 BIM 实施所需的支持落实到建设项目整体策划中。

### 2.2.1 BIM 实施策划对建设项目的作用

BIM 实施策划对建设项目的主要作用体现为：

1. 调研项目重点难点所在，明确项目 BIM 战略目标，为后期 BIM 工作提供指导方针；

2. 划定 BIM 工作范围，确认模型几何与非几何信息精度，避免工作不达标或超出使用范围；

3. 通过对项目成员在项目中业务实践的分析，设计出 BIM 实施流程；

4. 规划 BIM 实施所需的附加资源、培训等因素，作为成功实施 BIM 的保障；

5. BIM 团队将清晰地理解在建设项目中应用 BIM 的战略目标，明确每个成员在项目中的角色和责任；

6. 提供一个用于后续参与者的 BIM 行为基准；

7. 对整个项目团队而言，将减少执行中的未知成分，进而减少项目的全程风险而获得收益。

### 2.2.2 BIM 实施策划框架

根据近年的实施成果，我们提出以下结构化的 BIM 实施策划框架，该框架包括以下四个步骤：

1. 定义 BIM 实施所要实现的价值，并为项目团队成员定义完整的目标；

2. 设计 BIM 实施的流程，从总体视角与局部视角分别描述 BIM 实施流程；

3. 定义模型信息的互用要求；

4. 定义支持 BIM 实施所需的基础资源。

这四个步骤是从目标定义到实施保障措施设计依次递进的关系。

### 2.2.3 BIM 应用实施策划的主要步骤

1. BIM 应用实施目标与 BIM 应用选择

对于市政建设项目而言，BIM 应用目标设计阶段包括提高设计质量、提高设计效率，控制项目成本，施工阶段包括缩短项目施工周期、提高施工生产率和质量、降低各种变更，获得重要的设施运行数据等。

定义 BIM 应用实施目标、选择合适的 BIM 应用，是 BIM 应用实施策划制定过程中最重要的工作，BIM 目标的定义必须具体、可衡量。一旦定义了可量化的目标，与之对应的潜在 BIM 应用就可以识别出来。

目标优先级的设定将使得后面的策划工作具有灵活性。根据清晰的目标描述，进一步的工作是对 BIM 应用进行评估与筛选，以确定每个潜在 BIM 应用是否付诸实施。

（1）为每个潜在 BIM 应用设定责任方与参与方；

（2）评估每个 BIM 应用参与方的实施能力，包括其资源配置、团队成员的知识水平、工程经验等；

（3）评估每个 BIM 应用对项目各主要参与方的价值和风险水平；

（4）综合上述因素，通过讨论，对潜在 BIM 应用逐一确定。

2. BIM 应用实施流程的设计

本工作的目的是为 BIM 实施提供控制性流程，确定每个流程之间的信息交换模块，并为后续策划工作提供依据。BIM 实施流程包括总体流程和详细流程，总体流程描述整个项目中所有 BIM 应用之间的顺序以及相应的信息输出情况，详细流程则进一步安排每个 BIM 应用中的活动顺序，定义输入与输出的信息模块。BIM 实施流程可用流程图来表达，在编制 BIM 总体流程图时应考虑以下三项内容：

（1）根据建设项目的发展阶段安排 BIM 应用的顺序；

（2）定义每个 BIM 应用的责任方；

（3）确定每个 BIM 应用的信息交换模块。

3. 定义 BIM 信息交换

BIM 应用过程中，信息交换很难保证信息完整性和信息内容一致性，其原因不仅和软件的发展水平相关，还与每个 BIM 应用所处的项目进展阶段、应用目的相关。例如，我们不能在方案阶段要求每位工程师所创建的 BIM 模型包含混凝土等级的信息，也不能要求初步设计阶段的模型中所有构件尺寸都是精确的。在这种情况下，定义 BIM 信息交换就成为保障 BIM 应用能获得所期望效果的必要工作，一般应考虑以下因素：

（1）信息接收方需要提供接收信息要求，并告知提供 BIM 应用信息的项目团队或成员。

（2）模型文件类型列出在 BIM 应用中列出使用的软件名称及版本号，明确模型文件类型对于确定 BIM 应用之间的数据互用是必要的。

（3）建筑元素分类标准用于组织模型元素，目前，国内项目可以借用美国普遍采用的分类标准 UniFormat 或已被纳入美国国家 BIM 应用标准的最新分类标准 OmniClass。

（4）信息详细程度。信息详细程度可以选用某些规则，如美国工程师协会（AIA）定义的模型开发级别（Level of Development，简称“LOD”）规则等。

（5）注释用于解释未被描述清楚的内容。按照上述要求，我们将某项目从设计建模到设计概算，协调的部分信息交换需求列表。

4. BIM 实施所需的基础设施规划

基础设施是保障 BIM 实施的必要条件，一般包括下述内容：

（1）组织职责和人员安排。系统性地定义每个项目参与方的职责，对于每一个要实施的 BIM 应用都需要指定参与方，并安排人员负责执行。

（2）项目交易方式与合同。尽管在任何一种项目交易方式下都可以策划并应用 BIM，但集成化程度高的项目交易方式更有助于实现 BIM 应用的目标。策划团队应明确项目交易方式对 BIM 实施的影响，为项目提供界定各方职责的参照规则或标准。

（3）沟通程序。应制定信息沟通程序和会议沟通程序，包括模型访问程序、模型版本管理程序、会议议程等。

（4）技术基础设施。需要确定实施 BIM 所需的硬件、软件、空间和网络等基础设施。

（5）模型结构和质量控制。制定与模型结构和质量控制相关的工作方法、规则、措施，以保证 BIM 模型对于任何项 BIM 应用都是可用的。

（6）重要的项目参考信息。应审核和记录对 BIM 应用有价值的重要项目信息，包括项目总体信息、BIM 特定的合同要求和主要联系人等。

## 2.3 BIM 实施人员组织模式

相较于传统设计模式，BIM 技术在实施过程中，必然会改变企业已有的人员组织模式。以下给出的 BIM 部门与岗位组织模式，是目前较为普遍与典型的模式类型，市政设计企业需结合公司实际，根据项目规模、项目特点、业主需求选择适合自身特点的组织模式。

### 2.3.1 企业领导

增设 BIM 领导岗位，明确 BIM 领导职责，建议由企业领导班子成员担任。主要负责依据企业发展战略来组织制定企业 BIM 规划、协调 BIM 资源、制定 BIM 激励政策、批准有关 BIM 的重大投资、批准企业 BIM 标准等与实施相关的重大事项。

### 2.3.2 BIM 研发部门

BIM 研发部门作为企业发展 BIM 业务的主要部门，建议包含如下 BIM 岗位：

1. BIM 主管

全面负责企业 BIM 规划的实施，确定企业的 BIM 技术路线，筛选基于 BIM 技术的软硬件资源，组织和管理 BIM 工程师团队，协调各业务部门的 BIM 项目等。

2. BIM 项目经理

其主要职责是以 BIM 项目为核心，对 BIM 项目进行综合评估，协调项目的 BIM 资源投入，协调第三方 BIM 顾问咨询团队资源，对 BIM 项目实施进行总体规划，管理专业间的 BIM 协作，掌控 BIM 项目实施计划与进度，审核项目的 BIM 交付，协助 BIM 应用相关标准制定等。

3. BIM 工程师

负责依据专业设计人员的项目设计成果，创建 BIM 模型，并辅助完成干涉检查、建筑性能分析、管线综合、专业协调等与 BIM 相关的工作。

4. BIM 制图员

负责协助 BIM 工程师完成 BIM 模型，导出二维图纸并进行调整，以达到现行制图交付的标准要求。

5. BIM 数据管理员

负责 BIM 资源库的管理和维护，BIM 模型构件的质量检查及入库。

6. BIM 标准管理员

负责组织并协助制定 BIM 应用相关标准，此标准制定工作需要 BIM 项目经理和各专业负责人、设计企业各专业总工和院总工，以及第三方 BIM 顾问咨询专家共同完成。

## 2.4　BIM 软件选择

BIM 不是一个具体的软件，而是一种流程和技术。BIM 的实现需要依赖于多种（而不是一种）软件产品的相互协作。有些软件适用于创建 BIM 模型（例如 Revit），而有些软件适用于对模型进行性能分析（如 Ecotect）或者施工模拟（如 Navisworks），还有一些软件可以在 BIM 模型基础上进行造价概算或者设施维护，等等。不能期望一种软件完成所有的工作，关键是所有的软件都应该能够依据 BIM 的理念进行数据交流，以支持 BIM 流程的实现。

### 2.4.1　BIM 建模软件

在 BIM 实施中所涉及许多相关软件，其中最基础、最核心的软件是 BIM 建模软件。建模软件是 BIM 实施中最重要的资源和应用条件，选择好 BIM 建模软件是项目型 BIM 应用还是企业型 BIM 实施的第一步重要工作。应当指出，不同时期由于软件的技术特点和应用环境以及专业服务水平的不同，设计企业选用的 BIM 建模软件也有很大的差异，同时，软件投入又是一项设计单位投资大、技术性强、主观难于判断的工作。

对建模软件分析评估考虑的主要因素包括：

（1）建模软件是否符合企业的整体发展战略规划；

（2）建模软件可能对企业业务带来的收益产生的影响；

（3）建模软件部署实施的成本和投资回报率估算；

（4）初选的建模软件以及企业内设计专业人员接受的意愿和学习难度等；

（5）建模软件应满足全寿命期信息传递的需求，特别注意相关软件间文件交换格式的兼容性；

（6）建模软件包含二次开发功能。

### 2.4.2 BIM 应用软件

与目前普及应用的 CAD 技术比较，BIM 应用不是一个软件能完成的工作。目前，国外主流 BIM 应用软件有 Autodesk Revit 系列、Benetly Building 系列，以及 Graphsoft 的 ArchiCAD 和 Dassault 的 CATIA 等。虽然国外的这些软件已进入我国市场，但是还不能很好地满足我国市政设计行业要求，而这些软件是 BIM 技术推广的基础，如表 2-2 所示。

我国市政设计行业 BIM 软件应用状况　　表 2–2

| 应用软件 | 生产商 | 功能 |
|---|---|---|
| REVIT | 欧特克 | 建模、算量 |
| CIVIL 3D | 欧特克 | 建模、算量 |
| CATIA | 达索 | 建模、算量 |
| Microstation | 奔特力 | 建模、算量 |
| Powercivil | 奔特力 | 建模、算量 |
| AECOsim | 奔特力 | 建模、算量 |
| ArchiCAD | 图软 | 建模、算量 |
| Inventor | 欧特克 | 建模 |
| SketchUp | 天宝 | 建模 |
| Rhinoceros | 犀牛 | 建模 |
| 路立得 | 鸿业 | 道路建模、设计 |
| 管立得 | 鸿业 | 管道建模、设计 |
| OpenRoads | 奔特力 | 道路建模、设计 |
| OpenBridge | 奔特力 | 桥梁建模、设计 |
| ContextCapture | 奔特力 | 实景建模 |
| Tekla structure | 天宝 | 钢结构建模 |
| Geopak | 奔特力 | 地质建模 |
| 3DMax | 欧特克 | 建模、效果图、动画渲染 |
| Unity3D | Unity Technologies | 动态展示 |
| Lumion | Lumion | 动态展示 |
| InfraWorks | 欧特克 | 动态展示 |
| Fuzor | 凯乐 | 动态展示、施工模拟 |
| Navisworks | 欧特克 | 动态展示、施工模拟 |
| DELMIA | 达索 | 施工模拟 |
| Navigator | 奔特力 | 施工模拟 |
| ENOVIA | 达索 | 协同设计和管理 |
| ProjectWise | 奔特力 | 协同管理 |
| Ecotect | 欧特克 | 性能分析 |
| ANSYS | 安世亚太 | 性能分析 |

续表

| 应用软件 | 生产商 | 功能 |
| --- | --- | --- |
| ArcGis | Esri | 地理信息 |
| BIM 360 | 欧特克 | 云平台 |
| 鸿业综合管廊 | 鸿业 | 管廊设计 |
| 探索者 | 探索者 | 结构设计 |
| Recap | 欧特克 | 点云处理 |

目前我国建设工程各阶段具有很好的应用软件基础，一批专业应用软件已具有较高的市场覆盖率，可以基于这些软件的系统架构、专业功能、标准和规范集成功能等，提升它们的 BIM 能力和专业功能，并解决各软件间信息交互性问题，即可成为我国自主知识产权的专业 BIM 软件。

BIM 应用软件分析评估考虑的主要因素包括：

（1）功能性：是否适合企业自身业务需求，与现有资源的兼容情况比较；

（2）可靠性：软件系统的稳定性及在业内的成熟度比较；

（3）易用性：从易于理解、易于学习、易于操作等方面进行比较；

（4）效率：资源利用率等比较；

（5）维护性：软件系统是否易于维护、故障分析、配置变更是否方便等进行比较；

（6）可扩展性：应适应企业未来的发展战略规划；

（7）服务能力：软件厂家的服务质量、技术能力等。

## 2.5　BIM 实施协同方法

传统设计的主要产品是二维工程图纸，其协作方式是采用二维协同化设计，或各专业间以定期、节点性地相互提取资料的方式进行配合。当今，市政设计项目的复杂性越来越高，而且设计周期短、工期紧，传统设计方式面临难以克服的瓶颈，存在各专业设计信息交流不畅、数据重复使用率低、项目各参与方沟通困难等问题。BIM 概念的出现和技术的应用为设计人员提供了相应的解决方案。目前，建筑工程设计正处在从传统设计到 BIM 设计的过渡阶段。一些设计单位在一定程度上已经完成了设计成果从仅有“二维图纸”到“二维图纸和 BIM 模型”的转变，但协作方式仍然是二维协同化设计或者提资配合。由于 BIM 设计增加了很多工作量，处在这个过渡阶段的设计企业面临巨大的生产压力。如果没有一个足够完善的三维协同化设计方法，工作效率会非常低。所以，理想的 BIM 设计模式不仅包含 BIM 全信息模型的建立与应用，还包括另一个重要的部分就是三维协同化设计。只有完成了从二维协同设计到三维协同设计的转变，才能真正达到 BIM 设计的要求，使市政设计各专业内和专业间配合更加紧密，信息传递更加准确有效，重复性劳动减少，最终实现设计效率的提高。

### 2.5.1 协同工作基础环境建设原则

BIM 协同设计与传统二维设计不同，将基于统一的 BIM 模型数据源，保持数据良好的关联性与一致性，完成高度的数据共享，实现对信息的充分使用。

因此，BIM 协同设计对于 BIM 模型数据的存储与管理要求比传统二维设计方式的要求更高，单纯依靠简单的人工管理手段无法达到良好的协同工作效果，必须采用基于 BIM 技术的协调手段，实现集中式存储与管理，以达到协同设计目标。为此，首先要搭建项目 BIM 协同工作基础环境，应遵循如下原则：

（1）应建立统一的 BIM 数据集中存储与管理平台及应用规范，使各方面的人员对数据的索取与提交都通过该统一平台进行，以保证交付数据的及时性与一致性。

（2）协同平台应建立相应的数据安全体系，并制定针对 BIM 应用的数据安全管理规范，其内容包括：服务器的网络安全控制、数据的定期备份及灾难恢复、数据使用权限的控制等。

（3）依据企业参与 BIM 协同设计平台后，还应对协同的工作方法进行定义并制定相应规范。

在项目搭建了 BIM 协同平台后，还应对协同的工作方法进行定义并制定相应规范。下面将分别就内部协同、外部协同两个方面，制定业务协同规范。

### 2.5.2 内部协同规范

内部协同一般可分为专业内和专业间两种业务协同模式。设计单位的内部协同工作规范可遵循如下几个原则：

（1）基于统一的 BIM 模型数据源进行，以实现实时的数据共享；

（2）应制定合理的任务分配原则，以保证各设计者、各专业间协同工作顺畅有序；

（3）应考虑企业现有软硬件条件，制定合理的协同工作流程，以避免超负荷运行所带来的损失；

（4）各专业间建立互不干涉的协同工作平台权限，实时共享数据，但不能任意修改。

### 2.5.3 外部协同规范

由于企业内部协同工作通常在同一局域网内进行，网络带宽基本可以得到保障，但对于与外单位的数据交换及企业异地的业务协同，现阶段由于受到 Internet 广域网带宽的限制，上述方式将受到一定限制。因此，现阶段在企业制定外部协同规范时，应充分考虑到外部协同工作的特点及现阶段条件的限制，应遵循如下几个原则：

（1）对于对外的数据交互制作过程，应考虑到数据的安全性、可追溯性等方面的问题，可考虑采用专业的协同设计平台软件或数据交换软件完成。

（2）现阶段对于异地的 BIM 业务协同，存在网络带宽的限制，应采用阶段性的或定期的数据交互方式，以保证并行工作的数据传输效率，使协同工作能够正常进行。

# 2.6　BIM 应用计划制定

BIM 应用计划是项目计划的一部分，它要对设计前期 BIM 应用的决策、人物力投入、模型设计进度、模型设计质量等部分进行统筹分析，拟定最佳方案，使设计项目内部各部门协调有序，对外部环境的变换能自我调节。没有科学而严密的计划管理，就不可能实现有效的项目管理。BIM 应用计划主要包括以下步骤。

## 2.6.1　项目总体评估

在设计部门接手项目时，宜对项目的背景、工程概况、设计目标、设计范围进行评估，把握项目总体情况，为后续项目参与人员提供决策信息。

1. 计划信息的收集和整理

有效的项目计划取决于信息系统的结构、质量和效率。应通过正式渠道收集有关历史资料、上级文件，调查有关的政治、经济、技术、法律的信息，对与编制计划有关的问题进行分析预测。

2. 确认项目目标与目标的量化

根据获取的信息，首先明确项目 BIM 应用的具体目标，如投资额、工期或质量等，并在识别项目目标时，明确下列问题：

（1）业主真正应用 BIM 的目的是什么？是工期还是成本、质量？

（2）业主是在什么背景下提出 BIM 目标的？

（3）实现这些 BIM 目标的标准是什么？

（4）在什么条件下能实现这些 BIM 目标？

（5）目标与目标间的关系如何？

对项目的 BIM 目标，尽量将其量化，量化目标后形成可分解的任务。

## 2.6.2　编制总体 BIM 应用计划

根据量化的 BIM 目标，编制总体应用计划框架。框架涉及组织计划、综合进度计划、经济计划、物资供应和设备采购计划、质量管理计划、应变计划、交付计划。对各分项计划提出明确的工期、费用和质量目标，确定完成项目目标所需的各项任务范围，明确各项任务所需的人力、物力、财力并确定预算，保证项目顺利实施和目标实现。

## 2.6.3　任务分解计划

将项目的 BIM 应用目标分解后，设立为独立的 BIM 目标，作出分项计划内容。

1. BIM 应用组织计划

目的是保证建立一个健全的组织机构，使人和人、人和事、事和物的关系有一个相对稳定的经常性几何形式，人人都有合适的工作岗位、明确的责任和权限，以使 BIM 应用过程中指挥灵便，协调一致，项目传递反馈及时，出现问题能迅速妥善地解决，从而保证项目的高效管理。

2. 进度计划

进度计划是把参与项目 BIM 应用的单位所承担的任务进行安排和部署，进度计划必须考虑和解决局部与整体、当前与长远、各个局部之间以及“长线”与“短线”等方面的关系，以确保设计项目从前期决策到成果交付的各项工作能按照计划安排的日程顺利完成。

3. 经济计划

包括劳动工资计划、设施采购计划、项目降低成本计划、资金使用计划、利润计划等。

4. 应变计划

由于设计项目实施中的不确定因素很多，经常发生项目计划与实际不符，因此从项目一开始实施，项目经理就要考虑在工期预算方面留有余地（宽限工期和资金的额外储备），以备应急需要。

5. 交付计划

它是根据 BIM 合同中对模型提交日期的总体要求而制定的模型验收、交付计划。其中明确了模型验收的时间、依据、标准、程序及向业主交付的日期等内容，是交付计划的指导性文件。

# 2.7 BIM 模型质量控制

BIM 模型是建筑生命周期中各相关方共享的工程信息模型，也是各相关方在不同阶段制定决策的重要依据。因此，模型设计前期、设计过程、模型交付，都应增加 BIM 模型质量审查的重要环节，以有效地保证 BIM 模型的交付质量。

## 2.7.1 质量控制依据

模型审查行为应符合国家、地方、行业颁布的相关政策指南、设计标准中规定的相关内容。

1. 政策指南

住房城乡建设部《2016—2020 年建筑业信息化发展纲要》、《关于推进建筑信息模型应用的指导意见》。

2. 设计标准

《中国建筑信息模型标准框架研究》、《建筑信息模型应用统一标准》、《建筑信息模型交付标准》、《建筑信息模型分类和编码标准》。

## 2.7.2 模型设计前期质量控制

前期质量控制要求预先编制周密的质量计划，尤其是对模型设计人员、软硬件配置、所需资料的质量把控，强调质量目标的计划预控和按质量计划进行质量活动前的准备工作状态的控制。

1. 对模型设计人员的质量控制

对建设工程项目而言，人是泛指与工程有关的单位、组织及个人，包括直接参与工程项目建设的决策者、管理者、作业者。对模型设计人员的素质，即文化水平、技术水平、决策能力、管理能力、组织能力、作业能力、控制能力、身体素质及职业道德等素质的把控，将对模型质量起到相当程度的影响，所以模型质量控制应以控制设计人员的素质为基本出发点。

2. 对模型设计所需硬件、软件（包括应用插件）的质量控制

设计行为过程中所需的软硬件作为模型参与人员表达设计信息的必备工具，是 BIM 成功实施的基础保障条件之一，选择合适企业成本压力和业务特点的软硬件，还需考虑设计人员对其的熟练度与接受能力，以及设施的稳定性所带来的可能风险。

3. 模型设计所需资料的质量控制

设计资料的完整、正确与否，直接关系到最终模型的质量高低，模型设计人员在获得设计资料后需要先确认其完整性、正确性、时效性，包括审查图纸资料是否完整，设计信息是否详尽，设计内容是否符合相关法律规定，设计资料是否是最新版本等内容。

### 2.7.3 模型设计过程质量控制

过程控制是对质量活动的行为约束，当中包括自控和监控两大环节，但关键还是增强质量意识，发挥设计者自我约束能力。其次是参与各方对质量活动过程和结果的监督控制。模型设计过程可按两种划分类型进行质量控制，即分区域和分专业的质量控制，其中都离不开设计人员在相关制度下的自我行为约束和管理人员的监督、激励。

另外，合理控制设计过程中各专业 BIM 模型设计的深度，也是过程控制的一部分，设计深度满足空间协调的要求即可，模型设计深度过高会影响 BIM 模型的工作量和提交的时效性。

### 2.7.4 模型验收质量控制

BIM 模型设计质量控制包括：

1. 模型完整性要求的符合度检查

指 BIM 交付物种所应包含的模型、构件等内容是否完整，BIM 模型所包含的内容及深度是否符合交付要求。

2. 建模规范性要求的符合度检查

指 BIM 交付物是否符合建模规范，如 BIM 模型的建模方法是否合理，模型构建及参数间的关联性是否正确，模型构件间的空间关系是否正确，语义属性信息是否完整，交付格式及版本是否正确等。

3. 设计指标、规范的符合度检查

指 BIM 交付物中的具体设计内容，设计参数是否符合项目设计要求，是否符合国家和行业主管部门有关市政设计的规范和条例，如 BIM 模型及构件的几何尺寸、空间位置、类型规格等是否符合合同及规范要求。

4. 模型协调性要求的符合度检查

指 BIM 交付物中模型及构件是否具有良好的协调关系，如专业内部及专业间模型是否存在直接的冲突，安全空间、操作空间是否合理等。

## 2.8 BIM 项目实施合同

随着 BIM 技术在建设工程项目中的普及应用，无论是业主还是设计单位，都意识到了在合同中规范 BIM 应用的必要性。特别是在商业合同的相关条款中，对 BIM 应用的任务以及交付的内容、深度、质量提出明确、详细的规定，将有助于统一双方对 BIM 工作任务的理解，确定交付内容及深度，实现对 BIM 工作量的有效评估，保证交付质量，避免项目中的无效工作，从根本上保障双方利益。

目前多数企业的 BIM 应用尚处于初始阶段，因此对 BIM 技术在工程项目中的应用价值、应用模式、实施方法，还没有十分清晰的认知。虽然各方都迫切希望在合同中增加 BIM 应用的相关条款，但由于缺少标准化、规范化的指导性文件，致使商业合同中对于 BIM 应用没有详细的规定和具体的要求。

对于设计过程，BIM 商业合同的编制目标是为了提高设计质量，减少设计错误，为施工阶段提供可重用的设计数据资源，为工程算量、后续运维等提供完整、规范、准确的基础信息。其宗旨是充分发挥 BIM 技术在建设工程项目全生命周期中的作用。

依据上述目标，BIM 商业合同的编制内容应重点包含如下几方面。

### 2.8.1 BIM 工作内容

应明确各专业在各设计阶段所需完成的 BIM 工作任务，以及各类交付物应涵盖的交付内容及深度要求。应尽量细化，可将此作为切实可行的交付物检查标准。

在建设工程设计及施工合同编制中增加涉及建筑信息模型技术服务的补充条款，对 BIM 工作任务、验收要求、收费标准以及付费方式等内容进行约定。

### 2.8.2 技术要求

应对 BIM 建模、BIM 模型信息等提出规范新要求，以达到交付模型信息的最大可利用价值。

1. BIM 模型构建标准

明确本项目用于建立模型的软件产品名称、版本、导入导出格式，执行的标准。若采用不同软件产品进行各专业模型的建立、细化后，按照什么统一标准进行模型整合，确保整合效果。

2. BIM 信息交换接口

统一 BIM 信息交换标准，通过 BIM 信息交换接口，加载和整合各专业模型及模型信息，选择性地或有针对性地导出所需模型及信息。

3. BIM 信息共享平台

对创建的 BIM 模型进行统一管理和共享，可以对 BIM 工程模型进行版本和权限的控制。

### 2.8.3　项目组织及管理要求

由于 BIM 技术的应用将涉及多人、多专业、多方的协同工作，应首先明确承接方设定专门的负责人（即 BIM 项目经理）及其职责。

同时，应明确承接方在项目的执行中需建立的各项规范，也可细化出具体的规范条款；应明确承接方在项目协同及协调工作中应承担的工作任务及职责。

### 2.8.4　交付物文件组织要求

应明确交付文件的组织方式要求、交付文件格式及版本要求、交付物的介质要求等。

### 2.8.5　知识产权要求

应明确整个 BIM 项目中涉及的知识产权归属，包括：项目的交付物及过程文件、所形成的专利及专有技术、涉及的商业秘密等。其中项目交付物有别于传统设计项目的交付物：图纸，而是需要将 BIM 数据、模型、模型说明文件统一作为设计成果交付于甲方。

此外，合同履行期限、工作计划、价款或者报酬、付款方式、工作地点和方式、违约责任、争议解决的方法等内容，与设计项目实际情况有关，可依据设计项目主合同内容及项目实际情况增加相应条款。

## 2.9　BIM 实施 IT 基础设施

未来市政设计企业信息化发展的核心是 BIM 技术的应用与实施，搭建针对企业 BIM 实施的相关 IT 环境资源，包括 BIM 软件工具集和基于 BIM 应用的 IT 基础架构两个主要部分，这是 BIM 项目成功实施的基础保障条件之一。

### 2.9.1　IT 软件设施

BIM 项目软件资源的实施应包括以下主要工作：BIM 软件平台选用，BIM 软件平台部署和培训，BIM 软件定制开发。

BIM 软件平台选用是企业 BIM 实施的首要环节，在选用过程中，应采取相应的方法和程序，以保证正确选用符合项目需求的 BIM 软件。

BIM 软件平台的培训部署和定制软件开发一般可通过委托专业的服务机构完成，本章主要阐述原则性方法，并依托给出市场上四个主流 BIM 建模平台及其项目级的解决方案。

BIM 软件平台选用一般包括调研及初步筛选、分析及评估、测试及评价、审核批准及正式应用四个步骤。

### 2.9.2 IT 基础架构

IT 基础架构包括计算资源、网络资源及存储资源等，它在项目级 BIM 实施初期的资金投入相对集中，对后期的整体实施影响较大。

鉴于 IT 技术的快速发展，硬件资源的生命周期越来越短。在 IT 基础架构设计中，既要考虑 BIM 技术对硬件资源的要求，也要将企业未来发展与现实需求结合考虑，既不能一步到位，也不能过于现实，以免项目资金投入过大带来的浪费或因资金投入不够带来的内部资源应用不平衡等问题。

一般而言，企业应当根据整体信息化发展规划及 BIM 技术对硬件资源的要求进行整体考虑。在确定所选用的 BIM 软件系统以后，重新检查现有的硬件资源配置及其组织架构，整体规划并建立适应 BIM 技术需要的 IT 基础架构，实现对企业硬件资源的合理配置。特别应优化投资，在适用性和经济性之间找到合理的平衡，为企业的长期信息化发展奠定良好的硬件资源基础。

随着 IT 技术的发展，我们从现有成熟的 IT 基础架构技术出发，并结合未来 IT 领域的发展方向，给出了项目级 BIM 实施中可参考的三种项目 IT 基础架构类型：

（1）采用个人计算机终端运算、服务器集中存储的 IT 基础架构；

（2）基于虚拟化技术的 IT 基础架构；

（3）基于企业私有云技术的 IT 基础架构。

## 2.10 BIM 实施风险控制

### 2.10.1 技术风险

BIM 技术难度高，存在数据准确性、数据安全性、数据交换等风险。当任何项目成员给模型增加信息时，容易出现对模型信息误解和增录信息表达有误的现象，多方共享信息的实时更新一旦出现问题，也将给信息使用方带来返工和重新确认、多方沟通的麻烦。数据安全则是指用 BIM 进行设计时，在设计成果最终完成和出图之前，模型都保存在电脑上，若系统崩溃或数据损坏，易出现数据丢失的情况，各模型信息的录入参与方需要再耗费相当的时间和精力重建模型。

### 2.10.2 过程管理风险

1. 对 BIM 的认知及应用目标定位风险

对 BIM 的认知及目标定位风险是指过度夸大 BIM 能发挥的作用和实现的价值（主要表现为误把理论价值理解为现在均可实现的，而实际情况是未来技术发展可能方向，但当前技术和标准等水平条件尚不足以支持其实现），低估或高估 BIM 应用的困难。前期对 BIM 应用目标的定位直接决定了建模、数据库深度，深度增加时相应的资金、人力投入也呈指数倍增长。

2. 管理方式转变风险

设计思维方式、项目工作方法以及团队协作过程势必会在 BIM 应用中发生根本性的改变，而在此过程中产生的诸如各参与方分工不明确、配合不够协调、没有相关的实施细则可供参考等问题，都是 BIM 在我国的推广应用中不得不面对的障碍。

3. 业务流程重组风险

项目设计前期建模、施工阶段的模型维护和存档等比较占用时间，而传统项目中变更及多专业合作的工作流程都发生了简化或缩短，变更只需在任意图里修改实体数据信息，其他图中同一构件信息均自动更新，多方合作问题上，更是可以直接借助协同平台，同时修改建筑信息模型或让施工运营等后期参与者提早加入到项目中来。这些变化要求企业业务流程的重新定义和规范，否则明晰的工作流程体系的缺失，极易造成工作中的混乱和返工，唯有对业务流程进行重组才能保证基于 BIM 的项目运转顺畅。

4. 投资收益风险

BIM 的应用在短期内投资额大，人才培养和选聘的显隐性投入成为了重大支出（隐性成本指参加 BIM 培训人员的原工作效率降低），图形工作站等硬件设施成本远超第一次工程行业改革的 CAD 相关硬件支出。同时，BIM 投资可能需要较长的回收期，一方面，从技术经济学中收益率指标出发，现值 $P$ 大、投资期 $n$ 长、收益 $F$ 期望值较低，因此，BIM 应用的投资收益率 $i$ 可能较低或无明确保障。从价值工程的公式“$V=F/C$”来考虑，则由于可实现的功能效益 $F$ 不易量化、难以准确感知，而短期内成本均值 $C$ 高，长期内成本均值 $C$ 小。因此，BIM 应用的短期价值低于长期价值，容易导致公司管理层缺乏持续投入下去的信心和动力。

### 2.10.3 工程建设项目 BIM 应用风险应对

要管控工程建设项目 BIM 应用风险，需要正确认识 BIM、特别是认识应用 BIM 的一些关键要素。应用 BIM 的关键要素主要有四点：应用 BIM 的动机、模式、软件和标准。认识各要素，然后认识到每一个要素在 BIM 应用当中的作用，最后再开始具体的应用。

工程建设企业首先应解决的关键问题就是——正确认识 BIM，既不坐观行业发展，错失发展良机，也不能急于求成。应以“问题解决方式”作为 BIM 应用的驱动模式，且依赖企业在此问题上的正确决策，从上而下，有计划、有组织、分阶段地开展项目 BIM 实践探索与信息化改革，而非依靠业内人员从下而上，自发学习 BIM，以推动整个工程行业的信息化发展。否则，BIM 应用推广要走更多的弯路，付出更大的代价，BIM 在业内成熟应用以及 BIM 的核心价值也极有可能最终无法实现。

1. 增强技术采纳意向

只有提升了企业员工的 BIM 技术采纳意向，才能解除员工畏难情绪，愿意加入到解决新技术应用难题的队伍中来。业主方应致力提升 BIM 的技术感知有用性和易用性。在起步和初期试点项目运作阶段，可设立特定的模型管理人员，在合同中详细规定相应的模型信息的录入、实时更新、修改的权利，及相应承担的数据准确性责任，并界定模型数据的所有权与使用权限范围。

2. 改变过程管理方式

BIM 相关咨询专家根据其实践经验曾指出，BIM 应用推广宜采用企业资深员工牵头的项目型 BIM 团队方式进行 BIM 应用推广，运用其他三种方式（BIM 型 BIM 团队、非资深员工牵头企业 BIM 应用、全员 BIM）较难应用成功。

采用 BIM 能够支持管理方式的改变，管理方式做好了以后能让 BIM 发挥更大的作用。为了保障项目 BIM 应用的实施效果，企业应对总结试点经验，并在国家标准框架、行业标准的基础上，编制 BIM 应用企业标准及项目标准，以指导不同参与方或不同类型项目的 BIM 应用过程管理。

3. 建立 BIM 应用激励机制

BIM 应用投入方面，业主应为 BIM 建模及模型管理支付合理的费用，调动项目合作方的新技术应用积极性；产出量化方面，业主方应与高校或咨询单位联合，展开 BIM 的价值评价研究，解决 BIM 价值的量化问题，给业主方 BIM 应用信心和坚持动力。并且进一步探索价值在各参与方之间的分配方法，将价值分配与 BIM 应用激励机制挂钩起来，通过绩效评估，给予各参与方不同程度的奖惩，调动各参与方 BIM 应用的积极性。

此外，我国工程保险行业效仿英国的做法，当有 BIM 保险产品出售时，可以购买此类保险以规避和转移经济风险。

# 第 3 章

## 模型拆分

## 3.1 总体原则

目前尚无 BIM 构件（模型单元）的统一定义，但多数人比较认可机械领域对构件的解释。即 BIM 构件是整个 BIM 模型中可以更换的实体组成部分，也是 BIM 模型的基础单元，它具有不可替代的功能性、不同环境下的复用性、基于关键参数的可扩展性，承载具体属性信息，符合整个 BIM 模型的接口标准，并能够与其他部分实现组装，最终由不同构件组成专业信息模型。

国家标准《建筑工程设计信息模型交付标准》（送审稿）规定模型单元的等级，如表 3-1 所示。

模型单元等级　　表 3–1

| 模型单元等级 | 模型单元用途 |
| --- | --- |
| 项目级模型单元 | 承载项目、子项目或局部建筑工程信息 |
| 功能级模型单元 | 承载完整功能的模块或空间信息 |
| 构件级模型单元 | 承载单一的构配件或产品信息 |
| 零件级模型单元 | 承载从属于构配件或产品的组成零件或安装零件信息 |

模型拆分应遵循下列总体原则：

（1）模型拆分方法应根据项目的实际情况选择，并考虑模型的续用；

（2）拆分方法应考虑专业内模型编辑者的分工，并利于专业间协同作业；

（3）单个拆分模型应至少包含一个功能级模型单体；

（4）单个拆分模型应仅包含一个专业或参与方的模型数据；

（5）各单个拆分模型的内容不应重复；

（6）模型拆分应考虑 BIM 应用，以便组合拆分模型形成满足应用要求的 BIM 子模型；

（7）拆分后应整理核对各拆分模型之间的参照关系。

## 3.2 水处理工程

水处理工程模型可按以下原则进行拆分：

（1）首先可按在处理流程中具有独立功能的水处理构筑物对整体模型进行第一级拆分，如粗格栅及进水泵房、细格栅及沉砂池、沉淀池、生物池、滤池、清水池、紫外消毒间、二级泵房等，如表 3-2、表 3-3 所示。

（2）在构筑物层级之下，可继续拆分为结构构件及设备构件，其中结构构件拆分层次又可分为两层：第一层：如果该模型需要向施工单位传递，用于施工工序及进度的模拟，可按照施工缝为界对构筑物进行拆分；如不需向施工传递，可按照构筑物的功能组合体进行拆分（组件），如在构筑物絮凝沉淀池之下，可按功能拆分为前混合井、絮凝区、沉淀区、出水区、后混合区、附属等组件。第二层：在功能组合体中按照构成该组件的基本单元进行拆分（构件），如在絮凝区组件下，又可拆分成底板、壁板、折板、排泥斗、过渡段隔板、配水花墙等构件。

设备构件可分为设备类（如起重设备、加药设备、搅拌设备、排泥设备、曝气设备、过滤设备、拦截设备、提升设备、闸门等）、阀门类（如闸阀、蝶阀、球阀、排气阀、止回阀等）、仪表类（如流量计、浊度计、余氯仪、液位仪、压力表等）、管道及管道配件类（如弯头、三通、异径管、法兰、伸缩接头）等。

（1）给水工程构筑物构件拆分原则（表 3-2）：

给水工程构筑物构件拆分原则　　表 3–2

| 项目级 | 功能级 | 构件级 |
| --- | --- | --- |
| 构筑物 | 功能区 | 构件名称 |
| 清水池 | 池体 | 顶板、底板、池壁、导流墙、立柱、柱帽 |
| | 附属 | 钢梯、人孔、集水坑、通气管 |
| 沉淀池 | 前混合井 | 底板、壁板 |
| | 絮凝区 | 底板、壁板 |
| | | 折板、排泥斗、过渡段隔板、配水花墙 |
| | 沉淀区 | 底板、壁板、中央分隔板 |
| | | 集水坑 |
| | 出水区 | 底板、壁板、中央分隔板 |
| | | 指形槽、排水渠、集水坑、出水总渠 |
| | 后混合区 | 底板、壁板 |
| | 附属 | 栏杆、走道板、盖板、小天桥、楼梯、底板垫层、预留孔洞 |
| 滤池 | 管廊 | 梁、柱、楼板、门、窗、底板、屋面板 |
| | | 管廊出水井、中间管廊 |
| | 滤格 | 底板、纵向边壁板、横向壁板、中间壁板栏杆、隔墙 |
| | | 反冲洗排水孔、反冲洗排水渠、混凝土垫层、配气配水隔墙、滤池进水渠、反冲洗水槽、可调堰板、进水溢流口、肋板、V 形槽、滤板、网架、滤头 |
| | 附属 | 走道板、楼梯、扶手、盖板、底板、垫层 |
| 二级泵房 | 上部结构 | 墙、梁、柱、窗、门、屋面板 |
| | 下部结构 | 底板、外墙壁板、梁、柱 |
| | | 走道板、泵基 |
| | 附属 | 吊车、吊车梁、吊车轨道、牛腿、栏杆、楼梯、扶手、盖板、通风井 |
| 设备 | 设备 | 起重设备、加药设备、搅拌设备、排泥设备 |
| | 阀门 | 电动蝶阀、手动蝶阀、止回阀、排气阀、安全阀 |
| | 管配件 | 单法兰、传力接头、弯头、伸缩接头、三通 / 四通 |
| | 泵 | 计量泵、离心泵、真空泵、排水泵、潜水排污泵 |

（2）排水工程构筑物构件拆分原则（表 3-3）：

排水工程构筑物构件拆分原则 表 3–3

<table>
<tr><th>项目级</th><th>功能级</th><th>构件级</th></tr>
<tr><th>构筑物</th><th>功能区</th><th>构件名称</th></tr>
<tr><td rowspan="5">粗格栅及进水泵房</td><td rowspan="2">车间</td><td>墙、梁、柱、门、窗、屋面、板</td></tr>
<tr><td>起重设备</td></tr>
<tr><td rowspan="3">池体</td><td>顶板、底板、中隔墙、池壁</td></tr>
<tr><td>底板垫层、导流墙、防死水抹坡、防死水挡墙、进水挡墙</td></tr>
<tr><td>走道板、盖板、栏杆、楼梯、预留孔洞、排水沟、设备基础、管道支墩</td></tr>
<tr><td rowspan="5">细格栅及曝气沉砂池</td><td rowspan="2">细格栅</td><td>顶板、底板、池壁、中隔墙、导流墙</td></tr>
<tr><td>防死水抹坡、防死水挡墙、底板垫层</td></tr>
<tr><td rowspan="2">曝气沉砂池</td><td>顶板、底板、池壁、柱、排砂渠、排渣渠</td></tr>
<tr><td>浮渣挡板固定墙、空气管廊、曝气区放坡出水溢流堰、防死水抹坡、防死水挡墙底板垫层</td></tr>
<tr><td>附属</td><td>走道板、盖板、栏杆、楼梯、预留孔洞、排水沟、设备基础、管道支墩</td></tr>
<tr><td rowspan="5">旋流沉砂池</td><td rowspan="2">分选区</td><td>顶板、底板、池壁</td></tr>
<tr><td>开洞</td></tr>
<tr><td rowspan="2">集砂区</td><td>池壁、底板</td></tr>
<tr><td>集砂斗、底板垫层</td></tr>
<tr><td>进、出水渠道</td><td>顶板、池壁、隔墙、底板</td></tr>
<tr><td rowspan="5">生物池</td><td rowspan="2">厌 / 缺氧区</td><td>顶板、池壁、底板、垫层、导流墙</td></tr>
<tr><td>钢盖板、过水孔、爬梯、人孔、水套管、进水堰</td></tr>
<tr><td rowspan="2">好氧区</td><td>池壁、底板、导流墙、空气管廊</td></tr>
<tr><td>垫层、走道板、钢盖板、爬梯、栏杆、出水堰、溢流堰</td></tr>
<tr><td>回流渠</td><td>渠壁、渠底板、渠盖板</td></tr>
<tr><td rowspan="3">辐流沉淀池</td><td rowspan="2">池体</td><td>底板、池壁、中心筒</td></tr>
<tr><td>底板垫层、底坡、出水溢流堰、排泥斗</td></tr>
<tr><td>附属</td><td>浮渣井、出水井、走道板、盖板、栏杆、楼梯、预留孔洞、设备基础</td></tr>
<tr><td rowspan="9">高效沉淀池</td><td rowspan="2">进水区</td><td>池壁、池板</td></tr>
<tr><td>进水口、盖板</td></tr>
<tr><td rowspan="2">混凝池</td><td>池壁、盖板、池板、底板</td></tr>
<tr><td>走道板、栏杆、垫层</td></tr>
<tr><td rowspan="2">反应池</td><td>池壁、池板、盖板、底板</td></tr>
<tr><td>走道板、栏杆、防水套管、防死水底坡、垫层</td></tr>
<tr><td rowspan="2">沉淀池</td><td>池壁、盖板、池板、底板、梁斜板</td></tr>
<tr><td>防死水底坡、垫层、进水堰、支撑板、溢流堰、出水口、排渣口、走道板、楼梯、台阶、栏杆</td></tr>
<tr><td>附属</td><td>排水沟、设备基础、爬梯</td></tr>
</table>

续表

| 项目级 | 功能级 | 构件级 |
| --- | --- | --- |
| 构筑物 | 功能区 | 构件名称 |
| 紫外消毒渠 | 消毒渠 | 隔墙、底坡 |
| | 出水区 | 出水堰 |
| | 附属 | 池壁、池板、防水套管、底板垫层、盖板、栏杆、楼梯 |
| 贮泥池及污泥脱水机房 | 贮泥池 | 顶板、池壁、底板 |
| | | 垫层、钢盖板、爬梯、人孔、栏杆、工艺管道及管件、管道支架、集水坑 |
| | 进泥区 | 进泥泵基础 |
| | | 进泥管及管件 |
| | 脱水区 | 脱水机基础 |
| | | 出泥管、滤液管 |
| | 加药区 | 制药设备基础 |
| | | 加药管、自来水管 |
| | 车间 | 管沟、管沟盖板、围栏、起重设备、管道支架、外墙 |
| 鼓风机房 | 风机室 | 外墙、屋顶、地面、门、窗 |
| | | 管沟、盖板、吊车梁、吊车轨道、设备基础 |
| | 进风廊道 | 墙壁、板 |
| | | 进风口、出风口 |
| 设备 | 设备 | 压缩机、鼓风机、格栅、除污机、分离机、刮泥机 |
| | 阀门 | 闸阀、蝶阀、球阀、安全阀、止回阀、电磁阀 |
| | 管道及管道配件 | 管道、支架、接头、弯头、法兰、三通 / 四通 |
| | 泵 | 污水泵、螺杆泵、离心泵、加压泵、计量泵 |

# 3.3　桥梁工程

1. 桥梁结构首先按照功能进行分类，根据主要通行交通工具的不同可以划分为：

（1）公路和城市道路桥梁：以通行汽车为主的桥梁；

（2）铁路和轨道交通桥梁：以通行列车为主的桥梁；

（3）人行桥：供行人（包括非机动车推行）通行为主的桥梁；

（4）公铁两用桥：同时通行汽车和列车的桥梁；

（5）还有一些应用较少的特殊功能桥梁：如机耕桥、管道桥、过水桥、动物通道桥等；

2. 其次根据结构体系进行分类，可以分为四种基本结构体系。

（1）梁式桥：以受弯的梁作为主要承重结构的桥梁；

（2）拱式桥：以受压的拱作为主要承重结构的桥梁；

（3）斜拉桥：以受压的塔、受拉的索和受弯的梁体组合起来作为主要承重结构的桥梁；

（4）悬索桥：以受拉的主缆作为主要承重结构的桥梁。

3. 明确了功能和结构体系后，可以根据“座”、“联”、“跨”、“节段”对桥梁结构进行拆分，层次不断推进：

（1）座：一般以路桥分界线（一般是桥台）确定一座桥梁的范围；但对于立交桥和高架桥来说，还应根据道路路线的划分（如主线、匝道）在桥梁结构伸缩缝将桥进一步拆分，如主线高架桥、N 匝道桥、ES 匝道桥等；当桥梁出现分幅布置时，如果路线信息和桥梁分跨、结构体系等完全相同，可以不再区分，否则可以进一步拆分，如东幅桥、南线桥等。

（2）联：以伸缩装置为界，将一座桥拆分为若干联。

（3）跨：以墩台位置将一联桥拆分为若干跨，一联桥可以是单跨的，也可以是多跨的。

（4）节段：一跨桥梁中的桥梁结构，根据施工方法的不同，有时候需要分成若干的节段，例如上部结构箱梁当采用悬臂浇筑 / 拼装法时，可以分成多个梁体节段；桥墩当采用预制拼装技术时，立柱或盖梁也可以分成多个预制节段。

通常，桥梁结构模型应按照“座”和“联”进行拆分，是否需要按照“跨”和“节段”进行拆分，应根据道路总体信息、结构类型、施工方法、设计阶段等决定。

4. 桥梁主体结构一般可以拆分为五个大部，即：

（1）桥跨结构：也可称为上部结构，是跨越障碍物的主体结构，对于梁式桥来说较为简单，对于其他体系桥梁会比较复杂，如拱式桥的桥跨结构包括拱圈、拱上建筑、系杆等，又如斜拉桥的桥跨结构包括加劲梁、斜拉索、索塔等。

（2）支座系统：支承桥跨结构并将荷载传递到桥墩桥台的结构，对于刚构桥等一些桥梁来说，可能不存在支座。

（3）桥墩：支承桥跨结构的结构物，有时桥墩和桥跨体系的索塔是同一结构。

（4）桥台：除了支承桥跨结构，还起到挡土和护岸功能的结构物。

（5）基础：将桥墩桥台等下部结构的荷载传递到地基中的结构物，如桩基础、锚碇。

不同体系桥梁的详细构件拆分见后续的表格，表格中的内容是根据当前建造桥梁结构的一些基本特点归纳出的，代表了常规桥梁结构的划分方式，但是桥梁结构形式多变，实际项目在进行拆分时还应结合项目具体特点参照上述原则来研究合适的方法，如表 3-4 所示。

**桥梁工程构筑物构件拆分原则** 表 3–4

| 项目级 | 功能级 | | 构件级 |
|---|---|---|---|
| 结构体系 | 主体结构 | | 构件名称 |
| 梁式桥 | 上部结构 | 纵向构件 | 桥面板、腹板、底板 |
| | | | 加劲肋（钢桥）、上、下承托（混凝土桥） |
| | | 横向构件 | 支点横梁、横隔梁 |
| | | | 加劲肋（钢桥）、上、下承托（混凝土桥） |
| | | 预应力系统 | 锚具、钢绞线、波纹管 |

续表

| 项目级 | 功能级 | 构件级 |
| --- | --- | --- |
| **结构体系** | **主体结构** | **构件名称** |
| 梁式桥 | 下部结构 | 盖梁、墩、柱、承台、桥台、桩基础 |
| | | 支座、垫石、挡块 |
| | 附属 | 铺装、栏杆（混凝土、钢）伸缩缝、支座系统 |
| 拱式桥 | 拱肋 | 主拱肋、平联 |
| | 加劲梁 | 主梁、横向联系梁 |
| | | 预应力系统（锚具、钢绞线、波纹管） |
| | 吊杆 | 钢丝或钢绞线 |
| | | 锚具、保护罩 |
| | 下部结构 | 盖梁、墩、柱、承台、桥台、桩基础 |
| | | 支座垫石、挡块 |
| | 附属 | 铺装、栏杆（混凝土、）伸缩缝、支座系统 |
| 斜拉桥 | 主塔 | 塔柱、系梁、承台、桩基础 |
| | 主梁 | 主梁钢箱梁节段 |
| | | 主梁吊索钢锚箱 |
| | 斜拉索 | 拉索索体 |
| | | 锚具、锚管、保护罩 |
| | 下部结构 辅助墩边墩 | 盖梁、墩、柱、承台、桥台、桩基础 |
| | | 支座垫石、挡块 |
| | 附属 | 铺装、栏杆（混凝土、）伸缩缝、支座系统 |
| | 主梁 | 主梁钢箱梁节段 |
| | | 主梁吊索钢锚箱 |
| | 主塔 | 塔身、塔座、承台、桩基础 |
| | | 鞍座 |
| | 缆索系统 | 主缆、吊杆 |
| | | 锚锭、索夹 |
| | 边墩 | 盖梁、墩、柱、承台、桥台、桩基础 |
| | | 支座、垫石、挡块 |
| | 附属 | 铺装、栏杆（混凝土、）伸缩缝、支座系统 |

## 3.4 道路工程

道路工程拆分应遵循以下原则：

（1）尽量与工程量划分习惯及计量规则相适应，如表 3-5 所示；

（2）利用信息和模型的依附条件和关系，以方便信息表达和在各阶段传递有效为原则；
（3）依据工程专业分工进行拆分；
（4）按构筑物的功能属性或结构特点进行拆分；
（5）按工程主体及附属的层级划分关系进行拆分；
（6）按材料类型、力学性质、施工工法的区别进行拆分；
（7）按用途进行拆分。

道路工程构筑物构件拆分原则 表 3–5

| 项目级 | 功能级 | 构件级 |
|---|---|---|
| 功能 | 主体结构 | 构件名称 |
| 路面 | 路面结构 | 面层（沥青面层、混凝土面层、砌块面层） |
| | | 封层 |
| | | 基层（柔性、半刚性、刚性） |
| | | 垫层（粒料垫层、无机结合料稳定垫层） |
| | 附属物 | 绿化带、分隔带 |
| | | 路缘石 |
| 路基 | 一般路基 | 边坡 |
| | 特殊路基 | 路基处理（换填垫层、复合地基层、动力夯实层） |
| 交叉口 | 交叉口 | 交叉口（平面交叉、立体交叉） |
| 支护 | 护面 | 护面墙 |
| | 挡土墙 | 挡土墙（重力式、衡重式、悬臂式、装配式） |
| 排水 | 排水沟管 | 边沟、排水沟、截水沟、排水管、泵站 |
| | 附属构筑物 | 检查井、阀门 |
| 交通安全设施 | 交通设施 | 标线、标志、信号灯 |
| | | 隔离护栏、防撞墩（构筑物）、阻车石、声屏障、防眩板 |
| | 照明设施 | 路灯 |
| | | 路灯基础、设备（箱变、接线井、穿线管） |
| 景观 | 沿街设施 | 报刊亭、电话亭、公共休息设施、广告灯箱（牌）、垃圾箱；广场、停车场、无障碍设施、栏杆、天桥、充电桩 |
| | 绿化 | 花坛、树池（树坑板） |

# 3.5 隧道工程

（1）本指南中隧道工程包括隧道、地下通道及综合管廊工程。

（2）隧道工程模型主要是按照设计需求、招标算量、施工工艺等不同使用功能与用途进行拆分，如表 3-6 ~ 表 3-8 所示。

隧道工程构筑物构件拆分原则 表 3–6

| 项目级 | 功能级 | 构件级 |
|---|---|---|
| 功能 | 主体结构 | 构件名称 |
| 围护 | 围护结构 | 地下连续墙、围护桩 |
| | 支撑结构 | 混凝土支撑、钢支撑、圈梁、角撑、系杆、栈桥板、结构柱 |
| | 地基加固 | 路基、边坡（台阶） |
| | 支护 | 挡土墙（重力式、衡重式、悬臂式、扶壁式、桩板式）、坡面防护、抗滑桩 |
| 敞开段 | 墙 | 侧墙、中隔墙、二次结构墙 |
| | 板 | 底板 |
| 暗埋段 | 墙 | 侧墙、中隔墙、二次结构墙 |
| | 板 | 顶板、顶板加腋、中板、中板加腋、底板 |
| 盾构段 | 管片 | 混凝土管片（标准块、拱顶块、邻接块、拱底块）、钢管片 |
| | 墙 | 中隔墙、二次结构墙 |
| | 板 | 风道板、车道板、人孔盖板、吊装孔、盖板 |
| 沉管段 | 沉管 | 沉管管段 |
| | | 管段接头、防水橡胶圈、牛腿、预埋件、变形缝 |
| 顶管段 | 顶管 | 顶管管段 |
| | | 管段接头、工作井、防水橡胶圈、牛腿、预埋件、变形缝 |
| 附属 | 附属构筑物 | 预埋件、预制构件、楼梯（钢爬梯、楼扶梯）、工作井、牛腿、预制口型件、栏杆隔断、防撞侧石、光过度、路边沟、电力管廊、安全通道、安全格栅、门（人防门、防淹门） |

地下通道工程构筑物构件拆分原则 表 3–7

| 项目级 | 功能级 | 构件级 |
|---|---|---|
| 功能 | 主体结构 | 构件名称 |
| 地面 | 标志 | 标志、标线、标牌 |
| | 道路 | 道路材质、道路绿化、人行道 |
| 地下 | 结构 | 隧道、匝道、泵站、人行出入口、车库出入口 |
| 系统设施 | 建筑专业 | 配电间、设备用房、监控室 |
| | 机电专业 | 照明、通风、消防、监控 |
| | 排水专业 | 雨水管、污水管、排水沟、集水坑 |
| | 公用管线 | 电力管、电信管、给水管、燃气管 |

综合管廊工程构筑物构件拆分原则 表 3–8

| 项目级 | 功能级 | 构件级 |
|---|---|---|
| 功能 | 主体结构 | 构件名称 |
| 主体结构 | 标准段 | 顶板、底板、侧墙、中隔墙、中隔板、防火墙 |
| | | 素混凝土垫层、集水坑、集水坑盖板、腋角、基坑支护及地基处理 |
| | 通风口 | 顶板、底板、侧墙、中隔墙、中隔板 |
| | | 素混凝土垫层、集水坑、集水坑盖板、通风百叶、风机设备支座、逃生口、人孔盖板、直爬梯、防火门 |
| | 吊装口 | 顶板、底板、侧墙、中隔墙、中隔板 |
| | | 素混凝土垫层、栏杆、盖板 |
| | 交叉口 | 顶板、底板、侧墙、中隔墙、中隔板、顶梁底梁、支柱 |
| | | 素混凝土垫层、集水坑、集水坑盖板、楼梯防火盖板、坡道、栏杆 |
| | 引出口 | 顶板、底板、侧墙、中隔墙、中隔板、顶梁底梁、支柱 |
| | | 素混凝土垫层 |
| | 其他 | 端部井、倒虹、过渡段、控制中心、连接通道、人员出入口、楼梯支墩、支架、穿墙套管 |
| 综合管线 | 给排水 | 给水管、再生水管、排水管渠 |
| | 能源 | 天然气管渠、热力管道 |
| | 强、弱电 | 电力电缆、通信线缆 |
| 系统设施 | 给排水 | 消防系统、排水系统 |
| | 能源 | 通风系统、标识系统 |
| | 强、弱电 | 供电系统、照明系统、监控与报警系统 |

（3）隧道工程模型将针对主体结构、围护结构、机电设备、隧道道路、装饰装修等内容拆分。

（4）构件的参数变化应满足设计要求。

（5）所有拆分构件应满足隧道工程信息交付要求。

# 第 4 章
## BIM 模型

# 4.1 模型几何表达精度等级

## 4.1.1 总体原则

工程建设项目是随着规划、设计、施工、运营各个阶段逐步发展和完善的，从信息积累的角度观察，项目的建设过程就是项目信息从宏观到微观、从近似到精确、从模糊到具体的创建、收集和发展过程。

BIM 建模需要达到何种深度和详细程度？BIM 用户有时会陷入“过度建模”的误区，即在模型中包含过多的细节。实际上在项目初期，最好多使用概念性构件，只包含简单的几何轮廓和参数，而随着模型逐步深化，再用更多的细节去充实模型。在这个过程中，要考虑哪些细节信息是确实需要的，哪些细节实际上并不需要。对于小规格尺寸、小零件可不予建模。减少不必要的细节既能减轻设计师的工作量，也能提高软件运行速度。即不同的设计阶段有着不同应用目标，其对 BIM 模型的深度要求也是不同的。

BIM 模型中的单元元素表达虽然都有精确的数据，但和在项目不同时间点项目团队真正表达的精度未必是一致的，因此随着 BIM 的不断推广普及，建立一个框架来定义 BIM 模型的精度和适用范围就变得非常必要。

国家《建筑工程设计信息模型交付标准》（送审稿）规定了几何表达精度等级（Gx），如表 4-1 所示。

几何表达精度等级　　表 4-1

| 等级 | 英文名 | 代号 | 等级要求 |
|---|---|---|---|
| 1 级几何表达精度 | level 1 of geometric detail | G1.0 | 满足二维化或者符号化识别需求的几何精度 |
| 2 级几何表达精度 | level 2 of geometric detail | G2.0 | 满足空间占位、主要颜色等粗略识别需求的几何精度 |
| 3 级几何表达精度 | level 3 of geometric detail | G3.0 | 满足建造安装流程、采购等精细识别需求的几何精度 |
| 4 级几何表达精度 | level 4 of geometric detail | G4.0 | 满足高精度渲染展示、产品管理、制造加工准备等高精度识别需求的几何精度 |

依据国家《建筑工程设计信息模型交付标准》，我国市政设计行业确定模型几何表达精度等级总体原则如表 4-2 所示。

我国市政设计行业模型几何表达精度等级总体原则　　表 4-2

| 等级 | 模型要求 | 图示 | BIM 应用 |
|---|---|---|---|
| G1 | 具备基本外轮廓形状，粗略的尺寸和形状 | | 1. 概念建模（整体模型）；<br>2. 可行性研究；<br>3. 场地建模、场地分析；<br>4. 方案展示、经济分析 |

续表

| 等级 | 模型要求 | 图示 | BIM 应用 |
|---|---|---|---|
| G2 | 近似几何形状和方向，能够反映物体本身大致的几何特性。主要外观尺寸不得变更，细部尺寸可调整 | 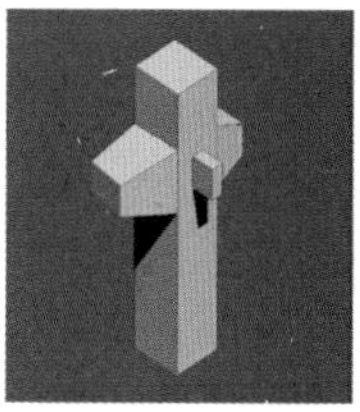 | 1. 初设建模（整体模型）；<br>2. 可视化表达；<br>3. 性能分析、结构分析；<br>4. 初设图纸、工程量统计；<br>5. 设计概算 |
| G3 | 物体主要组成部分必须在几何上表述准确，能够反映物体的实际外形，保证不会在施工模拟和碰撞检查中产生错误判断 |  | 1. 真实建模（整体模型）；<br>2. 专项报批；<br>3. 管线综合；<br>4. 结构详细分析，配筋；<br>5. 工程量统计、施工招投标 |
| G4 | 详细的模型实体，最终确定模型尺寸，能够根据该模型进行构件的加工制造 | 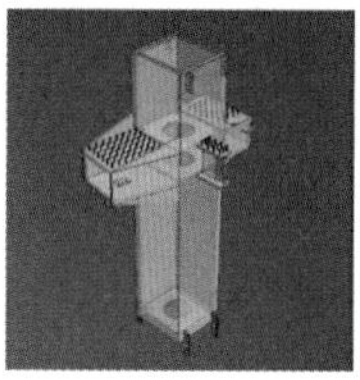 | 1. 详细建模（局部模型）；<br>2. 施工安装模拟；<br>3. 施工进度模拟 |

## 4.1.2 水处理工程

遵循总体原则，水处理工程模型几何表达精度等级如表 4-3 所示。

水处理工程模型几何表达精度等级　　表 4-3

| 等级 | 构筑物模型 | 厂区整体模型 | 精度 |
|---|---|---|---|
| G1 | 建、构筑物形式、外形尺寸、位置 | 1. 场地边界、功能分区、总布局图、厂区道路、排水、绿化、地形地貌等；<br>2. 附属建筑和设施的外形尺寸、位置 | 1. 概念性表达高度、体型、位置、朝向等；<br>2. 以基本几何体量表示 |
| G2 | 1. 主要设备及主要工艺管道、附件布置；<br>2. 构筑物选型、基础形式、伸缩缝、沉降缝和抗震缝；<br>3. 井池的体量模型、位置及尺寸；<br>4. 附属建筑物主要墙梁板柱、门窗 | 总平面布置，建筑物、构筑物、主要管渠、围墙、道路等外形 | 1. 大致的尺寸、形状、位置和方向；<br>2. 模型几何精度宜为 1m |
| G3 | 1. 构筑物细部构造；<br>2. 设备、管道、阀门、管件、设备或基座等安装位置及尺寸详图；<br>3. 钢筋结构位置与尺寸 | 1. 建筑物、构筑物、围墙、绿地、道路、综合管线、管沟、检查井、场地竖向；<br>2. 绿化景观布置示意；<br>3. 地质钻孔位置等 | 1. 精确尺寸与位置；<br>2. 模型几何精度宜为 0.5m |
| G4 | 1. 管件结合，各节点的管件布置；<br>2. 管渠附属构筑物；<br>3. 预埋件及预留孔洞 | 管道综合，管线与构筑物、建筑物的相关位置 | 1. 实际尺寸与位置；<br>2. 模型几何精度宜为 0.1m，并且物体表面宜有可正确识别的材质 |

### 4.1.3 桥梁工程

遵循总体原则，桥梁工程模型几何表达精度等级如表 4-4 所示。

桥梁工程模型几何表达精度等级　　表 4-4

| 等级 | 构筑物模型 | 整体模型 | 精度 |
|---|---|---|---|
| G1 | 1. 主桥或高架桥形式；<br>2. 引桥或匝道及引道形式；<br>3. 桥梁建筑及景观 | 1. 项目范围内基础设施（道路、航道、管线等）建设现状、规划及实施情况，地形，场地，建（构）筑物等周边环境；<br>2. 桥梁总体布置（集成平纵横设计及桥孔信息）；<br>3. 引桥或匝道及引道布置（集成平纵横设计及桥孔信息） | 1. 概念性表达高度、体型、位置、朝向等；<br>2. 以基本几何体量表示 |
| G2 | 1. 主桥或高架桥的上部结构、下部结构、基础；<br>2. 引桥或匝道工程的上部结构、下部结构、基础及附属结构的构造；<br>3. 引道工程；<br>4. 施工方案 | 1. 项目范围内基础设施（道路、航道、管线等）建设现状、规划及实施情况，地形，场地，建（构）筑物等周边环境；<br>2. 桥梁总体布置（集成平纵横设计及桥孔信息）；<br>3. 引桥或匝道及引道布置（集成平纵横设计及桥孔信息） | 1. 大致的尺寸、形状、位置和方向；<br>2. 模型几何细度宜为 1m |
| G3 | 1. 上部结构的细部；<br>2. 墩柱、桥台及基础的细部和构造；<br>3. 附属结构细部构造 | 1. 项目范围内基础设施（道路、航道、管线等）建设现状、规划及实施情况，地形，场地，建（构）筑物等周边环境；<br>2. 桥梁总体布置（集成平纵横设计及桥孔信息）；<br>3. 引桥或匝道及引道布置（集成平纵横设计及桥孔信息）；<br>4. 地下管线；<br>5. 附属设施 | 1. 精确尺寸与位置；<br>2. 模型几何细度宜为 0.1m |
| G4 | 1. 预应力结构钢束表达、张拉次序；<br>2. 特殊构件详细表达；<br>3. 钢结构焊缝及联结详细表达 | | 1. 实际尺寸与位置；<br>2. 模型几何细度宜为 0.01m |

### 4.1.4 道路工程

遵循总体原则，道路工程模型几何表达精度等级如表 4-5 所示。

道路工程模型几何表达精度等级　　表 4-5

| 等级 | 构筑物模型 | 整体模型 | 精度 |
|---|---|---|---|
| G1 | 1. 路线（平、纵）；<br>2. 路面；<br>3. 路基；<br>4. 交叉口；<br>5. 支挡防护；<br>6. 绿化；<br>7. 位于主线的桥涵、隧道 | 1. 地形、水系；<br>2. 沿线相关地物（地上或地下构筑物及建筑；架空或地埋管线；现状道路、铁路、桥梁；文物、生态、动植物保护区、矿界等其他区域）；<br>3. 地质 | 1. 概念性表达高度、体型、位置、朝向等；<br>2. 构筑物模型几何细度宜为 1m；<br>3. 地形等高距 5m；<br>4. 地物轮廓模型几何细度 1m；<br>5. 地物高程、埋深、净空类几何细度应精确至 0.1m |

续表

<table>
<tr><th>等级</th><th>构筑物模型</th><th>整体模型</th><th>精度</th></tr>
<tr><td>G2</td><td rowspan="2">1. 路线（平、纵）;<br>2. 路面;<br>3. 路基;<br>4. 交叉口;<br>5. 排水设施;<br>6. 支挡防护;<br>7. 交通设施;<br>8. 照明设施;<br>9. 绿化设施;<br>10. 沿街设施;<br>11. 位于主线的桥涵、隧道</td><td rowspan="3">1. 地形、水系;<br>2. 沿线相关地物（地上或地下构筑物及建筑；架空或地埋管线；现状道路、铁路、桥梁；文物、生态、动植物保护区、矿界等其他区域）;<br>3. 地质</td><td>1. 大致的尺寸、形状、位置和方向;<br>2. 路基、交叉、绿化及沿街设施模型几何细度宜为 1m;<br>3. 排水设施模型几何细度宜为 0.1m;<br>4. 路面、支挡防护、交通及照明设施模型几何细度宜为 0.01m;<br>5. 路线模型几何细度宜为 0.001m;<br>6. 地形等高距 2.0m;<br>7. 地物轮廓模型几何细度 1m;<br>8. 地物高程、埋深、净空类几何细度应精确至 0.1m</td></tr>
<tr><td>G3</td><td>1. 精确尺寸与位置;<br>2. 路基、交叉及沿街设施模型几何细度宜为 0.1m;<br>3. 路面、排水、支挡防护、交通、照明及绿化设施模型几何细度宜为 0.01m;<br>4. 路线模型几何细度宜为 0.001m;<br>5. 地形等高距 0.5 ~ 1m;<br>6. 地物轮廓模型几何细度 1m;<br>7. 地物高程、埋深、净空类几何细度应精确至 0.1m</td></tr>
<tr><td>G4</td><td>1. 交通设施细部构造;<br>2. 照明设施细部构造</td><td>1. 实际尺寸与位置;<br>2. 模型几何细度宜为 0.001m</td></tr>
</table>

### 4.1.5 隧道工程

遵循总体原则，隧道工程模型几何表达精度等级如表 4-6 所示。

**隧道工程模型几何表达精度等级** **表 4-6**

<table>
<tr><th>等级</th><th>构筑物模型</th><th>整体模型</th><th>精度</th></tr>
<tr><td>G1</td><td>1. 隧道结构形式;<br>2. 匝道及引道形式;<br>3. 主体隧道及景观</td><td>1. 项目范围内基础设施（道路、市政管线等）建设现状、规划及实施情况，地形，场地，建（构）筑物等周边环境;<br>2. 隧道总体布置（集成平、纵、横等设计信息）;<br>3. 匝道及引道布置（集成平、纵、横等设计信息）</td><td>1. 概念性表达高度、体型、位置、朝向等;<br>2. 以基本几何体量表示</td></tr>
<tr><td>G2</td><td>1. 主线隧道结构、基础;<br>2. 匝道工程结构、基础及附属结构的构造;<br>3. 引道工程;<br>4. 隧道主体及附属的围护结构</td><td>1. 项目范围内基础设施（道路、市政管线等）建设现状、规划及实施情况，地形，场地，建（构）筑物等周边环境;<br>2. 隧道总体布置（集成平、纵、横等设计信息）;<br>3. 匝道及引道布置（集成平、纵、横等设计信息）</td><td>1. 大致的尺寸、形状、位置和方向;<br>2. 模型几何细度宜为 1m</td></tr>
<tr><td>G3</td><td>1. 隧道内部细部结构;<br>2. 雨污水泵房等设施设备用房及管理用房构造;<br>3. 其他附属结构细部构造;<br>4. 隧道内部装修方案</td><td rowspan="2">1. 项目范围内基础设施（道路、市政管线等）建设现状、规划及实施情况，地形，场地，建（构）筑物等周边环境;<br>2. 隧道总体布置（集成平、纵、横等设计信息）;<br>3. 匝道及引道布置（集成平、纵、横等设计信息）;<br>4. 附属设施</td><td>1. 精确尺寸与位置;<br>2. 模型几何细度宜为 0.3m</td></tr>
<tr><td>G4</td><td>1. 特殊构件详细表达;<br>2. 变形缝、施工缝及联结详细表达;<br>3. 隧道施工方案</td><td>1. 实际尺寸与位置;<br>2. 模型几何细度宜为 0.1m</td></tr>
</table>

# 4.2 命名规则

## 4.2.1 模型文件命名规则

市政行业涉及专业较多，参与人员较多，项目规模也较大，大型项目模型进行拆分后模型文件数量也较多，因此，清晰、规范的文件命名将有助于众多参与人员提高对文件名标识理解的效率和准确性，如表 4-7 所示。

**模型文件命名 = 项目代码 – 分区 / 系统 _ 专业代码 _ 类型 _ 描述**

上海杨高路地下通道模型文件命名实例　　表 4–7

| 专业 | 子专业代码 | 标段 | 时间 | 交付模型文件名 |
|---|---|---|---|---|
| 道路专业 | 道路（DL） | 一标段、二标段、三标段 | 交付日期 | 杨高路 _DL_ 二标段 _ 20160903 |
| 隧道专业 | 基坑围护（WH） | | | 杨高路 _WH_ 二标段 _ 20160903 |
| | 内部结构（JG） | | | 杨高路 _JG_ 二标段 _ 20160903 |
| | 泵站（BZ） | | | 杨高路 _BZ_ 二标段 _ 20160903 |
| | 人行出入口（RK） | | | 杨高路 _RK_ 二标段 _ 20160903 |
| | 车库出入口（CK） | | | 杨高路 _CK_ 二标段 _ 20160903 |
| 桥梁专业 | 桥梁（QL） | | | 杨高路 - 张家浜 _QL _ 20160903 |
| | 人行天桥（RXQ） | | | 杨高路 - 张家浜 _RXQ_ 20160903 |
| 建筑专业 | 配电间（PDJ） | | | 杨高路 _PDJ _ 20160903 |
| | 设备用房（SBF） | | | 杨高路 _SBF _ 20160903 |
| | 监控室（JKS） | | | 杨高路 _JKS _ 20160903 |
| | 周围建筑（ZW） | | | 杨高路 _ZW _ 20160903 |
| 机电专业 | 照明（ZM） | | | 杨高路 _ZM_ 二标段 _ 20160903 |
| | 通风（TF） | | | 杨高路 _TF_ 二标段 _ 20160903 |
| | 消防（XF） | | | 杨高路 _XF_ 二标段 _ 20160903 |
| | 监控（JK） | | | 杨高路 _JK_ 二标段 _ 20160903 |
| 排水专业 | 雨水管（YG） | | | 杨高路 _YG_ 二标段 _ 20160903. |
| | 污水管（WG） | | | 杨高路 _WG_ 二标段 _ 20160903 |
| | 排水沟（PS） | | | 杨高路 _PS_ 二标段 _ 20160903 |
| | 集水坑（JS） | | | 杨高路 _JS_ 二标段 _ 20160903 |
| 公共管线 | 给水管（GG） | | | 杨高路 _GG_ 20160903 |
| | 燃气管（MG） | | | 杨高路 _MG_ 20160903 |
| | 电力管（DG） | | | 杨高路 _DG_ 20160903 |
| | 电信管（TG） | | | 杨高路 _TG_ 20160903 |

项目代码（PROJECT）：用于识别项目的代码，由项目管理者制定。

分区 / 系统（ZONE/SYSTEM）：用于识别模型文件属于哪个地区、阶段或分区。

专业代码（DISCIPLINE）：用于区分项目涉及到的相关专业。

类型（TYPE）：用于区分模型性质，如：池体（水处理专业）、标段（道路专业）。

描述（CONTENT）：描述性字段，如：交付日期或者版本等。

### 4.2.2　构件命名和构件类型命名规则

1. 构件命名

构件是信息化模型装配中的基本单元，也是工程计量的基本划分单位，在软件中对应为族。通用构件（如梁、柱、楼梯）可以出现在不同专业的构筑物中，也有一些构件是仅出现在特定构筑物中的专用构件，通用构件命名应注意名称的规范统一，专用构件名称含义应准确限定。

2. 构件类型命名

在 BIM 中，一个参数化的构件可以通过设定不同的参数形成一个构件的实例。由于 BIM 构件包含着大量的参数信息，理论上所有参数均可以用来设置类型，因此构件类型的命名无法形成一个固定长度的标准格式。

一般设置构件类型的常见参数是构件的尺寸规格、材质、负荷等，可择材质、形式、几何要素、下级子类型及负荷等进行顺序描述性命名。

### 4.2.3　构件编码规则

1. 构件编码包括构件命名的编码和构件参数的编码。信息分类编码的核心功能在于实现信息的分类、检索、信息传递，这依赖信息技术（主要是关系型或面向对象的数据库技术），运用该技术通过算法提取信息并生成报告，实现比文件存储管理更加灵活、强大的信息管理方式。

2. 构件参数编码应采用国家标准《建筑工程设计信息模型分类和编码标准》，以便于模型交付后的信息交换、计量和管理，如表 4-8 所示。

**上海市《市政道路桥梁信息模型应用标准》构件编码实例**　　表 4-8

| 元素编号 | 模型构件分类 | 基本信息 |
|---|---|---|
| 14-80 | 桥梁 | |
| 14-80.10 | 梁式桥 | |
| 14-80.10.03 | 上部结构 | |
| 14-80.10.03.03 | 纵向构件 | |
| 14-80.10.03.03.03 | 桥面板 | 材料、板厚、板宽、板长、配筋 |
| 14-80.10.03.03.06 | 腹板 | 材料、板厚、板宽、板长、配筋 |
| 14-80.10.03.03.09 | 底板 | 材料、板厚、板宽、板长、配筋 |
| 14-80.10.03.03.12 | 加劲肋（钢桥） | 材料、板厚、板宽、板长、过焊孔半径 |

续表

| 元素编号 | 模型构件分类 | 基本信息 |
|---|---|---|
| 14-80.10.03.03.15 | 上、下承托（混凝土桥） | 承托高、承托水平投影长、配筋 |
| 14-80.10.03.06 | 横向构件 | |
| 14-80.10.03.06.03 | 支点横梁 | 材料、梁宽、梁高、梁长、配筋 |
| 14-80.10.03.06.06 | 横隔梁 | 材料、梁宽、梁高、梁长、配筋 |
| 14-80.10.03.06.09 | 加劲肋（钢桥） | 材料、板厚、板宽、板长、过焊孔半径 |
| 14-80.10.03.06.12 | 上、下承托（混凝土桥） | 承托高、承托水平投影长、配筋 |
| 14-80.10.03.09 | 预应力系统 | |
| 14-80.10.03.09.03 | 锚具 | 材料、型号、钢束股数、锚固边距、锚固中距 |

### 4.2.4　构件材质命名规则

构件材质的命名应采用符合相关术语规范规定的材质名称，以汉字命名，如图 4-1 所示。

材质名 = 材质 _ 用途 _ 型号

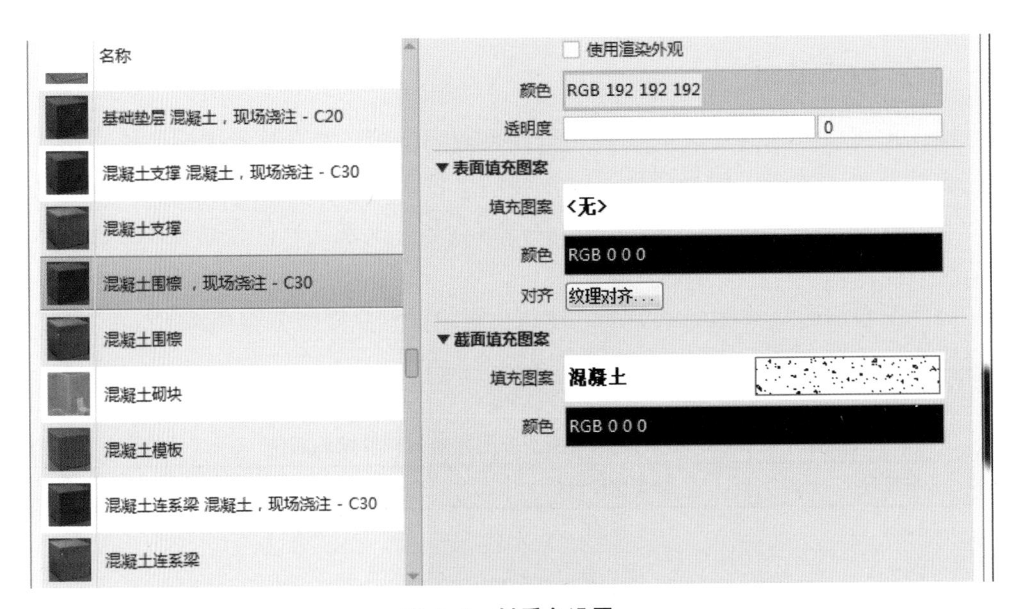


图 4–1　材质名设置

### 4.2.5　构件设计参数分类和命名规则

对于三维模型构件，比较重要的设计参数为几何参数（位置、尺寸）、材质参数、性能分析参数等。设计参数分类和信息名称命名如表 4-9 所示。

构件设计参数分类表 表 4–9

| 类型 | 子类型 | 定位点 | 标高 | 类似构件 |
|---|---|---|---|---|
| 位置 | 1 点 | 底部基点 | 顶 / 底 | 柱、桩、设备 |
| | 2 点 | 二端中心点 | 顶面 | 梁、管道、墙 |
| | 多点 | 中心层多个角点 | 顶面 | 顶板、底板 |
| 类型 | 子类型 | 平面 | 拉伸 | 类似构件 |
| 尺寸 | 矩形 | 长度、宽度 | 高度 | 柱、设备、墙 |
| | 圆形 | 直径 | 长度 | 桩（圆形） |
| | 多边形 | 面积 | 长度 | 组合桩 |
| | 梁 | 宽度、高度 | 长度 | 梁 |
| | 管道 | 半径 | 长度 | 管道 |
| | 板 | 面积 | 厚度 | 顶板、底板、地基加固 |
| 类型 | 子类型 | 材质 | | 类似构件 |
| 材质 | 混凝土 | 体积、强度等级 | | 地基加固 |
| | 钢筋混凝土 | 标号、保护层厚度、钢筋型号、 | | 梁 |
| | 钢结构 | 钢材型号、重量、 | | 管道 |
| 类型 | 子类型 | 满足分析需要参数 | | |
| 分析 | 性能化分析 | 抗震、抗风、受损、日照、能耗、舒适环境、碳排放、消防、疏散、人防、交通 | | |
| | 量化统计 | 数量统计、计算折减、指标数据验证 | | |

## 4.2.6 视图命名规则

视图既是设计阶段对 BIM 设计过程和成果进行察看的途径，同时也是交付成果中二维图纸的重要组成部分。在设计过程中使用的观察视图数量是有限的，可以采用系统默认命名，对于交付二维图纸中的视图，为方便检索察看（图 4-2）。

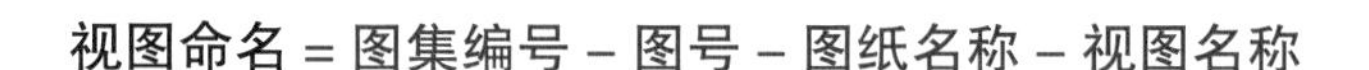


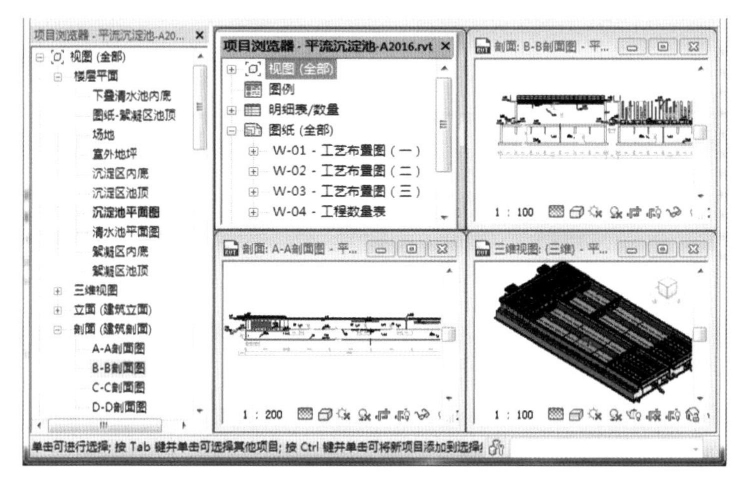


图 4–2 视图命名

### 4.2.7 标高层命名规则

在具有标高层自动命名方式的软件中，软件会自动以标高名称最后一个字符作为编号递增依据，因此标高层命名时应以字母在前，数字在后的方式命名。

**标高层名 = 初始命名为 F1 时，后续即可自动命名 F2、F3……**

### 4.2.8 模型组命名规则

模型组是 BIM 中将一些构件图元组合为一个整体，以方便进行复制、修改等编辑操作。模型组建议采用以下方式命名：

**模型组名 = 专业 _ 组名 _ 序号**

其中组名应能够涵盖组中主要构件的名称和主要特性，序号用于区分构件图元组成相同而内部空间尺寸关系不同的组，按顺序编号。

### 4.2.9 构件颜色

在 BIM 设计中，给构件赋予恰当的颜色可以方便区分不同的构件及其空间关系，构件颜色应选用显示效果清楚，与其他颜色间容易区分的颜色。由于符合辨认要求的颜色数量是有限的，一般建议按专业不同来设置不同的构件颜色。当通用构件用于不同专业时，可通过不同的族类型进行颜色设置。

## 4.3 模型交付指导价

上海市城乡建设和管理委员会《关于进一步加强上海市建筑信息模型技术推广应用的通知》（征求意见稿）提供指导价：

由建设单位牵头组织实施 BIM 技术应用的项目，在设计、施工两个阶段应用 BIM 技术的，每平方米补贴 20 元，最高不超过 300 万元。在设计、施工、运营阶段全部应用 BIM 技术的，每平方米补贴 30 元，最高不超过 500 万元。

中国勘察设计协会《关于建筑设计服务成本要素信息统计分析情况的通报》（中设协字 [2016]89 号），在建筑设计其他服务成本附加系数信息表中确定 BIM 技术服务成本附加系数 0.2 ～ 0.5。

针对我国市政设计行业特点，根据 BIM 模型深度等级，完成一次建模的收费指导价，如表 4-10 所示。

BIM 建模收费设封顶标准总体上按设计费的比例进行确定，具体情况：

单设计阶段建模，建模收费封顶标准为设计费的 20%（水处理）、10%（道桥）；

设计施工一并建模，收费封顶标准为设计费的 30%（水处理）、20%（道桥）。

建模收费指导价 表 4–10

| 精度等级 | 建模内容 | 综合费用以设计费为标准 | |
|---|---|---|---|
| | | 水处理 | 道桥 |
| G1 | 具备基本形状，粗略的尺寸和形状，包括非几何数据，如：面积、位置等 | 3% | 1% |
| G2 | 近似几何尺寸，形状和方向，能够反映物体本身大致的几何特性。主要外观尺寸不得变更，细部尺寸可调整，构件宜包含几何尺寸、材质、产品信息（例如电压、功率）等 | 6% | 3% |
| G3 | 物体主要组成部分必须在几何上表述准确，能够反映物体的实际外形，保证不会在施工模拟和碰撞检查中产生错误判断，构件应包含几何尺寸、材质、产品信息（例如电压、功率）等。模型包含信息量与施工图设计完成时的 CAD 图纸上的信息量应该保持一致 | 15% | 6% |
| G4 | 详细的模型实体，最终确定模型尺寸，能够根据该模型进行构件的加工制造，构件除包括几何尺寸、材质、产品信息外，还应附加模型的施工信息，包括生产、运输、安装等方面 | 20% | 10% |

# 4.4 模型表达案例

上海市浙江路桥大修工程：浙江路桥建成于 1908 年，属于上海市市级文物。桥梁单跨跨越苏州河，跨径 60m，结构形式为鱼腹式铆接钢桁架简支梁，模型表达如图 4-3、图 4-4 所示。

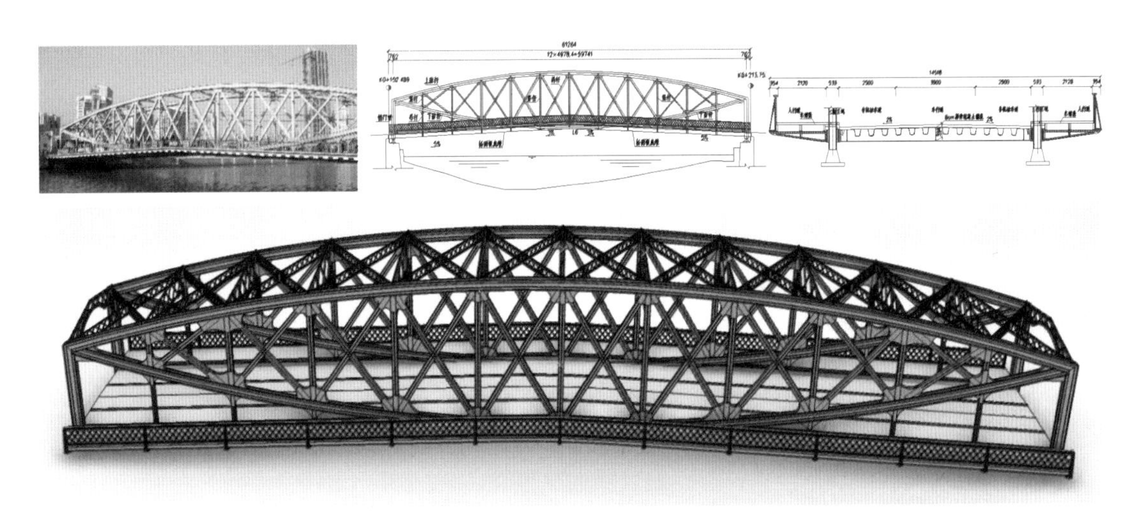

图 4–3 钢结构桥整体模型（G2）

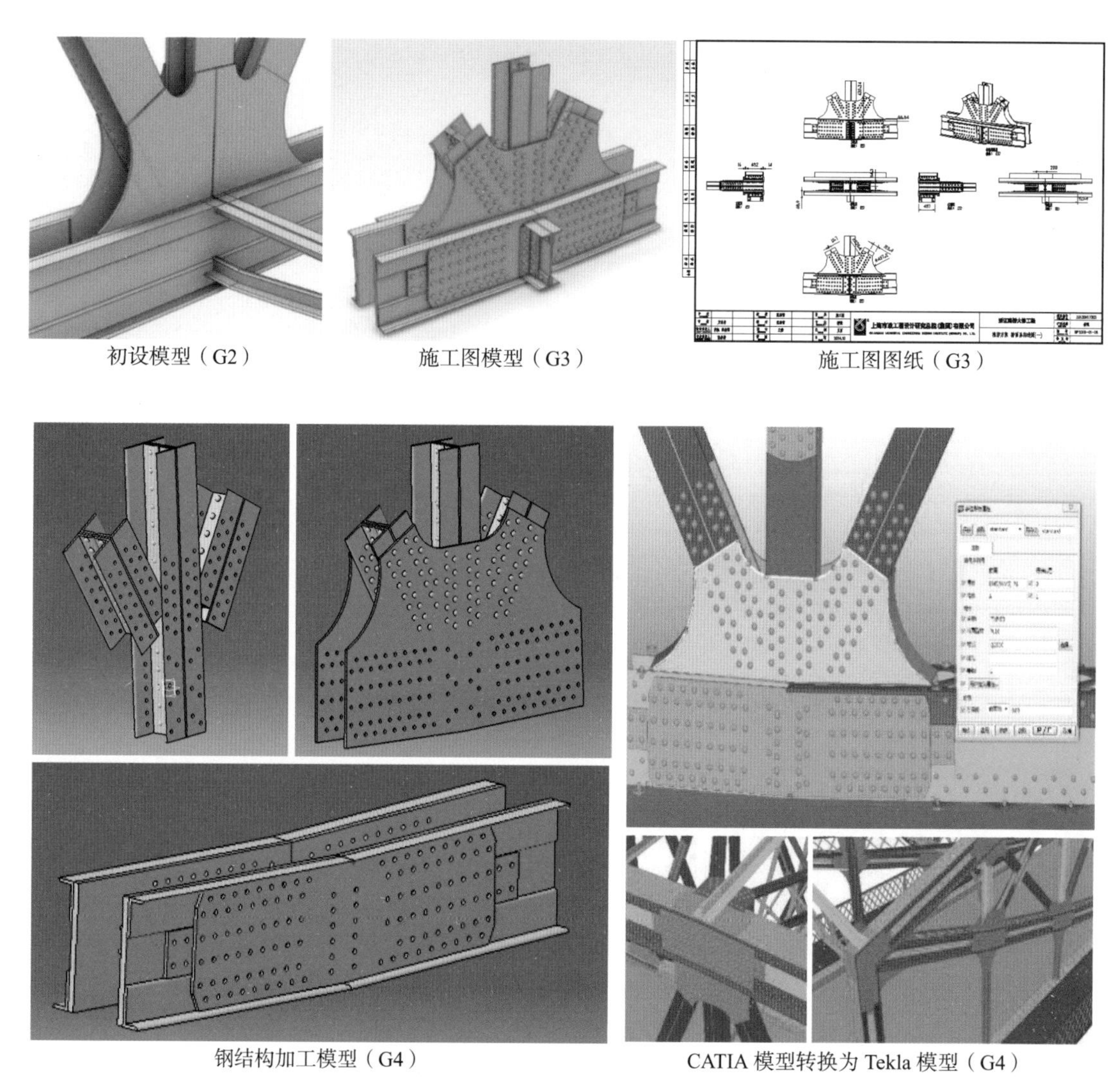


图 4–4　钢结构桥局部模型（G2–G4）

# 第 5 章

## BIM 信息

# 5.1 信息深度等级

信息模型是一种用来定义信息常规表示方式的方法，描述信息的产生、获取、加工、贮存和传输的逻辑关系的一种工具。

通过使用信息模型，我们可以使用不同的应用程序对所管理的数据进行重用、变更以及分享。使用信息模型的意义不仅仅存在于对象的建模，同时也在于对对象间相关性的描述。除此之外，建模的对象描述了系统中不同的实体以及他们的行为以及他们之间（系统间）数据流动的方式。

信息深度等级体现了 BIM 的核心能力。对于单个项目，随着工程的进展，所需的信息会越来越丰富。

国家《建筑工程设计信息模型交付标准》（送审稿）规定模型单元属性的信息深度等级（Nx），如表 5-1 所示。

信息深度等级　　表 5–1

| 等级 | 英文名 | 代号 | 等级要求 |
|---|---|---|---|
| 1 级信息深度 | level 1 of information detail | N1.0 | 宜包含模型单元的身份描述、项目信息、组织角色等信息 |
| 2 级信息深度 | level 2 of information detail | N2.0 | 宜包含和补充 N1.0 等级信息，增加实体系统关系、组成及材质，性能或属性等信息 |
| 3 级信息深度 | level 3 of information detail | N3.0 | 宜包含和补充 N2.0 等级信息，增加生产信息、安装信息 |
| 4 级信息深度 | level 4 of information detail | N4.0 | 宜包含和补充 N3.0 等级信息，增加资产信息和维护信息 |

根据国家《建筑工程设计信息模型交付标准》中规定信息深度要求，市政工程设计信息模型交付应包含工程项目的基本信息、地理信息、设计信息、构件信息、设备信息、建造信息等内容，如表 5-2 所示。

我国市政设计行业 BIM 模型信息深度等级总体原则　　表 5–2

| 等级 | 模型信息 | 信息类别 | 应用 |
|---|---|---|---|
| N1 | 设计环境总体布置、定位等，技术经济指标，以及周边场地地质、气候等 | 基本信息、地理信息 | 项目的整体分析及总体表达等 |
| N2 | 构筑物控制信息、系统性能参数、设备配置信息等 | 设计信息 | 系统分析、空间性能分析及具体表达等 |
| N3 | 构筑物详细尺寸、规格信息、技术参数等 | 构件信息、设备信息 | 碰撞检查、设备材料预算等及局部详细表达 |
| N4 | 构筑物施工、安装等信息 | 建造信息 | 施工进度模拟、预制加工、装配和建造 |

# 5.2　水处理工程

## 5.2.1　模型信息分类

水处理工程模型信息分类如表 5-3 所示。

水处理工程模型信息分类　　表 5–3

| 分类 | 子类 | 子类信息示例 | |
|---|---|---|---|
| | | 几何信息 | 非几何信息 |
| 场地 | 场地位置 | 位置、场地边界、地形、高程等 | |
| | 场地地质 | 场地地质分层、厚度等情况 | 场地分层地质信息、物理参数 |
| | 现状管线 | 现状管线位置、埋深、管径等 | 现状管线材质、工作介质、公称压力、连接方式等 |
| | 周边环境 | 周边主要建筑物和构筑物的布置（位置、尺寸和层数），场地现状道路平面、绿化范围、水系范围等 | 周边主要建筑物和构筑物的信息（名称等），现状道路信息（道路等级等）、绿化信息、水系（航道等级等）等 |
| 室外管道及附属设施 | 管道、闸门、各类井 | 形式及其布置的形状，构件的几何尺寸、定位等 | 技术参数：材质、工作介质、环刚度、环柔度、连接方式等（排水压力管需要有公称压力） |
| 总图 | 总图布局 | 建构筑物、场地、道路、停车场、绿化等布置（几何尺寸、定位、高程等） | 主要经济技术指标，如占地面积、容积率、绿化率等 |
| | | 室外地上、地下管线布置（几何尺寸、定位、高程等） | |
| 土建 | 建筑 | 主要建筑构件的几何尺寸、定位信息，包括墙、梁、柱、地板、楼板、门、窗、幕墙、屋顶、人形楼梯等 | 技术经济指标，如层数、高度、标高等 |
| | | | 建筑物性质、防火类别与等级 |
| | 结构 | 基坑支护、地基处理、桩基结构形式及其布置的形状及布置，如基坑及其构件的几何尺寸、定位等 | 设计安全等级、结构设计使用年限、结构重要性系数、抗震设防烈度、抗震等级 |
| | | 主要结构构件的几何尺寸、定位信息，如梁、板、柱、墙、楼梯、钢构件等 | 结构体系、荷载、承载力等 |
| 室内管线 | 管道、线缆、桥架 | 几何尺寸、定位信息 | 系统信息：管线所属系统、功能 |
| | | | 管线规格型号、材质、构造、颜色、工作性能、压力等级等 |
| 设备 | 工艺、暖通、电气、自控 | 设备的几何尺寸、定位信息 | 系统信息：设备所属系统、功能 |
| | | | 技术性能参数：如规格型号、流量、扬程、功率等 |

## 5.2.2　信息深度等级

遵循总体原则，水处理工程模型信息深度等级如表 5-4 所示：

水处理工程模型信息深度等级　　　　表 5-4

| 分类 | 子类 | 子类信息示例 | 等级 |
|---|---|---|---|
| 场地 | 场地位置 | 位置、场地边界、地形、高程等 | N1 |
| | 周边环境 | 周边主要建筑物和构筑物的布置（位置、尺寸和层数），场地现状道路平面、绿化范围、水系范围等 | |
| | | 周边主要建筑物和构筑物的信息（名称等），现状道路信息（道路等级等）、绿化信息、水系（航道等级等）等 | |
| | 场地地质 | 场地地质分层、厚度等 | N2 |
| | | 场地分层地质信息、物理参数等 | |
| | 现状管线 | 现状管线位置、埋深、管径等 | |
| | | 现状管线材质、工作介质、公称压力、连接方式等 | |
| 室外管道及附属设施 | 管道、闸门、各类井 | 形式及其布置的形状 | N1 |
| | | 构件的几何尺寸、定位等 | N2 |
| | | 材质、工作介质、环刚度、环柔度、连接方式等 | |
| | | 主要结构构件的几何尺寸、定位信息，如梁、板、柱、墙、楼梯等 | |
| | | 次要结构构件的几何尺寸、定位信息，如预留孔洞、预埋件等 | N3 |
| 总图 | 总图布局 | 建构筑物、场地、道路、停车场、绿化等布置 | N1 |
| | | 环境构筑物布置（定位、高程等） | |
| | | 室外地上、地下管线布置（定位、高程等） | |
| | | 主要经济技术指标，如占地面积、容积率、绿化率等 | |
| | | 环境构筑物（几何尺寸等） | N2 |
| | | 室外地上、地下管线（几何尺寸等） | |
| 土建 | 建筑 | 主要建筑的定位信息 | N1 |
| | | 技术经济指标，如层数、高度、标高等 | |
| | | 主要建筑构件的几何尺寸，包括墙、梁、柱、地板、楼板、门、窗、幕墙、屋顶、人形楼梯等 | N2 |
| | | 建筑物性质、防火类别与等级 | |
| | | 建筑构件的详细尺寸 | N3 |
| | 结构 | 基坑支护、地基处理、桩基结构形式及其布置的形状及布置 | N1 |
| | | 主要结构构件的定位信息 | |
| | | 设计安全等级、结构设计使用年限、结构重要性系数、抗震设防烈度、抗震等级 | N2 |
| | | 如基坑及其构件的几何尺寸 | |
| | | 主要结构构件的几何尺寸，如梁、板、柱、墙、楼梯等 | |
| | | 结构体系、荷载、承载力等 | |
| | | 结构构件的详细尺寸 | N3 |
| 室内管线 | 管道、线缆、桥架 | 定位信息 | N1 |
| | | 几何尺寸 | N2 |
| | | 管线所属系统、功能 | |
| | | 管线规格型号、材质、构造、颜色、工作性能、压力等级等 | N3 |

续表

| 分类 | 子类 | 子类信息示例 | 等级 |
|---|---|---|---|
| 设备 | 工艺、暖通<br>电气、自控 | 设备的定位信息 | N1 |
| | | 设备的几何尺寸 | N2 |
| | | 设备所属系统、功能 | |
| | | 规格型号、流量、扬程、功率等 | N3 |

### 5.2.3 模型信息形成阶段

水处理工程模型信息形成如表 5-5 所示。

水处理工程模型信息形成　　表 5-5

| 分类 | 设计内容 | 信息形成阶段 | | | | | |
|---|---|---|---|---|---|---|---|
| | | 方案阶段 | | 初设阶段 | | 施工图阶段 | |
| | | 模型 | 信息 | 模型 | 信息 | 模型 | 信息 |
| 场地 | 场地位置、周边环境 | G2 | N1 | — | — | — | — |
| | 场地地质、现状管线 | — | — | G2 | N2 | — | — |
| 室外管道 | 管道、闸门、各类井 | G1 | N1 | G2 | N2 | G3 | N3 |
| 总图 | 总图布局 | G1 | N1 | G2 | N2 | — | — |
| 土建 | 建筑 | G1 | N1 | G2 | N2 | G3 | N3 |
| | 结构 | G1 | N1 | G2 | N2 | G3 | N3 |
| 室内管线 | 管道、线缆、桥架 | G1 | N1 | G2 | N2 | G3 | N3 |
| 设备 | 工艺、暖通、电气、自控 | G1 | N1 | G2 | N2 | G3 | N3 |

## 5.3 桥梁工程

### 5.3.1 模型信息分类

桥梁工程模型信息分类如表 5-6 所示。

桥梁工程模型信息分类　　表 5-6

| 分类 | 子类 | 子类信息示例 | |
|---|---|---|---|
| | | 几何信息 | 非几何信息 |
| 场地 | 场地位置 | 位置、场地边界、地形、高程等 | |
| | 场地布局 | 场地建筑物布置、场地道路、绿化、机非车道等 | 建设场地内既有构造物与桥梁的关系，建设场地外既有构造物分布情况等 |
| | | | 物业信息 |

续表

| 分类 | 子类 | 子类信息示例 | |
|---|---|---|---|
| | | 几何信息 | 非几何信息 |
| 场地 | 场地地质 | 场地地质分层、厚度等情况 | 工程地质条件、岩土结构特征、不良地质等 |
| | | | 水文及水道、地下水类型及特征、腐蚀性评价等 |
| | | | 场地地震烈度、抗震地段划分、砂土液化判别、场地类别划分 |
| | 管线布置 | 新建或改建桥梁工程范围内既有管线分布及项目管线布置 | 现状管线材质、工作介质、公称压力、连接方式等 |
| | 周边环境 | 桥梁周边主要建筑物和构筑物的布置（位置、尺寸和层数），设计桥梁与相连道路、河堤等 | 气温、降雨、风速等 |
| | | | 航道等级、通航孔数量、通航孔尺寸、通航水位等 |
| | | | 防洪设计标准、桥位河堤信息、堤顶桥下净空尺寸等 |
| 设计条件 | 大地测量 | 高程系统基准点、平面坐标系 | 设计参数：桥梁宽度、设计车道数、设计车速、设计荷载、抗震设计标准、设计安全等级<br>环境类别：通行净空、通航要求等 |
| | 中心线 | 道路平、纵、横参数形成的空间曲线 | |
| | 控制点 | 桥梁各构件关键控制点空间坐标 | |
| 上部结构 | 主梁 | 混凝土：形状、构造、空间定位等<br>普通钢筋网：直径、形状、空间定位 | 材料等级、保护层厚度等 |
| | | 预应力：钢筋直径、线型、空间定位<br>波纹管：管道断面构造、空间定位 | 锚具、型号、预应力、波纹管等材料，张拉要求 |
| | 横梁（跨中、支点） | 混凝土：形状、构造、空间定位等<br>普通钢筋网：直径、形状、空间定位 | 材料等级、保护层厚度等 |
| 下部结构 | 盖梁（含挡块） | 混凝土：形状、构造、空间定位等<br>普通钢筋网：直径、形状、空间定位 | 材料：材料等级、保护层厚度等 |
| | | 预应力：钢筋直径、线型、空间定位<br>波纹管：管道断面构造、空间定位 | 材料：锚具、型号、预应力、波纹管等材料，张拉要求 |
| | 桩、承台、立柱、支座、桥台 | 混凝土：形状、构造、空间定位等<br>普通钢筋网：直径、形状、空间定位 | 材料：材料等级、保护层厚度等 |
| 附属工程 | 防撞护栏、 | 混凝土：形状、构造、空间定位等<br>普通钢筋网：直径、形状、空间定位 | 材料：材料等级、保护层厚度、焊接要求、防腐要求 |
| | 伸缩缝 | 定位：缝空间定位<br>构造：钢材构造、止水条构造 | 材料：钢材型号、材料等级，止水条材料 |
| | 支座 | 定位：支座空间定位<br>构造：橡胶构造、钢板构造 | 材料：支座型号、橡胶材料、钢板材料 |
| | 预埋件 | 构造：钢板构造、空间定位<br>钢筋（或锚栓）：直径、形状 | 材料：钢板材料、焊接要求、防腐要求、钢筋（或锚栓）材料 |
| | 铺装 | 定位：空间定位、厚度 | 材料：铺装材料 |
| | 排水系统 | 集水槽：空间定位、格栅构造<br>桥梁开洞：空间定位、构造 | 材料：格栅材料 |
| | | 排水管：排水管空间定位曲线、外径、壁厚 | 材料：排水管材料 |
| | | 预埋件：空间定位、扣件构造<br>锚栓：空间定位、构造 | 材料：扣件材料、锚栓材料 |

续表

| 分类 | 子类 | 子类信息示例 | |
|---|---|---|---|
| | | 几何信息 | 非几何信息 |
| 附属工程 | 照明系统 | 灯具：空间定位、灯具构造 | 材料：灯具型号、照明参数 |
| | | 管线：线路空间定位曲线、管线直径 | 材料：预埋扣件材料、锚栓材料 |
| | | 预埋件：空间定位、预埋扣件构造<br>锚栓：空间定位、构造 | 材料：管线材料 |

## 5.3.2 模型信息深度等级

遵循总体原则，桥梁工程模型信息深度等级如表 5-7 所示：

**桥梁工程模型信息深度等级** 表 5-7

| 分类 | 子类 | 子类信息示例 | 等级 |
|---|---|---|---|
| 场地 | 场地位置 | 位置、场地边界、地形、高程等 | N1 |
| | 场地布局 | 场地建筑物布置、场地道路、绿化、机非车道等 | |
| | | 场地条件、地貌 | |
| | 周边环境 | 桥梁周边主要建筑物和构筑物的布置 | N1 |
| | | 气象、航道、防洪等信息 | |
| | | 桥梁周边主要建筑物和构筑物的（位置、尺寸和层数），设计桥梁与相连道路、河堤等 | |
| | 场地地质 | 场地地质分层、厚度等情况 | N2 |
| | | 工程地质、水文地质、地震等信息 | |
| | 管线布置 | 新建或改建桥梁工程范围内既有管线分布及项目管线布置 | |
| | | 现状管线材质、工作介质、公称压力、连接方式等 | |
| 设计条件 | 大地测量 | 高程系统基准点、平面坐标系 | N2 |
| | 中心线 | 道路平、纵、横参数形成的空间曲线 | |
| | 控制点 | 桥梁各构件关键控制点空间坐标 | |
| | 设计条件 | 设计参数、环境类别 | |
| 上部结构 | 主梁、横梁 | 空间定位、形状 | N1 |
| | | 构造、材料（混凝土、钢筋） | N2 |
| | | 详细构造、钢筋、预应力 | N3 |
| 下部结构 | 盖梁、桩、承台、立柱、支座、桥台 | 空间定位、形状 | N1 |
| | | 构造、材料（混凝土、钢筋） | N2 |
| | | 详细构造、钢筋、预应力 | N3 |
| 附属工程 | 防撞护栏、伸缩缝、支座、铺装 | 空间定位 | N1 |
| | | 构造、材料（混凝土、钢筋） | N2 |
| | 预埋件 | 空间定位、钢板构造 | N3 |
| | | 钢筋（或锚栓）直径、形状 | N4 |

续表

| 分类 | 子类 | 子类信息示例 | 等级 |
|---|---|---|---|
| 附属工程 | 排水系统 | 空间定位：集水槽、桥梁开洞、排水管空间定位曲线 | N1 |
| | | 构造：集水槽、格栅构造、开洞构造、排水管 | N2 |
| | | 材料 | N3 |
| | | 预埋件：空间定位、扣件构造<br>锚栓：空间定位、构造 | |
| | 照明系统 | 空间定位：灯具、管线空间定位曲线 | N1 |
| | | 构造：灯具构造、管线直径 | N2 |
| | | 材料 | N3 |
| | | 预埋件：空间定位、预埋扣件构造<br>锚栓：空间定位、构造 | |

### 5.3.3 模型信息形成阶段

桥梁工程模型信息形成如表 5-8 所示。

桥梁工程模型信息形成　　表 5-8

| 分类 | 设计内容 | 信息形成阶段 | | | | | |
|---|---|---|---|---|---|---|---|
| | | 方案阶段 | | 初设阶段 | | 施工图阶段 | |
| | | 模型 | 信息 | 模型 | 信息 | 模型 | 信息 |
| 场地 | 场地位置、周边环境 | G2 | N1 | — | — | — | — |
| | 场地地质、现状管线 | — | — | G2 | N2 | — | — |
| 设计条件 | 中心线、控制点 | — | — | G1 | N2 | — | — |
| 上部、下部结构 | 空间定位、形状 | G1 | N1 | — | — | — | — |
| | 构造、材料（混凝土、钢筋） | — | — | G2 | N2 | G3 | N3 |
| | 钢筋、预应力 | — | — | — | — | G3 | N3 |
| 附属工程 | 空间定位 | G1 | N1 | — | — | — | — |
| | 构造、材料 | — | — | G2 | N2 | G3 | N3 |
| | 详细构造、预埋件等 | — | — | — | — | G3 | N3 |

## 5.4 道路工程

### 5.4.1 模型信息分类

道路工程模型信息分类如表 5-9 所示。

道路工程模型信息分类　　表 5–9

| 分类 | 子类 | 子类信息示例 | |
|---|---|---|---|
| | | 几何信息 | 非几何信息 |
| 场地 | 场地位置 | 位置、场地边界、地形、高程等 | |
| | 场地地质 | 场地地质分层、厚度等情况 | 场地分层地质信息、物理参数 |
| | 水系 | 位置及分布范围等 | 名称、航道等级 |
| | 沿线主要相关地物 | 构筑物和建筑物位置、管线位置、走向、管径、架空高度或埋深、现状道路、铁路的路线位置及走向、现状桥梁的桥位、桥跨及净高等 | 构筑物和建筑物名称，管线类型、名称，现状道路、铁路的名称、等级，管线材质、工作介质、公称压力、连接方式等，现状桥梁的桥型 |
| 主体 | 设计参数 | 中心线、高程系统 | 道路名称、道路等级、自然区划、设计速度、设计年限、设计洪水频率、抗震设防等级、相交道路等级及设计速度 |
| | 平面 | 坐标、交点、长度、半径、缓和曲线参数等 | |
| | | 平面各变化段（含路幅变化、板块变化、渐变段长度、超高及加宽信息等）、范围、交叉口、渠化参数 | |
| | 纵断面 | 坡度、坡长、半径、变坡点桩号、高程、约束条件、空间位置等 | |
| 路面 | 路面结构 | 厚度 | 结构各层类型及名称、材料规格 |
| | 附属物 | 路幅板块各组成的空间位置、宽度、横坡；缘石空间位置及尺寸等 | 缘石类型 |
| 路基 | 一般路基 | 边坡坡度、坡高，填挖方数据等 | 边坡类型 |
| | 路基处理 | 处理厚度、空间位置 | 处理方式、材料信息、承载力等 |
| 排水设施 | 排水沟管 | 位置、坡度 | 类型、材料及规格信息等 |
| | 附属构筑物 | 检查井位置及尺寸 | 规格、材质信息等 |
| 支挡防护 | 护面 | 面积、长度 | 护面类型、材料信息等 |
| | 挡土墙 | 高度、埋深、基底纵坡 | 结构类型、材料信息等 |
| 交通安全设施 | 标线 | 位置 | 名称、类型、规格信息等 |
| | 标志 | 位置、净空、杆件及版面尺寸 | 类型、材料及性能信息等 |
| | 信号灯 | 位置、杆件尺寸、构件基础尺寸 | 分类、型号、材料信息等 |
| | 护栏 | 位置、高度、长度 | 防撞等级、类型、材料信息等 |
| | 路灯 | 位置、灯杆、基础尺寸 | 类型、灯杆规格、光源类型及功率等 |
| 景观 | 沿街设施 | 空间位置、间距、尺寸、面积、体积 | 名称、性质等 |
| | 绿化 | 空间位置、间距、尺寸 | 树坑板材质、绿化品种等 |

## 5.4.2　模型信息深度等级

遵循总体原则，道路工程信息深度等级如表 5-10 所示：

道路工程模型信息深度等级 表 5–10

| 分类 | 子类 | 子类信息示例 | 等级 |
|---|---|---|---|
| 场地 | 场地位置 | 位置、场地边界、地形、高程等 | N1 |
| | 沿线主要相关地物 | 地上或地下构筑物和建筑物位置、架空或地埋管线位置、走向、管径、架空高度或埋深、现状道路、铁路的路线位置及走向、现状桥梁的桥位、桥跨及净高等 | |
| | 场地地质 | 场地地质分层、厚度等情况场地分层地质信息、物理参数 | N2 |
| | 水系 | 名称、航道等级、位置及分布范围等 | |
| 主体 | 设计参数 | 中心线、高程系统 | N1 |
| | | 道路名称、道路等级、自然区划、设计速度、设计年限、相交道路等级及设计速度 | |
| | | 道路宽度、车道数、净空、航道标准、交叉口类型 | N2 |
| | | 荷载等级、设计洪水频率、抗震设防等级 | |
| | 平面 | 坐标、交点、长度、半径、缓和曲线参数等 | N1 |
| | | 工程范围、交叉口平面设计、交叉口竖向设计参数 | N2 |
| | | 平面各变化段（含路幅变化、板块变化、渐变段长度、超高及加宽信息等）、交叉口渠化参数 | |
| | 纵断面 | 坡度、坡长、半径、变坡点桩号、高程、约束条件、空间位置等 | |
| 路面 | 路面结构 | 结构各层类型 | N1 |
| | | 路面结构组成及厚度 | N2 |
| | | 材料规格、强度及弯沉等性能信息 | N3 |
| | 附属物 | 路幅板块各组成的空间位置、宽度、横坡；缘石空间位置 | N1 |
| | | 缘石尺寸、类型 | N2 |
| 路基 | 一般路基 | 空间位置 | N1 |
| | | 边坡坡度、边坡类型、坡高，填挖方数据等 | N2 |
| | 路基处理 | 空间位置 | N1 |
| | | 处理厚度、处理方式、材料信息等 | N2 |
| | | 压实度及承载力等性能信息 | N3 |
| 排水设施 | 排水沟管 | 类型、规格材料、长度、位置、埋深、纵坡 | N2 |
| | 附属构筑物 | 检查井规格、材质信息等 | N3 |
| 支挡防护 | 护面 | 面积、长度、护面类型、材料信息等 | N2 |
| | 挡土墙 | 类型、位置、长度、高度、材料信息 | N2 |
| | | 尺寸、结构类型、基础埋深、基底纵坡、配筋、材料等 | N3 |
| 交通安全设施 | 标线 | 面积、名称类型、规格、材料及性能信息等 | N2 |
| | 标志 | 空间位置、净空、类型、版面尺寸 | N1 |
| | | 基础尺寸、材质及埋深、材料等 | N2 |
| | | 杆件、法兰等的相关尺寸、材料规格、强度等性能信息 | N3 |
| | 信号灯 | 空间位置、分类、型号 | N2 |
| | | 杆件尺寸、构件基础尺寸、材料信息等 | N3 |

续表

| 分类 | 子类 | 子类信息示例 | 等级 |
|---|---|---|---|
| 交通安全设施 | 护栏 | 空间位置、高度、长度、防撞等级、类型 | N2 |
| | | 材料信息 | N3 |
| | 路灯 | 路灯类型、杆高、光源类型和功率 | N1 |
| | | 仰角、挑臂长度、光通量、基础材质及埋深 | N2 |
| | | 杆件、法兰等的相关尺寸、材料规格、强度等性能信息 | N3 |
| 景观 | 沿街设施 | 空间位置、间距、尺寸、名称、性质 | N1 |
| | 绿化树池 | 空间位置、间距、树种 | N1 |
| | | 树坑板材质及规格 | N2 |

### 5.4.3　模型信息形成阶段

道路工程模型信息形成如表 5-11 所示。

道路工程模型信息形成　　表 5-11

| 分类 | 设计内容 | 信息形成阶段 | | | | | |
|---|---|---|---|---|---|---|---|
| | | 方案阶段 | | 初设阶段 | | 施工图阶段 | |
| | | 模型 | 信息 | 模型 | 信息 | 模型 | 信息 |
| 场地 | 场地位置 | G2 | N1 | — | — | — | — |
| | 场地地质、水系 | — | — | G2 | N2 | — | — |
| | 沿线主要相关地物 | G2 | N1 | — | — | — | — |
| 主体 | 设计参数 | — | — | — | N2 | — | — |
| | 平面、纵断面、横断面 | — | — | G1 | N2 | — | — |
| 路面 | 路面结构 | G1 | N1 | G2 | N2 | G3 | N3 |
| | 附属物 | G1 | N1 | G2 | N2 | — | — |
| 路基 | 一般路基 | G1 | N1 | G2 | N2 | G3 | N3 |
| | 路基处理 | G1 | N1 | G2 | N2 | G3 | N3 |
| 排水设施 | 排水沟管 | — | — | G2 | N2 | — | — |
| | 附属构筑物 | — | — | — | — | G3 | N3 |
| 支挡防护 | 护面 | — | — | G1 | N2 | — | — |
| | 挡土墙 | — | — | G2 | N2 | G3 | N3 |
| 交通安全设施 | 标线 | — | — | G1 | N2 | — | — |
| | 标志、信号灯、护栏 | G1 | N1 | G2 | N2 | G3 | N3 |
| | 路灯 | G1 | N1 | G2 | N2 | G3 | N3 |
| 景观 | 沿街设施 | G2 | N1 | — | — | — | — |
| | 绿化 | G1 | N1 | G2 | N2 | — | — |

# 5.5 隧道工程

## 5.5.1 模型信息分类

隧道工程模型信息分类如表 5-12 所示。

隧道工程模型信息分类　　表 5-12

| 分类 | 子类 | 子类信息示例 | |
|---|---|---|---|
| | | 几何信息 | 非几何信息 |
| 场地 | 场地位置 | 位置、场地边界、地形、高程、方向等 | 主要技术经济指标，如占地面积、建筑等级、容积率等 |
| | 场地地质 | 场地地质分层、厚度等情况 | 场地分层地质信息、物理参数 |
| | 周边环境 | 周边主要建筑物和构筑物的布置（位置、尺寸）等 | 场地周边现状与规划的道路、地面建筑物、管线和其他构筑物、文物古迹保护要求、环境与景观、地形与地貌、工程地质与水文地质条件等信息要求 |
| 隧道 | 主要构件 | 隧道具体形式及其主要构件的几何尺寸、定位信息，包括救援（疏散）平台、人防门等 | 材料等级、保护层厚度等 |
| | 次要构件 | 隧道次要构件的几何尺寸、定位信息，如扶梯扶手、栏杆等 | 材料等级、保护层厚度等 |
| | 主要设施 | 空间位置、间距、尺寸 | 工艺要求、构造要求、材料选择等 |
| | 附属设备 | 空间位置、间距、尺寸 | 类别、型号、物理性能、材质等 |
| 给水排水及消防 | 系统 | | 系统性能参数，如水压和水量等 |
| | 设备 | 空间位置、间距、尺寸 | 系统归类、设备所属系统 |
| | 管道装置 | 位置、尺寸 | 所属系统、设备 |
| | | | 规格型号、工作性能、主要材料等 |
| 路面 | 路面结构 | 厚度 | 结构各层类型及名称、材料规格等 |
| | 横断面组成 | 路幅板块各组成空间位置、宽度、横坡、空间位置及尺寸 | 缘石类型等 |
| 路基 | 一般路基 | 边坡坡度、坡高 | 边坡类型、填挖方数据等 |
| | 路基处理 | 处理厚度、空间位置 | 处理方式、材料信息、承载力等 |
| 排水设施 | 排水沟管 | 位置、坡度 | 类型、材料及规格信息等 |
| | 附属构筑物 | 检查井位置及尺寸 | 检查井规格、材质信息等 |
| 交通安全设施 | 标线 | 位置 | 名称类型、规格信息等 |
| | 标志 | 空间位置、净空、杆件及版面尺寸 | 类型、材料及性能信息等 |
| | 信号灯 | 空间位置、杆件、构件基础尺寸 | 分类、型号、材料信息等 |
| | 护栏 | 位置、高度、长度 | 防撞等级、类型、材料信息等 |
| | 路灯 | 空间位置、灯杆、基础尺寸 | 类型、灯杆规格、光源类型及功率等 |

### 5.5.2 模型信息深度等级

遵循总体原则，隧道工程信息深度等级如表 5-13 所示：

隧道工程模型信息深度等级　　表 5–13

| 分类 | 子类 | 子类信息示例 | 等级 |
| --- | --- | --- | --- |
| 场地 | 场地位置 | 位置、场地边界、地形、高程、方向等 | N1 |
| | | 主要技术经济指标，如占地面积、建筑等级、容积率等 | |
| | 周边环境 | 周边主要建筑物和构筑物的布置（位置、尺寸）等 | N1 |
| | | 场地周边现状与规划的道路、地面建筑物、管线和其他构筑物、文物古迹保护要求、环境与景观、地形与地貌、工程地质与水文地质条件等信息要求 | |
| | 场地地质 | 场地地质分层、厚度等情况 | N2 |
| | | 场地分层地质信息、物理参数 | |
| 隧道（敞开段 暗埋段 盾构段 沉管段 顶管） | 主要构件 | 定位信息，包括救援（疏散）平台、人防门等 | N1 |
| | | 隧道具体形式及其主要构件的几何尺寸 | N2 |
| | | 材料等级、保护层厚度等 | N3 |
| | 次要构件 | 定位信息，如扶梯扶手、栏杆等 | N1 |
| | | 次要构件的几何尺寸 | N2 |
| | | 材料等级、保护层厚度等 | N3 |
| | 主要设施 | 空间位置、间距、尺寸 | N1 |
| | | 工艺要求、构造要求、材料选择等 | N2 |
| | 附属设备 | 空间位置、间距、尺寸 | N1 |
| | | 类别、型号、物理性能、材质等 | N2 |
| 给水排水及消防 | 系统（给水、消防） | 系统性能参数及相关参数，如水压和水量等 | N1 |
| | 设备（通风、空调、防排烟、监控） | 空间位置、间距、尺寸 | N1 |
| | | 系统归类、设备所属系统 | N2 |
| | 管道装置 | 位置、尺寸、所属系统、设备 | N1 |
| | | 规格型号、工作性能、主要材料构造等 | N2 |
| 路面 | 路面结构 | 厚度、结构各层类型及名称、材料规格等 | N2 |
| | 横断面组成 | 空间位置、宽度、横坡 | N1 |
| | | 路幅板块各组成空间位置、宽度、横坡等尺寸 | N2 |
| | | 缘石类型等 | N3 |
| 路基 | 一般路基 | 空间位置、边坡类型 | N1 |
| | | 边坡坡度、坡高、填挖方数据等 | N2 |
| | 路基处理 | 处理厚度、处理方式、材料信息、承载力等 | N3 |
| 排水设施 | 排水沟管 | 位置、坡度 | N1 |
| | | 类型、材料及规格信息等 | N2 |
| | 附属构筑物 | 检查井位置及尺寸 | N1 |
| | | 检查井规格、材质信息等 | N2 |

续表

| 分类 | 子类 | 子类信息示例 | 等级 |
|---|---|---|---|
| 交通安全设施 | 标线 | 位置 | N1 |
| | | 名称类型、规格信息等 | N2 |
| | 标志 | 空间位置、净空、杆件及版面尺寸 | N1 |
| | | 类型、材料及性能信息等 | N2 |
| | 信号灯 | 空间位置、杆件、构件基础尺寸 | N1 |
| | | 分类、型号、材料信息等 | N2 |
| | 护栏 | 位置、高度、长度 | N1 |
| | | 防撞等级、类型、材料信息等 | N2 |
| | 路灯 | 空间位置、灯杆、基础尺寸 | N1 |
| | | 类型、灯杆规格、光源类型及功率等 | N2 |

## 5.5.3 模型信息形成阶段

隧道工程模型信息形成如表 5-14 所示。

隧道工程模型信息形成　　表 5-14

| 分类 | 设计内容 | 信息形成阶段 | | | | | |
|---|---|---|---|---|---|---|---|
| | | 方案阶段 | | 初设阶段 | | 施工图阶段 | |
| | | 模型 | 信息 | 模型 | 信息 | 模型 | 信息 |
| 场地 | 场地位置、周边环境 | G2 | N1 | — | — | — | — |
| | 场地地质、现状管线 | — | — | G2 | N2 | — | — |
| 敞开段暗埋段盾构段沉管段顶管 | 主要构件 | G1 | N1 | G2 | N2 | G3 | N3 |
| | 次要构件 | G1 | N1 | G2 | N2 | G3 | N3 |
| | 主要设施 | — | — | G1 | N1 | G2 | N2 |
| | 附属设备 | — | — | G1 | N1 | G2 | N2 |
| 给水及消防 | 系统（给水、排水、消防） | G1 | N1 | G2 | N2 | — | — |
| | 设备（通风、空调、防排烟、监控） | — | — | G1 | N1 | G2 | N2 |
| | 管道装置 | — | — | G1 | N1 | G2 | N2 |
| 路面 | 路面结构 | G1 | N1 | — | — | — | — |
| | 横断面组成 | G1 | N1 | G2 | N2 | G3 | N3 |
| 路基 | 一般路基 | G1 | N1 | G2 | N2 | — | — |
| | 路基处理 | — | — | — | — | G3 | N3 |
| 排水设施 | 排水沟管 | G1 | N1 | G2 | N2 | — | — |
| | 附属构筑物 | — | — | G1 | N1 | G2 | N2 |
| 交通安全设施 | 标线 | — | — | G1 | N1 | G2 | N2 |
| | 标志、信号灯、护栏 | — | — | G1 | N1 | G2 | N2 |
| | 路灯 | — | — | G1 | N1 | G2 | N2 |

## 5.6 构筑物构件信息分类

市政工程构筑物构件信息分类如表 5-15 所示。

市政工程构筑物构件信息分类 表 5-15

| 分类 | 子类 | | 子类信息示例 |
|---|---|---|---|
| 基本信息 | 构件名称 | | 中文（英文）全称 |
| | 构件编码 | | |
| | 构件型号 | | |
| | 分类（所属专业、系统等） | | |
| 定位信息 | 归属信息 | 通用 | |
| | | 专用 | |
| | 基础定位坐标 | 一点定位 | 一点定位的规则构件三维坐标 $x$，$y$，$z$ |
| | | 多点定位 | 多点定位的不规则构件三维坐标 |
| | 调节点坐标 | 一个调节点 | 规则构件单个调节点坐标 $x$，$y$，$z$ |
| | | 多个调节点 | 不规则构件多个调节点坐标，可在二维、三维界面拉伸改变构件形状 |
| 设计信息 | 常规参数 | 设计参数 | 长度、宽度、高度、半径等 |
| | | 计算参数 | 面积、体积等 |
| | | 性能参数 | 温度、荷载等 |
| | 局部可调参数 | 选择性参数 | 构件显示精度、标准类型、接口类型等 |
| | | 输入性参数 | 细部尺寸，开孔数量，角度等 |
| 材料信息 | 混凝土 | | 弯拉强度、抗压强度等级，如 C30、C40 等 |
| | 钢筋 | | 保护层厚度、钢筋型号、钢筋量（理论值）等 |
| | 钢 | | 钢材型号、重量等 |
| | PVC | | 型号、重量等 |
| 性能信息 | 结构属性 | 截面形式 | 矩形，H 型，工字 |
| | | 受力特点 | 受拉、受压、摩擦力、张力等 |
| | | 热属性 | 保温、吸散热等 |

## 5.7 设备构件信息分类

市政工程设备构件信息分类如表 5-16 所示。

市政工程设备构件信息分类 表 5-16

| 分类 | 管道 | 阀门 | 管配件 | 仪表 | 设备 |
|---|---|---|---|---|---|
| 位置信息 | 位置 | 位置 | 位置 | 位置 | 位置 |
| | 基点 | 基点 | 基点 | 基点 | 基点 |
| | 标高 | | | 标高 | |
| 几何信息 | 规格 | 规格 | 规格 | 规格 | 规格 |
| | 长度 | 长度 | 长度 | | 长度、宽度、高度等 |
| | 坡度 | | | | |
| | 管径 | 管径 | 管径 | | |
| 机械信息 | 重量 | 重量 | 重量 | 重量 | 重量 |
| | 连接方式 | 连接方式 | 接管方式 | 接管方式 | 接管方式 |
| | 粗糙度 | 阻力系数 | 水头损失 | 水头损失 | 水头损失 |
| | 公称压力 | 公称压力 | 承压等级 | 承压等级 | 承压等级 |
| | 材质 | 材质 | 材质 | 材质 | 材质 |
| | 管件 | | | 接管位置 | 接管位置 |
| | | | | 接管管径 | 接管管径 |
| 设计参数 | 所属系统 | 所属系统 | 所属系统 | 所属系统 | 所属系统 |
| | 设计流量 | 设计流量 | 设计流量 | 设计流量 | 设计流量 |
| | 工作压力 | 工作压力 | 工作压力 | 工作压力 | 工作压力 |
| 技术参数 | | 结构形式 | 结构形式 | 结构形式 | |
| | | 输入 / 输出信号 | | 输入 / 输出信号 | 输入 / 输出信号 |
| | | 输入电压 | | 输入电压 | 输入电压 |
| | | 输入功率 | | 输入功率 | 输入功率 |
| | | 驱动方式 | | | |
| | | | | 量程 | |
| | | | | | 扬程 / 水头损失 |
| | | | | | 储水容积 / 有效容积 |
| | | | | | 启动 / 停止条件 |
| | | | | | 水温 |
| | | | | | 流速 |
| | | | | | 产热量 / 耗热量 |
| | | | | | 额定流量（当量） |

# 第 6 章
## BIM 交付

# 6.1 工程项目交付模式

## 6.1.1 传统的项目交付模式

设计—招标—建造（DBB）、设计—建造（DB），无论是哪种合同方法都会存在以下弊端：

（1）项目交付过程比较零碎，采用书面为主的沟通模式。书面往来易产生错误和遗漏，造成不必要的工地成本支出和施工进度的延迟，最后甚至发生各个团队间的官司纠纷。解决的措施为：建立项目专案网络平台，分享计划与档案。虽然这些方法改善了冗长的信息交换，但无法减少书面文件和同等的电子档案所带来的严重频繁的冲突。

（2）在设计阶段，以 2D 为主的沟通方式，需投入大量时间和金钱，去生成提案设计的重要评估信息，包括成本概算、能源使用分析、结构细部等。这些信息往往在最后阶段才进行，但为时已晚，以至于无法进行重大的变更。这些反复的改善未在设计阶段就进行，往往就是要牺牲原有的设计。

## 6.1.2 新型建筑项目交付模式 IPD（Integrated Project Delivery）

传统的项目交付模式中设计和施工分离，导致项目信息不对称，各参与方之间为了最大化个人利益相互转移风险，造成工程项目建设效率下降、工期拖延、成本上升，加之现代建设工程项目越来越复杂，项目参与方越来越多，严重阻碍了工程建设行业的发展，迫切需要新的项目交付模式来改变现状，提高生产效率实现风险共担、利益共赢。IPD 模式要求项目团队之间风险共担、收益共享，公正合理的风险分担对于满足项目各参与方之间的最大满意度，调动项目各参与方之间高效协作的积极性，最大化实现个人利益与项目整体价值具有重要意义。IPD 模式强调在项目前期各关键参与方就参与项目，发挥各自的专业知识和实践经验共同协作并建立起风险共担、收益共享的伙伴关系，而项目团队各参与方之间通过关系型合同来约定各方的权利、义务、风险收益分担比例。

## 6.1.3 利用 BIM 技术改进项目交付模式

BIM 技术支持项目团队间的协作和开放的界面允许输入相对应的资料（以建立和编辑设计）并可以输出各种格式的资料（用以支持与其他程序与工作流程的整合），此种整合有两种方法：①一直使用相同软件供应商供应的产品；②使用不同供应商的软件，但这些软件可以使用业界支持的标准，进行信息交换。第一种方法，也许让产品在多个方面更紧密更方便地整合。例如更改建筑模型，将造成系统模型的改变。然而这需要设计团队的所有成员使用同一供应商的软件。第二种方法使用有著作权的或开放资源（可公开取得，并符合标准）来定义建筑物件（工业基础类别 Industry Foundation Classes，IFC）。在内部格式不同的应用程序之间，这些标准可以提供交换的机制，此方法具有弹性，但可能会减少交换性，特别是各个项目团队使用的软件无法支持相同的交换格式时，或仅部分支持，会造成某些资料的遗失。

## 6.2　信息交换国际标准 IFC

对 BIM 标准的研究是从 IFC 标准开始的。1997 年 1 月，IAI（International Alliance for Interoperability）发布了 IFC（Industry Foundation Classes）标准的第一个完整版本。经过十余年的努力，IFC 标准的覆盖范围、应用领域、模型框架都有了很大的改进，并已经被 ISO 标准化组织接受。IFC 标准是面向对象的三维建筑产品数据标准，其在建筑规划、建筑设计、工程施工、电子政务等领域获得广泛应用。

IFC 标准使每个系统只需要建立一个到中间数据格式（IFC 文件格式）的输入 / 输出接口，而不用与其他的系统进行交换要建立许多个输入 / 输出接口。协同工作的软件必须有一个共同的核心数据模型，这样一来每个软件只要有一个标准的输入和输出信息，就能和其他软件交换信息，而这种方式便于维护和升级。同时，可以不用为了与其他软件实现信息交换而重新编写接口。

通过 IFC，在建筑项目的整个生命周期中提升沟通、生产力、时间、成本和质量，为建筑专业与其他专业间的信息共享建立了一个普遍意义的基准。如今已经有越来越多的工程建设行业相关产品提供了 IFC 标准的数据交换接口，使得多专业的设计、管理一体化整合成为现实。

### 6.2.1　IFC 国际上应用状况

IFC 目前在世界各国的发展非常迅速，它在北美区域、大洋洲区域、欧洲和亚洲都已经建立了分部。国际上对 IFC 标准开展了有关于其自身整体框架和目标的研究和基于 IFC 的应用；同时，也开展了基于 IFC 的项目管理研究和物业管理研究，这是国际对 IFC 标准的研究在深度和广度上的体现。

行业软件对 IFC 的支持不仅在数量而且在质量上都已经相对很高。比如澳大利亚的 CMIT（CSIRO Manufacturing & Infrastructure Technology）正在开发的建筑生命周期的协同工作软件（Building Lifecycle Interoperable Software ，简称 BLIS）、房屋能源消耗估算（Life Cycle House Energy Evaluation ，简称 LICHEE）；芬兰的 Solibri 开展的项目，用 IFC 检查、分析以 IFC 为基础的产品模型和将建筑数据模型转为 IFC 数据模型，再将 IFC 数据模型转为其他应用系统的数据模型；韩国和法国利用 IFC 来检查工程数据是否符合标准；德国开发的 IFC Viewer 和 IFC Counter 软件。这些加快了建筑信息的交换，促进了集成工业的发展。越来越多流行的 CAD 工具现在开始支持 IFC 执行的输入 / 输出能力，允许在这些工具中创造几何构型以便写入 IFC 数据或读出 IFC 数据。于此，我们看到了 IFC 标准的无限潜力。

### 6.2.2 IFC 在中国的应用前景和所面临的挑战

机遇与挑战始终是并存的。IFC 标准的技术先进性和应用潜力是不容置疑的。同样不容置疑的是 IFC 标准的引入和应用对我国软件市场的冲击。技术设计的局限性和对已有市场的保护使得我们的 CAD 系统基本上是独立和封闭的。

我国从“九五”攻关计划开始研究 IFC，从刚开始的解读阶段，已经发展到了现在的开发应用阶段。IFC 标准中包含的内容非常丰富，其中我们可以借鉴的东西也很多。IFC 数据定义模式是我们应该借鉴的，我们需要的是一个总体的规划和规范的数据描述方式。

IFC 目前将要加入的信息描述内容涉及建筑工程方方面面，包括几何、拓扑、几何实体、人员、成本、建筑构件、建筑材料等。我们在后续定义自己的数据时，可以借鉴或直接应用先前已经模块化和组织起来的这些数据定义。

尽管 IFC 标准的技术和先进性是其他任何一个标准无法企及的，但是在我国知道 IFC 的人员很少，了解其技术细节的就更少。当前，我们所面临的主要问题是人员在应用方面的短缺，这个对目前的市场而言是一个很大的挑战。以此看来，为了开辟新的应用领域和市场，主动和开放地去接受系统的技术培训是引入标准的前提条件和首要任务。

### 6.2.3 IFC 的不足之处

任何一项技术对追求更完美的人类来说都是存在缺陷的，IFC 无疑是工程建设行业的一个很好的标准，但它不易于实行。目前国际上有些公司提供一种实现 IFC 的中间组件，使用这些中间件可以方便地得到需要的 IFC 类，从而可以节省大量的时间和人力。

### 6.2.4 信息交付手册 IDM（Information delivery Manual）

在实际的应用中，基于 IFC 的信息分享工具需要能够安全可靠地交互数据信息，但 IFC 标准并未定义不同的项目阶段，不同的项目角色和软件之间特定的信息需求，兼容 IFC 的软件解决方案的执行因缺乏特定的信息需求定义而遭遇瓶颈，软件系统无法保证交互数据的完整性与协调性。针对这个问题的一个解决方案，就是制定一套标准，将实际的工作流程和所需交互的信息定义清晰，而这个标准就是 IDM 标准（Information delivery Manual，信息交付手册）。IDM 标准的制定，将使 IFC 标准真正得到落实，并使得交互性真正能够实现并创造价值。

### 6.2.5 数据交换模板 COBie（Construction Operations Building Information Exchange）

COBie 标准是由美国陆军工兵单位所研发，旨在建筑物设计施工阶段就能考虑未来竣工交付营运单位时设施管理所需信息的搜集与汇整。

建设运营建筑信息交换（COBie）传递了设备资产的信息，包括目录表里的设备、产品和图纸上的空间。COBie 是为了方便业主设施运营，在移交的时候用来保留和传输信息的一种数据结构。COBie 是 IFC 的一个子集，最初包括“FM-10 移交 MVD”，后来就是全部的 COBie MVD，也可以用电子数据表和相关数据库表示。在传统的项目里，大多数被 COBie 要求的信息是以非结构化形式传输的。COBie 只要一次性输入标准化数据，就可以多次输出，以多种形式测试，并且传输到多种应用，包括设施管理和资产管理系统。

目前作为 BIM 数据标准的 IFC 标准在国际上得到广泛应用，是实现不同软件之间数据交换格式的统一标准。在数据交换模板方面采用 COBie 格式，其作为 IFC 格式的子集能有效提高数据的交换效率。

# 6.3　模型精细度等级 LOD 标准

BIM 模型的细致程度，英文称作 Level of Details，也叫作 Level of Development。描述了一个 BIM 模型单元从最低级的近似概念化的程度发展到最高级的演示级精度的步骤，是信息模型中所容纳的模型单元的丰富程度的衡量指标，简称 LOD。

LOD（Level of Detail）：模型单元的细节程度，属于模型单元的输入信息，代表着 BIM 模型构建的精细程度而非整个模型的完整度。

LOD（Level of Development）：模型单元中的几何与属性可被应用的程度，关系到模型的可应用性，属于模型单元的输出信息，代表着模型单元其具备的信息的完整度。

美国建筑师协会（AIA）为了规范 BIM 参与各方及项目各阶段的界限，在其 2008 年的文档 E202 中定义了 LOD 的概念。美国建筑师协会提出的 LOD 代表着建筑构件其具备的信息的完整度，而精细度则仅代表模型外观的细致程度，因此在美国建筑师协会使用了 Development 而非 Detail，以避免大家会产生错误的印象。

LOD 的定义可以用于两种途径：确定模型阶段输出结果（Phase Outcomes）以及分配建模任务（Task Assignments）。

## 6.3.1　模型阶段输出结果

随着设计的进行，不同的模型构件单元会以不同的速度从一个 LOD 等级提升到下一个 LOD 等级。例如，在传统的项目设计中，大多数的构件单元在施工图设计阶段完成时需要达到 LOD300 的等级，同时在施工阶段中的深化施工图设计阶段大多数构件单元会达到 LOD400 的等级。但是有一些单元，例如墙面粉刷，永远不会超过 LOD100 的层次。即粉刷层实际上是不需要建模的，它的造价以及其他属性都附着于相应的墙体中。

## 6.3.2　任务分配

除三维表现之外，一个 BIM 模型构件单元能包含非常大量的信息，这个信息可能由多方来提供。例如，一面三维的墙体或许是建筑师创建的，但是总承包方要提供造价信息，暖通空调工程师要提供 $U$ 值和保温层信息，一个隔声承包商要提供隔声值的信息，等等。为了解决信息输入多样性的问题，美国建筑师协会文件委员会提出了“模型单元作者”

（MCA）的概念，该作者需要负责创建三维构件单元，但是并不一定需要为该构件单元添加其他非本专业的信息。

在一个传统项目流程中，模型单元作者（MCA）的分配极有可能是和设计阶段一致的，设计团队会一直将建模进行到施工图设计阶段，而分包商和供应商将会完成需要的深化施工图设计建模工作。然而，在一个综合项目交付（IPD）的项目中，任务分配的原则是“交给最好的人”，因此在项目设计过程中不同的进度点会发生任务的切换。例如，一个暖通空调的分包商可能在施工图设计阶段就将作为模型单元作者来负责管道方面的工作。

### 6.3.3 LOD 等级

美国建筑师协会（AIA）确定了 5 个 LOD 等级，从概念设计到竣工设计，定义整个模型过程。但是，为了给未来可能会插入等级预留空间，定义 LOD 为 100 ~ 500，如表 6-1 所示。

美国建筑师协会 LOD 等级表　　表 6–1

| 等级 | 描述 | 应用 |
|---|---|---|
| LOD 100 | 模型单元在模型中以符号或其他通用的图形方式展示，与模型关联的信息可以从其他模型单元继承或衍生出来 | 此阶段等同于概念设计，此阶段的模型通常为表现建筑整体类型分析的建筑体量，分析包括体积、建筑朝向、每平方造价等 |
| LOD 200 | 模型单元在模型内以一个通用系统或者对象的方式进行表达，大概地包含数量、尺寸、形状、位置和方向等基本信息。同时该模型单元还可以附加一些非几何信息 | 此阶段等同于方案设计或扩初设计，此阶段的模型包含普遍性系统包括大致的数量、大小、形状、位置以及方向。LOD 200 模型通常用于系统分析以及一般性表现目的 |
| LOD 300 | 模型单元在模型内以一个具备明确信息的系统或者对象的方式进行表达，详细地包含数量、尺寸、形状、位置和方向等基本信息。同时该模型单元还可以附加一些非几何信息 | 此阶段等同于传统施工图和深化施工图层次。此模型已经能很好地用于成本估算以及施工协调包括碰撞检查，施工进度计划以及可视化。LOD 300 模型应当包括业主在 BIM 提交标准里规定的构件属性和参数等信息 |
| LOD 400 | 模型单元在模型内以一个具备明确信息的系统或者对象的方式进行表达，详细地包含数量、尺寸、形状、位置和方向等基本信息，以及与其他单元之间的连接方式和接口，还包括深化设计、预制、总装、现场安装信息。同时该模型单元还可以附加一些非几何信息 | 此阶段的模型被认为可以用于模型单元的加工和安装。此模型更多的被专门的承包商和制造商用于加工和制造项目的构件包括水电暖系统 |
| LOD 500 | 模型单元在模型内是一个与现场完全一致（得到竣工验收审核）的系统或对象，详细地包含数量、尺寸、形状、位置和方向等基本信息。同时该模型单元还可以附加一些非几何信息 | 最终阶段的模型表现的项目竣工的情形。模型将作为中心数据库整合到建筑运营和维护系统中去。LOD 500 模型将包含业主 BIM 提交说明里制定的完整的构件参数和属性 |

### 6.3.4 LOD 作用

建筑设计和施工企业获取 BIM 收益的一个关键前提是，所有项目参与方都能清楚认识到模型在生命周期中任意给定时刻包含哪些可信赖的可用信息。“模型精细度”（LOD）参考标准可在这一方面发挥极其重要的作用。

根据 BIMForum（一个由建筑设计、工程和施工专业人士组成的跨学科团体）所下的定义，“模型精细度（LOD）标准是 AEC（建筑设计、工程和施工）行业从业人员采用的一套参考体系，使他们能极为清楚地指定和阐明建筑信息模型（BIM）在建筑设计和施工各个阶段的内容及可靠度。”

2008 年，美国建筑师协会（AIA）推出了它的首份 BIM 合同文件《AIA E202 建筑信息模型协议增编》。该文件概述了五个“模型精细度”等级（LOD 100 ~ LOD500），以此界定特定 BIM 模型所包含的详细信息量。

以该合同文件为起点，美国开始长期探索如何利用 LOD 标准来规范模型数据交换。LOD 标准规定：

（1）谁负责每个模型构件的创建，创建需达到哪个精细度等级？

（2）授权的模型用途是什么？

（3）用户可以在多大程度上依赖模型？

（4）模型由谁管理？

（5）谁对模型拥有所有权？

在美国，BIM Forum 已针对每个精细度等级发布了一份详细规范，还增加了用于监管审查的“许可”等级。它使用了 AIA 制定的 LOD 基本定义，并被编入了《美国建筑标准协会部位单价格式》2010 版。

### 6.3.5 市政设计行业 BIM 模型精细度等级

建设项目是随着规划、设计、施工、运营各个阶段逐步发展和完善的，从信息积累的角度观察，项目的建设过程就是项目信息从宏观到微观、从近似到精确、从模糊到具体的创建、收集和发展过程。

模型单元分为实体、属性两个维度，其中属性又可进一步分解为属性名称和相应的属性值。模型单元的实体有必要表明所处的系统，这样有利于整个信息模型按照构筑物的逻辑创建和交付，便于各个 BIM 参与方迅速并准确掌握工程信息。

我国市政设计行业对应国际 LOD 原则，确定 BIM 模型精细度 4 个等级，如表 6-2 所示。

我国市政设计行业 BIM 模型精细度等级总体原则　　表 6-2

| 等级 | 英文名 | 简称 | 承载信息单元 |
| --- | --- | --- | --- |
| LOD 100 级模型精细度 | Level of Development 1.0 | L1 | 项目级模型单元 |
| LOD 200 级模型精细度 | Level of Development 2.0 | L2 | 功能级模型单元 |
| LOD 300 级模型精细度 | Level of Development 3.0 | L3 | 构件级模型单元 |
| LOD 400 级模型精细度 | Level of Development 4.0 | L4 | 零件级模型单元 |

# 6.4 水处理工程模型精细度等级

遵循总体原则，水处理工程模型精细度等级原则如表 6-3 所示。

水处理工程模型精细度等级原则　　表 6–3

| 等级 | 模型信息 | 参考阶段 |
|---|---|---|
| L1 | 给水排水构件的概念表达，包括构件名称，基础定位点坐标，外观尺寸等基本信息，可供项目的整体分析 | 规划方案阶段 |
| L2 | 给水排水构件的初步表达，除 L1 所含信息外，应至少包含调节点坐标、局部可调参数、表面材质等信息，可供项目系统分析、空间分析和一般性表现等 | 初步设计阶段 |
| L3 | 给水排水构件的精确表达，体现构件全部的基本信息、定位信息、参数信息、材料信息、性能信息，可供项目的碰撞检查、进度模拟、预算编制等 | 施工图设计阶段 |
| L4 | 1. 建、构筑物四角坐标、构筑物的主要尺寸；<br>2. 各种管渠及室外地沟尺寸、长度、控制标高；<br>3. 总工程量表、主要设备材料表 | 施工图深化设计阶段 |

根据水处理工程模型精细度等级，确定交付等级，如表 6-4 所示。

水处理工程模型交付等级　　表 6–4

| 系统 | 分项 | L1 | L2 | L3 | L4 |
|---|---|---|---|---|---|
| 场地 | 场地位置 | √ | √ | √ | √ |
| | 场地地质 | √ | √ | √ | √ |
| | 现状管线 | √ | √ | √ | √ |
| | 周边环境 | √ | √ | √ | √ |
| 总图 | 总图布局（建筑物） | √ | √ | √ | √ |
| | 总图布局（室外地上、地下管线） | √ | √ | √ | √ |
| 土建 | 主要建筑、结构 | √ | √ | √ | √ |
| | 次要建筑、结构 | — | √ | √ | √ |
| | 维护结构 | — | — | √ | √ |
| | 结构钢筋 | — | — | √ | √ |
| 室内管线 | 管线（管道、线缆） | √ | √ | √ | √ |
| | 配件（桥架、管配件） | — | — | √ | √ |
| 设备 | 主要工艺设备 | √ | √ | √ | √ |
| | 次要工艺设备 | — | √ | √ | √ |
| | 暖通、电气、自控设备 | — | √ | √ | √ |

# 6.5 桥梁工程模型精细度等级

遵循总体原则，桥梁工程模型精细度等级如表 6-5 所示。

桥梁工程模型精细度等级原则 表 6-5

| 等级 | 模型信息 | 参考阶段 |
| --- | --- | --- |
| L1 | 工程基本信息描述及模型信息的概念表达，包括桥梁总体布置，跨径布置，桥梁断面，桥梁上、下部结构形式、主要尺寸等基本信息，用于概念方案的可视化表达、工程可行性研究等基础分析 | 规划方案阶段 |
| L2 | 模型信息的初步表达，包括 L1 内容及模型主要信息，用于工程的系统表达，满足项目立项、规划审批、方案评审、投资概算等 | 初步设计阶段 |
| L3 | 模型信息的精确表达，包括 L2 内容及模型全部设计信息，用于项目的施工图评审、碰撞检查、施工进度模拟、概预算编制、施工招标、施工管理等 | 施工图设计阶段 |
| L4 | | 施工图深化设计阶段 |

根据桥梁工程模型精细度等级，确定交付等级，如表 6-6 所示。

桥梁工程模型交付等级 表 6-6

| 系统 | 分项 | L1 | L2 | L3 | L4 |
| --- | --- | --- | --- | --- | --- |
| 总图 | 场地位置（边界、地形、高程、方向） | √ | √ | √ | √ |
| | 场地地质 | √ | √ | √ | √ |
| | 场地布局（道路、绿化、机非车道） | √ | √ | √ | √ |
| | 管线布置（既有管线、项目管线） | √ | √ | √ | √ |
| | 周边环境（构筑物、道路、河堤） | √ | √ | √ | √ |
| | 大地测量系统（高程、坐标系、控制点、中心线） | √ | √ | √ | √ |
| 土建 | 上部结构（主梁、跨中横梁、支点横梁） | √ | √ | √ | √ |
| | 下部结构（桩、承台、立柱、盖梁、垫石、桥台） | — | √ | √ | √ |
| | 普通钢筋 | — | — | √ | √ |
| | 预应力体系 | — | — | √ | √ |
| 附属 | 防撞护栏 | — | √ | √ | √ |
| | 伸缩缝 | — | √ | √ | √ |
| | 支座 | — | √ | √ | √ |
| | 梁顶找平层 | — | √ | √ | √ |
| | 铺装 | — | — | √ | √ |
| | 桥面排水系统（集水槽、排水管） | — | √ | √ | √ |
| | 预埋件（扣件、锚栓） | — | — | √ | √ |
| 照明 | 灯具 | √ | √ | √ | √ |
| | 预埋件（扣件、锚栓） | — | — | √ | √ |
| | 管线 | — | — | √ | √ |

# 6.6 道路工程模型精细度等级

遵循总体原则，道路工程模型精细度等级原则如表 6-7 所示。

道路工程模型精细度等级原则　　表 6-7

| 等级 | 模型信息 | 参考阶段 |
| --- | --- | --- |
| L1 | 工程基本信息描述及模型概念表达，包含模型的基础构件及组成信息，用于概念方案的可视化表达、可行性研究等基础分析 | 规划方案阶段 |
| L2 | 工程基本信息描述及模型初步表达，包含模型主体组成构件的基本信息，用于初拟方案的系统表达、空间详细分析，以及为工程经济分析提供基础数据等 | 初步设计阶段 |
| L3 | 工程基本信息描述及模型精确表达，包含模型主体组成构件的全部设计信息（类型、定位、参数、基本尺寸、规格及材料、性能信息等），用于项目的碰撞检测、进度模拟、预算编制，以及主要构件的结构分析等 | 施工图设计阶段 |
| L4 | 用于部分构件设备的精细加工制造、安装等 | 施工图深化设计阶段 |

根据道路工程模型精细度等级，确定交付等级，如表 6-8 所示。

道路工程模型交付等级　　表 6-8

| 系统 | 分项 | L1 | L2 | L3 | L4 |
| --- | --- | --- | --- | --- | --- |
| 总图 | 场地位置（边界、地形、高程、方向） | √ | √ | √ | √ |
| | 场地地质 | √ | √ | √ | √ |
| | 场地布局（道路、绿化、机非车道） | √ | √ | √ | √ |
| | 管线布置（既有管线、项目管线） | √ | √ | √ | √ |
| | 周边环境（构筑物、道路、水系） | √ | √ | √ | √ |
| | 大地测量系统（高程、坐标系、控制点、道路中心线） | √ | √ | √ | √ |
| 道路 | 主体（平面、纵断面、横断面） | √ | √ | √ | √ |
| | 路基（路基、路床、排水） | — | — | √ | √ |
| | 路面（车道、人行道、侧平石、排水沟、分隔带、绿化带） | — | — | √ | √ |
| 附属 | 管涵 | √ | √ | √ | √ |
| | 路基边坡防护 | — | √ | √ | √ |
| | 挡土墙 | — | √ | √ | √ |
| 交通设施 | 交通信号灯 | — | — | √ | √ |
| | 交通标线 | √ | √ | √ | √ |
| | 交通标志 | √ | √ | √ | √ |
| | 防护设施 | — | — | √ | √ |
| 照明 | 灯具 | √ | √ | √ | √ |
| | 预埋件（扣件、锚栓） | — | — | √ | √ |
| | 管线 | — | — | √ | √ |

# 6.7 隧道工程模型精细度等级

遵循总体原则，隧道工程模型精细度等级原则如表 6-9 所示。

隧道工程模型精细度等级原则 表 6-9

| 等级 | 模型信息 | 参考阶段 |
|---|---|---|
| L1 | 此阶段模型通常表现隧道整体类型分析的体量，分析包括体积、走向、每平方造价等 | 规划方案阶段 |
| L2 | 此阶段模型包括隧道的大小、形状、位置及走向等 | 初步设计阶段 |
| L3 | 此阶段模型已经能很好地用于投资预算以及施工协调，包括碰撞检查、施工进度、施工方案以及可视化 | 施工图设计阶段 |
| L4 | | 施工图深化设计阶段 |

根据隧道工程模型精细度等级，确定交付等级，如表 6-10 所示。

隧道工程模型交付等级 表 6-10

| 系统 | 分项 | L1 | L2 | L3 | L4 |
|---|---|---|---|---|---|
| 总图 | 场地位置（边界、地形、高程、方向） | √ | √ | √ | √ |
| | 场地地质 | √ | √ | √ | √ |
| | 场地布局（道路、绿化、机非车道） | √ | √ | √ | √ |
| | 管线布置（既有管线、项目管线） | √ | √ | √ | √ |
| | 周边环境（构筑物、道路、水系） | √ | √ | √ | √ |
| | 大地测量系统（高程、坐标系、控制点、道路中心线） | √ | √ | √ | √ |
| 隧道 | 围护（围护、支撑、加固、支护） | — | — | √ | √ |
| | 主体（敞开段、暗埋段、盾构段、沉管段、顶管段） | √ | √ | √ | √ |
| | 路面（车道、侧石、排水沟、分隔带） | √ | √ | √ | √ |
| 附属 | 楼梯（钢爬梯、楼扶梯） | — | — | √ | √ |
| | 工作井 | — | — | √ | √ |
| | 预埋件 | — | — | √ | √ |
| 交通设施 | 交通信号灯 | — | — | √ | √ |
| | 交通标线 | √ | √ | √ | √ |
| | 交通标志 | √ | √ | √ | √ |
| | 防护设施 | — | — | √ | √ |
| 系统设施 | 建筑专业（配电间、设备用房、监控室） | √ | √ | √ | √ |
| | 机电专业（照明、通风、消防、监控） | √ | √ | √ | √ |
| | 排水专业（雨水管、污水管、排水沟、集水坑） | √ | √ | √ | √ |
| | 公用管线（电力管、电信管、给水管、燃气管） | √ | √ | √ | √ |

# 6.8 交付要求

## 6.8.1 交付总体要求

（1）应保证 BIM 模型交付准确性。

BIM 模型交付准确性是指模型和模型构件的形状和尺寸以及模型构件之间的位置关系准确无误，相关属性信息也应保证准确性。设计单位在模型交付前应对模型进行检查，确保模型准确反映真实的工程状态。

（2）交付的 BIM 模型几何信息和非几何信息应有效传递。

（3）交付的 BIM 模型应满足各专业模型等级深度。

（4）交付物中 BIM 模型和与之对应的信息表格和相关文件共同表达的内容深度，应符合现行《市政公用工程设计文件编制深度规定》（2013 年版）的要求。

（5）交付物中的图纸和信息表格宜由 BIM 模型生成。

交付物中的图纸、表格、文档和动画等应尽可能利用 BIM 模型直接生成，充分发挥 BIM 模型在交付过程中的作用和价值。

（6）交付物中的信息表格内容应与 BIM 模型中的信息一致。

交付物中的各类信息表格，如工程统计表等，应根据 BIM 模型中的信息来生成，并能转化成为通用的文件格式以便后续使用。

（7）交付的 BIM 模型建模坐标应与真实工程坐标一致。一些分区模型、构件模型未采用真实工程坐标时，宜采用原点（0，0，0）作为特征点，并在工程使用周期内不得变动。

（8）在满足项目需求的前提下，宜采用较低的建模精细度，能满足工程量计算、施工深化等 BIM 应用要求。

## 6.8.2 模型检查规则

BIM 模型是工程生命周期中各相关方共享的工程信息资源，也是各相关方在不同阶段制定决策的重要依据。因此，模型交付之前，应增加 BIM 模型检查的重要环节，以有效地保证 BIM 模型的交付质量。为了保证模型信息的准确、完整，在发布、使用前对模型的检查必须规范化和制度化。但目前国内还没有建立起 BIM 模型检查的制度和规范，也没有模型检查的有效软件工具和方法，既缺乏有效的模型检查手段，也缺少可行的模型检查标准。这些问题带来的直接结果是，无论设计单位还是业主方，都较难评判 BIM 模型是否达到了质量要求。

目前的模型检查，主要是依靠人工的审查方式对模型的几何及非几何信息进行确认，由于没有模型检查的规范和标准，检查中的错误和遗漏、工作效率低等问题难以避免。在 BIM 应用较普及的国家和地区，已经初步制定了模型检查的规范，相关的模型检查软件也在开发和不断完善中，这为我国 BIM 模型交付的检查提供了有益的参考和借鉴。

传统的二维图纸审查重点是图纸的完整性、准确性、合规性，采用 BIM 技术后，模型所承载的信息量更丰富，逻辑性与关联性更强。因此，对于 BIM 模型是否达到交付要求的检查也更加复杂，在模型检查过程中，应考虑如下几方面的检查内容：

（1）模型完整性检查

它指 BIM 模型中所应包含的模型、构件等内容是否完整，BIM 模型所包含的内容及深度是否符合交付等级要求。

（2）建模规范性检查

它指 BIM 模型是否符合建模规范，如 BIM 模型的建模方法是否合理，模型构件及参数间的关联性是否正确，模型构件间的空间关系是否正确，属性信息是否完整，交付格式及版本是否正确等。

（3）设计指标、规范检查

它指 BIM 模型中的具体设计内容，设计参数是否符合项目设计要求，是否符合国家和行业主管部门有关市政设计的规范和条例，如 BIM 模型及构件的几何尺寸、空间位置、类型规格等是否符合合同及规范要求。

（4）模型协调性检查

它指 BIM 模型中模型及构件是否具有良好的协调关系，如专业内部及专业间模型是否存在直接的冲突，安全空间、操作空间是否合理等。

### 6.8.3 其他形式信息交付

（1）文档

文档作为最基础的交付物，一直在以往的交付过程中被使用，也是传统交付成果中最普遍，也最容易产生问题的一种表达方式。

引入市政设计信息模型后，项目上游人员可以根据下游人员的具体需求，直接将设计模型中所需要的信息通过导出的方式直接生成文档，当然这份文档应满足《建筑工程设计信息模型交付标准》中规定的表达形式。从模型中直接导出的方式不仅避免了信息的流失也大大提高了生成文档的效率。

（2）表格

基于表格的可视化交流方式有易于表达、方便统计等多项优点，上下游信息传递过程中多用此类表达方式来展现多种维度之间的关系。

一般来说，表格所携带的信息比其他表达方式都要多，如何做到图纸与表格的信息一致，这就更考验编制人员的能力与细心程度。可想而知，表格信息所可能出现的问题不亚于传统文档所存在的问题。

由设计模型自动导出的表格文件，在表格本身的制作上，有相当显著的高效、精确优势，保证了整个价值链上下游的信息一致性。不仅如此，模型携带的构件信息，为设计人员极大地减少了检索、统计、录入的工作量。

（3）视图

这里所说的视图并非传统意义上的图纸，以及其所定义的平立剖面，而是通过“剖切”信息模型的方式来表达建筑各构件之间的位置关系。

以往的设计院除了常规的视图外，会在关键位置以及关系复杂的位置进行剖面的视图表达，但往往所表达的信息不能满足下游人员的实际需求。一方面原因是设计院不可能将所有的有难点的区域都用剖面图来表示，这无疑会造成设计院工作量成倍地增加；另一方面剖面图一般不会精细到构件级的位置关系，如果下游对此产生疑惑，会产生额外的沟通成本。

但是由信息模型“剖切”而成的视图可以满足下游人员的各项个性化需求。剖面图可以随时生成于需要表达清楚的位置，不仅限于重点难点区域，节约了相当程度的沟通成本，并且，小比例的视图将成为常用表达手法，旨在将细节处的设计意图完全传递。

（4）多媒体

随着计算机模拟技术的不断发展，过去仅能用二维呈现的视觉效果，现已有不止一种的三维可视化方式来重新定义。

设计院根据业主的关注重点，通过 3Dmax、sketchup、vray、mentalray、maya 等专业软件来进行体块建立、场景渲染，来达到模拟真实环境的效果。但这当中存在模型不够精确，构件难以表达，信息无从统计，变更无法联动的问题，割裂了效果模型与设计图纸之间的关联性。

同样，以建筑构件分类为基础的 BIM 软件，囊括了精确建模、信息存储、效果模拟、多维集成等多种信息可视化手段，可同时满足业主对模拟效果的完整性、精确性、实用性的需求。并且结合市场上最前端的可视化技术，例如动画、VR、AR、MR 等热门技术，将彻底改变市政项目与业主之间的互动关系，拉近设计院与客户的交互距离。

# 第 7 章

# BIM 构件

# 7.1 水处理工程通用构件

通用构件主要包括给水工程、排水工程中各种水池、泵房、厂房等建构筑物普遍具有的结构构件，主要有:底板、壁板、顶板（含楼板、屋面板、走道板）、梁、柱、预留孔洞、变形缝等。

专用构件主要包括给水工程、排水工程中各种特定水池（如：沉淀池、滤池、清水池、氧化沟等），各种特定泵房（如：取水泵房、送水泵房等），其中的特定结构构件，如：配水花墙、集水槽、溢流堰、排泥槽等。

## 7.1.1 底板

底板构件信息分类如表 7-1 所示。

底板构件信息分类　　表 7-1

| 构件名 | 图例 | 几何 | | | 非几何 | | |
|---|---|---|---|---|---|---|---|
| | | 定位信息 | 参数信息 | 模型等级 | 材料信息 | 性能信息 | 信息等级 |
| 平底板 | 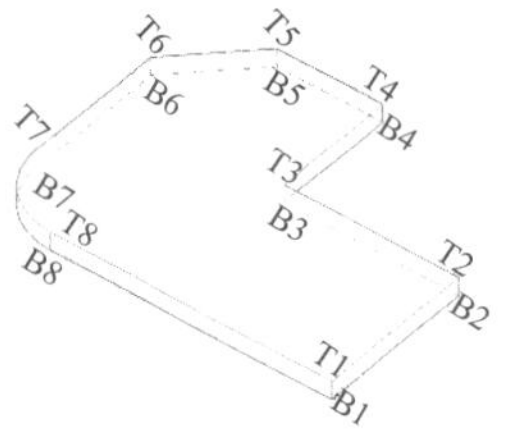 | 多点 | 厚度 $H_i$ | G2<br>G3 | 混凝土 | 耐久性 | N2 |
| | | | 顶标高 $T_i$ | | 体积 | 抗烈性 | |
| | | | 底标高 $B_i$ | | 面积 | 抗渗性 | |
| | | | | | 钢筋等级 | 承载力 | N3 |
| | | | | | 配筋量 | 强度 | |
| | | | | | 配筋信息 | | |
| 复杂底板 | 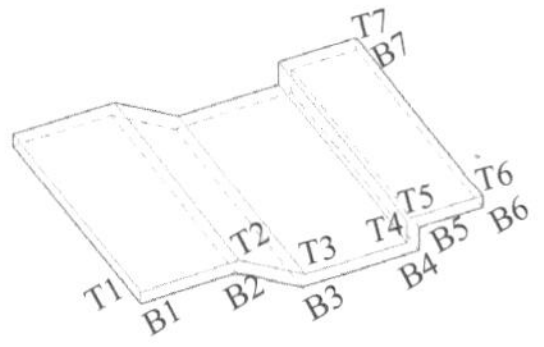 | 多点 | 厚度 $H_i$ | G2<br>G3 | 混凝土 | 耐久性 | N2 |
| | | | 顶标高 $T_i$ | | 体积 | 抗烈性 | |
| | | | 底标高 $B_i$ | | 面积 | 抗渗性 | |
| | | | | | 钢筋等级 | 承载力 | N3 |
| | | | | | 配筋量 | 强度 | |
| | | | | | 配筋信息 | | |

## 7.1.2 壁板

壁板构件信息分类如表 7-2 所示。

壁板构件信息分类　　表 7-2

| 构件名 | 图例 | 几何 | | | 非几何 | | |
|---|---|---|---|---|---|---|---|
| | | 定位信息 | 参数信息 | 模型等级 | 材料信息 | 性能信息 | 信息等级 |
| 直线等厚度竖直壁板 | 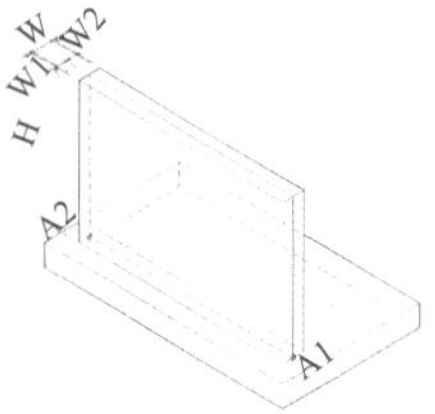 | A1 | 厚度 $W$ | G2<br>G3 | 混凝土 | 耐久性 | N2 |
| | | A2 | 高度 $H$ | | 体积 | 抗烈性 | |
| | | | 顶标高 | | 面积 | 抗渗性 | |
| | | | 底标高 | | 钢筋等级 | 承载力 | N3 |
| | | | 偏移 $W1$ | G3 | 配筋量 | 强度 | |
| | | | 偏移 $W2$ | | 配筋信息 | | |

续表

| 构件名 | 图例 | 几何 | | | 非几何 | | |
|---|---|---|---|---|---|---|---|
| | | 定位信息 | 参数信息 | 模型等级 | 材料信息 | 性能信息 | 信息等级 |
| 曲线等厚度竖直壁板 | | A1 | 厚度 $W$ | G2 G3 | 混凝土 | 耐久性 | N2 |
| | | A2 | 高度 $H$ | | 体积 | 抗冽性 | |
| | | 特征曲线 | 顶标高 | | 面积 | 抗渗性 | |
| | | | 底标高 | | 钢筋等级 | 承载力 | N3 |
| | | | 偏移 $W1$ | G3 | 配筋量 | 强度 | |
| | | | 偏移 $W2$ | | 配筋信息 | | |
| 直线变厚度竖直壁板 | | A1 | 顶厚度 $W_T$ | G2 G3 | 混凝土 | 耐久性 | N2 |
| | | A2 | 底厚度 $W_B$ | | 体积 | 抗冽性 | |
| | | | 高度 $H$ | | 面积 | 抗渗性 | |
| | | | 顶标高 | | 钢筋等级 | 承载力 | N3 |
| | | | 底标高 | | 配筋量 | 强度 | |
| | | | 偏移 $W1$ | G3 | 配筋信息 | | |
| | | | 偏移 $W2$ | | | | |
| 曲线变厚度竖直壁板 | | A1 | 顶厚度 $W_T$ | G2 G3 | 混凝土 | 耐久性 | N2 |
| | | A2 | 底厚度 $W_B$ | | 体积 | 抗冽性 | |
| | | 特征曲线 | 高度 $H$ | | 面积 | 抗渗性 | |
| | | | 顶标高 | | 钢筋等级 | 承载力 | N3 |
| | | | 底标高 | | 配筋量 | 强度 | |
| | | | 偏移 $W1$ | G3 | 配筋信息 | | |
| | | | 偏移 $W2$ | | | | |
| 直线等厚度倾斜壁板 | | A1 | 厚度 $W$ | G2 G3 | 混凝土 | 耐久性 | N2 |
| | | A2 | 高度 $H$ | | 体积 | 抗冽性 | |
| | | | 倾斜偏移长度 $B$ | | 面积 | 抗渗性 | |
| | | | | | 钢筋等级 | 承载力 | N3 |
| | | | 顶标高 | | 配筋量 | 强度 | |
| | | | 底标高 | | 配筋信息 | | |
| | | | 偏移 $W1$ | G3 | | | |
| | | | 偏移 $W2$ | | | | |
| 曲线等厚度倾斜壁板 | | A1 | 厚度 $W$ | G2 G3 | 混凝土 | 耐久性 | N2 |
| | | A2 | 高度 $H$ | | 体积 | 抗冽性 | |
| | | 特征曲线 | 倾斜偏移长度 $B$ | | 面积 | 抗渗性 | |
| | | | | | 钢筋等级 | 承载力 | N3 |
| | | | 顶标高 | | 配筋量 | 强度 | |
| | | | 底标高 | | 配筋信息 | | |
| | | | 偏移 $W1$ | G3 | | | |
| | | | 偏移 $W2$ | | | | |

续表

| 构件名 | 图例 | 几何 | | | 非几何 | | |
|---|---|---|---|---|---|---|---|
| | | 定位信息 | 参数信息 | 模型等级 | 材料信息 | 性能信息 | 信息等级 |
| 直线变厚度倾斜壁板 | | A1 | 顶厚度 $W_T$ | G2 G3 | 混凝土 | 耐久性 | N2 |
| | | A2 | 底厚度 $W_B$ | | 体积 | 抗烈性 | |
| | | | 高度 $H$ | | 面积 | 抗渗性 | |
| | | | 倾斜偏移长度 $B$ | | 钢筋等级 | 承载力 | N3 |
| | | | 顶标高 | | 配筋量 | 强度 | |
| | | | 底标高 | | 配筋信息 | | |
| | | | 偏移 $W1$ | G3 | | | |
| | | | 偏移 $W2$ | | | | |
| 曲线变厚度倾斜壁板 | | A1 | 顶厚度 $W_T$ | G2 G3 | 混凝土 | 耐久性 | N2 |
| | | A2 | 底厚度 $W_B$ | | 体积 | 抗烈性 | |
| | | 特征曲线 | 高度 $H$ | | 面积 | 抗渗性 | |
| | | | 倾斜偏移长度 $B$ | | 钢筋等级 | 承载力 | N3 |
| | | | 顶标高 | | 配筋量 | 强度 | |
| | | | 底标高 | | 配筋信息 | | |
| | | | 偏移 $W1$ | G3 | | | |
| | | | 偏移 $W2$ | | | | |

### 7.1.3 顶板

顶板和底板的区别是顶板不支承在地基上，而是支承于壁板、梁柱之上。水处理构筑物顶板分为平顶板和复杂顶板；包含在平顶板类型中的悬挑走道板是水处理构筑物中常用的一种构件，是一种悬挑于壁板上的平顶板。顶板构件信息分类如表 7-3 所示。

顶板构件信息分类　　表 7-3

| 构件名 | 图例 | 几何 | | | 非几何 | | |
|---|---|---|---|---|---|---|---|
| | | 定位信息 | 参数信息 | 模型等级 | 材料信息 | 性能信息 | 信息等级 |
| 平顶板 | | 多点 | 厚度 $H_i$ | G2 G3 | 混凝土 | 耐久性 | N2 |
| | | | 顶标高 $T_i$ | | 体积 | 抗烈性 | |
| | | | 底标高 $B_i$ | | 面积 | 抗渗性 | |
| | | | | | 钢筋等级 | 承载力 | N3 |
| | | | | | 配筋量 | 强度 | |
| | | | | | 配筋信息 | | |
| 复杂顶板 | | 多点 | 厚度 $H_i$ | G2 G3 | 混凝土 | 耐久性 | N2 |
| | | | 顶标高 $T_i$ | | 体积 | 抗烈性 | |
| | | | 底标高 $B_i$ | | 面积 | 抗渗性 | |
| | | | | | 钢筋等级 | 承载力 | N3 |
| | | | | | 配筋量 | 强度 | |
| | | | | | 配筋信息 | | |

续表

| 构件名 | 图例 | 几何 | | | 非几何 | | |
|---|---|---|---|---|---|---|---|
| | | 定位信息 | 参数信息 | 模型等级 | 材料信息 | 性能信息 | 信息等级 |
| 悬挑走道板 | | A1 | 悬挑长度 $L$ | G2<br>G3 | 混凝土 | 耐久性 | N2 |
| | | A2 | | | 体积 | 抗冽性 | |
| | | | 根部厚度 $W_B$ | | 面积 | 抗渗性 | |
| | | | | | 钢筋等级 | 承载力 | N3 |
| | | | 端处厚度 $W_T$ | | 配筋量 | 强度 | |
| | | | | | 配筋信息 | | |
| | | | 顶标高 | | | | |

## 7.1.4 梁

水处理构筑物中的梁一般为等截面梁，包括最常用的矩形截面梁，还包括异形截面梁（如侧面带有牛腿的梁）。

变截面梁一般为截面高度线性变化，如悬挑梁，或大跨度屋面梁。

梁在纵向一般为直线，为满足特殊建筑、工艺使用要求，有时也有使用空间曲线梁的。

梁构件信息分类如表 7-4 所示。

梁构件信息分类 表 7–4

| 构件名 | 图例 | 几何 | | | 非几何 | | |
|---|---|---|---|---|---|---|---|
| | | 定位信息 | 参数信息 | 模型等级 | 材料信息 | 性能信息 | 信息等级 |
| 矩形截面梁 | | A1 | 宽度 $B$ | G2<br>G3 | 混凝土 | 耐久性 | N2 |
| | | A2 | 高度 $H$ | | 体积 | 抗冽性 | |
| | | | 长度 $L$ | | 面积 | 抗渗性 | |
| | | | 偏移 $B1$ | G3 | 钢筋等级 | 承载力 | N3 |
| | | | 偏移 $B2$ | | 配筋量 | 强度 | |
| | | | | | 配筋信息 | | |
| 异形截面梁 | | A1 | 用户定制截面 | G2<br>G3 | 混凝土 | 耐久性 | N2 |
| | | A2 | | | 体积 | 抗冽性 | |
| | | | 长度 $L$ | | 面积 | 抗渗性 | |
| | | | | | 钢筋等级 | 承载力 | N3 |
| | | | | | 配筋量 | 强度 | |
| | | | | | 配筋信息 | | |
| 变截面梁 | | A1 | 宽度 $B$ | G2<br>G3 | 混凝土 | 耐久性 | N2 |
| | | A2 | 梁高 $H1$ | | 体积 | 抗冽性 | |
| | | | 梁高 $H2$ | | 面积 | 抗渗性 | |
| | | | 长度 $L$ | | 钢筋等级 | 承载力 | N3 |
| | | | | | 配筋量 | 强度 | |
| | | | | | 配筋信息 | | |
| | | | 偏移 $B1$ | G3 | | | |
| | | | 偏移 $B2$ | | | | |

续表

| 构件名 | 图例 | 几何 | | | 非几何 | | |
|---|---|---|---|---|---|---|---|
| | | 定位信息 | 参数信息 | 模型等级 | 材料信息 | 性能信息 | 信息等级 |
| 空间曲线梁 | | A1 | 宽度 *B* | G2<br>G3 | 混凝土 | 耐久性 | N2 |
| | | A2 | 高度 *H* | | 体积 | 抗烈性 | |
| | | 特征曲线 | 长度 *L* | | 面积 | 抗渗性 | |
| | | | | | 钢筋等级 | 承载力 | N3 |
| | | | | | 配筋量 | 强度 | |
| | | | | | 配筋信息 | | |
| | | | | | | | |

### 7.1.5 柱

水处理构筑物中的柱一般为等截面柱，包括最常用的矩形截面梁，还包括异形截面梁（如圆柱、工字形柱）。柱构件信息分类如表 7-5 所示。

**柱构件信息分类** **表 7–5**

| 构件名 | 图例 | 几何 | | | 非几何 | | |
|---|---|---|---|---|---|---|---|
| | | 定位信息 | 参数信息 | 模型等级 | 材料信息 | 性能信息 | 信息等级 |
| 矩形截面柱 | | A1 | 宽度 *B* | G2<br>G3 | 混凝土 | 耐久性 | N2 |
| | | A2 | 高度 *H* | | 体积 | 抗烈性 | |
| | | | 长度 *L* | | 面积 | 抗渗性 | |
| | | | | | 钢筋等级 | 承载力 | N3 |
| | | | | | 配筋量 | 强度 | |
| | | | | | 配筋信息 | | |
| 异形截面柱 | | A1 | 用户定制截面 | G2<br>G3 | 混凝土 | 耐久性 | N2 |
| | | A2 | | | 体积 | 抗烈性 | |
| | | | 长度 *L* | | 面积 | 抗渗性 | |
| | | | | | 钢筋等级 | 承载力 | N3 |
| | | | | | 配筋量 | 强度 | |
| | | | | | 配筋信息 | | |

## 7.2 道路桥梁工程通用构件

道路桥梁工程通用构件是指能够建立道路或桥梁模型的最基本构件，主要包括路面结构、路缘石、路基边坡、梁、墩台、基础等构件。

### 7.2.1 路面

路面构件信息分类如表 7-6 所示。

路面构件信息分类　　表 7–6

| 构件名 | 图例 | 几何 | | | 非几何 | | |
|---|---|---|---|---|---|---|---|
| | | 定位信息 | 参数信息 | 模型等级 | 材料信息 | 性能信息 | 信息等级 |
| 路面结构 | | P1 | 截面宽度 $b$ | G1 | 类型 | | N1 |
| | | P2 | 厚度 $h$ | G2<br>G3 | 规格 | | N2 |
| | | | 横坡 $i$% | | 面积 | | |
| | | | 坡率 1：m | | | 强度 | N3 |
| | | | | | | 压实度 | |
| | | | | | | 弯沉 | |
| 路缘石 | | P1 | 截面高 $h$ | G2<br>G3 | 材质 | | N2 |
| | | P2 | 截面宽 $b$ | | 长度 | | |
| | | | 长度 $L$ | | | 强度 | N3 |
| | | | 倒角半径 $R$ | | | 抗冻等级 | |
| | | | | | | 吸水率 | |

### 7.2.2 路基

路基构件信息分类如表 7-7 所示。

路基构件信息分类　　表 7–7

| 构件名 | 图例 | 几何 | | | 非几何 | | |
|---|---|---|---|---|---|---|---|
| | | 定位信息 | 参数信息 | 模型等级 | 材料信息 | 性能信息 | 信息等级 |
| 边坡 | | 参考线 | 坡率 1：m | G1 | 类型（土质、岩质） | | N2 |
| | | | 坡高 $H$ | | | | |
| | | | 平台宽度 | G2<br>G3 | | | |
| | | | | | | | |
| | | | | | | | |

### 7.2.3 桥梁

桥梁构件信息分类如表 7-8 所示。

桥梁构件信息分类　　表 7-8

| 构件名 | 图例 | 几何 | | | 非几何 | | |
|---|---|---|---|---|---|---|---|
| | | 定位信息 | 参数信息 | 模型等级 | 材料信息 | 性能信息 | 信息等级 |
| 盖梁 | | P1 | 盖梁截面宽度 $B$ | G2 | 材料类型 | | N2 |
| | | | 盖梁截面高度 $H$ | | 材料等级 | | |
| | | | 盖梁长度 $L$ | | | | |
| | | | 盖梁横坡 $i$% | | 体积 | 承载力 | N3 |
| | | | 盖梁倒角尺寸 $x$、$y$ | G3 | 重量 | | |
| | | | 盖梁挡块尺寸 | | 配筋率 | | |
| 矩形立柱 | | P1 | 截面宽度 $B$ | G2<br>G3 | 材料类型 | | N2 |
| | | | 截面长度 $L$ | | 材料等级 | | |
| | | | 高度 $H$ | | 体积 | 承载力 | N3 |
| | | | | | 重量 | | |
| | | | | | 配筋率 | | |
| 圆形立柱 | | P1 | 直径 $D$ | G2<br>G3 | 材料类型 | | N2 |
| | | | 高度 $H$ | | 材料等级 | | |
| | | | | | 体积 | 承载力 | N3 |
| | | | | | 重量 | | |
| | | | | | 配筋率 | | |
| 承台 | | P1 | 宽度 $B$ | G2<br>G3 | 材料类型 | | N2 |
| | | P2 | 长度 $L$ | | 材料等级 | | |
| | | | 高度 $H$ | | 体积 | 承载力 | N3 |
| | | | | | 重量 | | |
| | | | | | 配筋率 | | |
| 桩 | | P1 | 桩径 $D$ | G2<br>G3 | 材料类型 | | N2 |
| | | | 桩距 $d$ | | 材料等级 | | |
| | | | 桩长 $L$ | G3 | 体积 | 承载力 | N3 |
| | | | | | 重量 | | |
| | | | | | 配筋率 | | |

## 7.3 隧道工程通用构件

通用构件主要包括隧道工程中主体及其附属结构、设施设备用房、道路设施等构筑物普遍具有的结构构件，包括（但不限于）墙（含侧墙、中隔墙等）、梁（基础梁、结构梁等）、板（顶板、底板、风道板、车道板等）、柱（建筑柱、结构柱）、路面工程（路基、路面、防撞侧石）、预留孔洞、变形缝、伸缩缝等。

## 7.3.1　墙构件

墙构件信息分类如表 7-9 所示。

墙构件信息分类　　表 7-9

| 构件名 | 图例 | 几何 | | | 非几何 | | |
|---|---|---|---|---|---|---|---|
| | | 定位信息 | 参数信息 | 模型等级 | 材料信息 | 性能信息 | 信息等级 |
| 侧墙 | | 多点 | 厚度 $B$ | G2<br>G3 | 混凝土 | 耐久性 | N2 |
| | | | 顶标高 $a$ | | 体积 | 抗烈性 | |
| | | | 底标高 $b$ | | 面积 | 抗渗性 | |
| | | 曲线 | 长度 $L$ | | 钢筋等级 | 承载力 | N3 |
| | | | | | 配筋量 | 强度 | |
| | | | | | 配筋信息 | | |
| 中隔墙 | | 多点 | 厚度 $B$ | G2<br>G3 | 混凝土 | 耐久性 | N2 |
| | | | 顶标高 $a$ | | 体积 | 抗烈性 | |
| | | | 底标高 $b$ | | 面积 | 抗渗性 | |
| | | 曲线 | 长度 $L$ | | 钢筋等级 | 承载力 | N3 |
| | | | | | 配筋量 | 强度 | |
| | | | | | 配筋信息 | | |

## 7.3.2　梁构件

梁构件信息分类如表 7-10 所示。

梁构件信息分类　　表 7-10

| 构件名 | 图例 | 几何 | | | 非几何 | | |
|---|---|---|---|---|---|---|---|
| | | 定位信息 | 参数信息 | 模型等级 | 材料信息 | 性能信息 | 信息等级 |
| 基础梁 | | P1 | 厚度 $B$ | G2<br>G3 | 混凝土 | 耐久性 | N2 |
| | | P2 | 顶标高 $a$ | | 体积 | 抗烈性 | |
| | | | 底标高 $b$ | | 面积 | 抗渗性 | |
| | | | 长度 $L$ | | 钢筋等级 | 承载力 | N3 |
| | | | 宽度 $A$ | | 配筋量 | 强度 | |
| | | | | | 配筋信息 | | |
| 结构梁 | | P1 | 厚度 $B$ | G2<br>G3 | 混凝土 | 耐久性 | N2 |
| | | P2 | 顶标高 $a$ | | 体积 | 抗烈性 | |
| | | | 底标高 $b$ | | 面积 | 抗渗性 | |
| | | | 长度 $L$ | | 钢筋等级 | 承载力 | N3 |
| | | | 宽度 $A$ | | 配筋量 | 强度 | |
| | | | | | 配筋信息 | | |

### 7.3.3 板构件

板构件信息分类如表 7-11 所示。

板构件信息分类　　表 7–11

| 构件名 | 图例 | 几何 | | | 非几何 | | |
|---|---|---|---|---|---|---|---|
| | | 定位信息 | 参数信息 | 模型等级 | 材料信息 | 性能信息 | 信息等级 |
| 顶板 | | 多点 | 板厚度 $B$ | G2<br>G3 | 混凝土 | 耐久性 | N2 |
| | | | 顶标高 $a$ | | 体积 | 抗烈性 | |
| | | | 底标高 $b$ | | 面积 | 抗渗性 | |
| | | 曲线 | 长度 $L$ | | 钢筋等级 | 承载力 | N3 |
| | | | 宽度 $A$ | | 配筋量 | 强度 | |
| | | | | | 配筋信息 | | |
| 底板 | | 多点 | 板厚度 $B$ | G2<br>G3 | 混凝土 | 耐久性 | N2 |
| | | | 顶标高 $a$ | | 体积 | 抗烈性 | |
| | | | 底标高 $b$ | | 面积 | 抗渗性 | |
| | | 曲线 | 长度 $L$ | | 钢筋等级 | 承载力 | N3 |
| | | | 宽度 $A$ | | 配筋量 | 强度 | |
| | | | | | 配筋信息 | | |
| 隧道侧墙 | | P1 | 高度 $H$ | G2 | 混凝土 | 耐久性 | N2 |
| | | P2 | 厚度 $B$ | | 体积 | 抗烈性 | |
| | | 上腋角边长 $C1$ | | G3 | 配筋 | 抗渗性 | |
| | | 下腋角边长 $C2$ | | | 钢筋等级 | 承载力 | N3 |
| | | | | | 防水等级 | 强度 | |
| 隧道隔墙 | | P1 | 高度 $H$ | G2 | 混凝土 | 耐久性 | N2 |
| | | P2 | 厚度 $B$ | | 体积 | 抗烈性 | |
| | | 上腋角边长 $C1$ | | G3 | 配筋 | 抗渗性 | |
| | | 下腋角边长 $C2$ | | | 钢筋等级 | 承载力 | N3 |
| | | | | | 防水等级 | 强度 | |
| 车道板 | | P1 | 板厚度 $B$ | G2<br>G3 | 混凝土 | 耐久性 | N2 |
| | | P2 | 顶标高 $a$ | | 体积 | 抗烈性 | |
| | | | 底标高 $b$ | | 面积 | 抗渗性 | |
| | | | 长度 $L$ | | 钢筋等级 | 承载力 | N3 |
| | | | 宽度 $A$ | | 配筋量 | 强度 | |
| | | | | | 配筋信息 | | |

续表

| 构件名 | 图例 | 几何 | | | 非几何 | | |
|---|---|---|---|---|---|---|---|
| | | 定位信息 | 参数信息 | 模型等级 | 材料信息 | 性能信息 | 信息等级 |
| 风道板 | a L b A B | 多点 | 板厚度 *B* | G2<br>G3 | 混凝土 | 耐久性 | N2 |
| | | | 顶标高 *a* | | 体积 | 抗冽性 | |
| | | | 底标高 *b* | | 面积 | 抗渗性 | |
| | | 曲线 | 长度 *L* | | 钢筋等级 | 承载力 | N3 |
| | | | 宽度 *A* | | 配筋量 | 强度 | |
| | | | | | 配筋信息 | | |

## 7.3.4 柱构件

柱构件信息分类如表 7-12 所示。

柱构件信息分类　　表 7-12

| 构件名 | 图例 | 几何 | | | 非几何 | | |
|---|---|---|---|---|---|---|---|
| | | 定位信息 | 参数信息 | 模型等级 | 材料信息 | 性能信息 | 信息等级 |
| 建筑柱 | a P1 P2 B b | P1 | 厚度 *B* | G2<br>G3 | 混凝土 | 耐久性 | N2 |
| | | P2 | 顶标高 *a* | | 体积 | 抗冽性 | |
| | | | 底标高 *b* | | 面积 | 抗渗性 | |
| | | | | | 钢筋等级 | 承载力 | N3 |
| | | | | | 配筋量 | 强度 | |
| | | | | | 配筋信息 | | |
| 结构柱 | a P1 B P2 b | P1 | 厚度 *B* | G2<br>G3 | 混凝土 | 耐久性 | N2 |
| | | P2 | 顶标高 *a* | | 体积 | 抗冽性 | |
| | | | 底标高 *b* | | 面积 | 抗渗性 | |
| | | | | | 钢筋等级 | 承载力 | N3 |
| | | | | | 配筋量 | 强度 | |
| | | | | | 配筋信息 | | |

## 7.3.5 路面工程构件

路面工程构件信息分类如表 7-13 所示。

路面工程构件信息分类　　表 7–13

| 构件名 | 图例 | 几何 | | | 非几何 | | |
|---|---|---|---|---|---|---|---|
| | | 定位信息 | 参数信息 | 模型等级 | 材料信息 | 性能信息 | 信息等级 |
| 路基 | | P1 | 厚度 $B$ | G2<br>G3 | 混凝土 | 耐久性 | N2 |
| | | P2 | 顶标高 $a$ | | 体积 | 抗裂性 | |
| | | | 底标高 $b$ | | 面积 | 抗渗性 | |
| | | | 长度 $L$ | | 钢筋等级 | 承载力 | N3 |
| | | | 宽度 $A$ | | 配筋量 | 强度 | |
| | | | | | 配筋信息 | | |
| 路面 | | P1 | 厚度 $B$ | G2<br>G3 | 混凝土 | 耐久性 | N2 |
| | | P2 | 长度 $L$ | | 体积 | 抗裂性 | |
| | | | 宽度 $A$ | | 面积 | 抗渗性 | |
| | | | 顶标高 $a$ | | 钢筋等级 | 承载力 | N3 |
| | | | | | 配筋量 | 强度 | |
| | | | | | 配筋信息 | | |
| 防撞侧石 | | P1 | 厚度 $B$ | G2<br>G3 | 混凝土 | 耐久性 | N2 |
| | | P2 | 顶标高 $a$ | | 体积 | 抗裂性 | |
| | | | 底标高 $b$ | | 面积 | 抗渗性 | |
| | | | 长度 $L$ | | 钢筋等级 | 承载力 | N3 |
| | | | 高度 $A$ | | 配筋量 | 强度 | |
| | | | | | 配筋信息 | | |

## 7.3.6　盾构管片

盾构管片构件信息分类如表 7-14 所示。

盾构管片构件信息分类　　表 7–14

| 构件名 | 图例 | 几何 | | | 非几何 | | |
|---|---|---|---|---|---|---|---|
| | | 定位信息 | 参数信息 | 模型等级 | 材料信息 | 性能信息 | 信息等级 |
| 混凝土管片 | | 中心点 P1 | 管片半径 $R$ | G2<br>G3 | 混凝土 | 耐久性 | N2 |
| | | | 管片厚度 $B$ | | 体积 | 抗裂性 | |
| | | | 中心标高 $a$ | | 面积 | 抗渗性 | |
| | | | | | 钢筋等级 | 承载力 | N3 |
| | | | | | 配筋量 | 强度 | |
| | | | | | 配筋信息 | | |

# 7.4 构件库建立

目前国内大多数设计单位是以具体项目形式开展 BIM 技术应用，根据项目的实际需求开发一些构件，同时建立各自的企业构件库。出于企业自身利益的考虑，一般很少有企业愿意与其他企业进行构件库的交流与共享。从整个市政行业的发展角度看，这使得很多企业对同类产品进行了多次重复劳动，不仅效率低下，而且浪费社会资源。因此，亟需建立一个完善的、开放的共享构件库，促进国内市政行业的 BIM 技术的快速发展。通过将不同企业创建的构件进行收集与整理，形成企业产品共享的构件库，并随着企业项目资源的不断积累，企业的构件库也逐渐完善。它能大大提高模型生产的效率，减少重复劳动，促进市政行业参数化设计推广和普及。

目前，由于不同建模软件所创建的构件不能有效实现互用与通用，因此不同软件就需要建立各自不同的构件库，本指南将分别从 Revit 与 CATIA 这两款成熟的 BIM 建模软件角度来阐述构件库创建方法。

## 7.4.1 Revit 构件库建立方法

1. 构件库目录树命名规则

构件库目录树可以根据实际需要灵活设置，保持稳定连贯和前后一致的目录树命名结构。一般情况下，一级目录可按照专业类型进行区分，如图 7-1 所示。

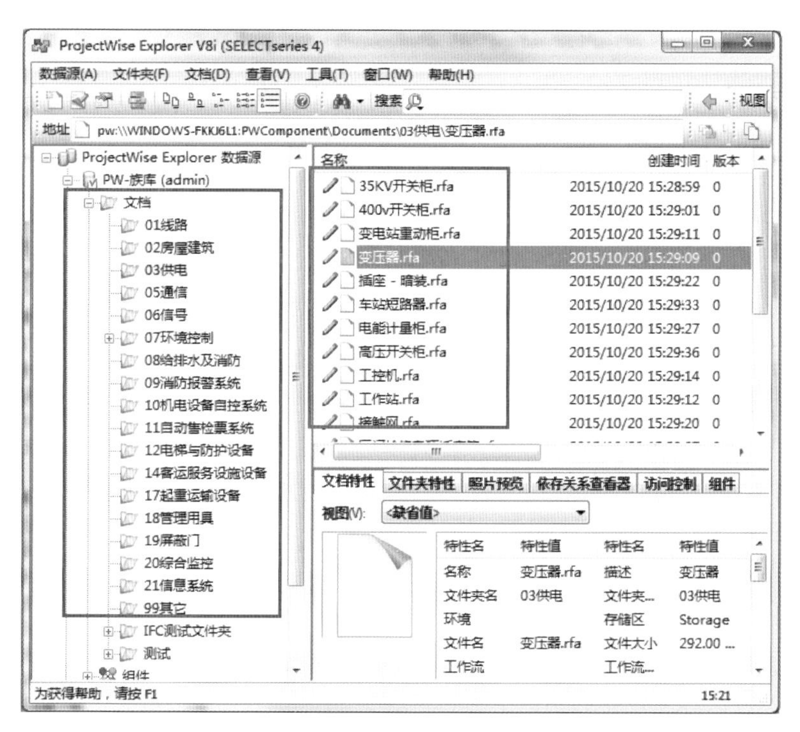


图 7-1 构件库目录树命名规则示意图

2. 构件文件命名

不管是构件文件还是项目文件，清晰并符合逻辑的文件命名规则是整个企业或项目中员工能有效使用的前提。

3. 通用准则说明

在搭建构件库时，需要对构件创建的一般流程、方法等进行规范与统一，制定企业构件创建的通用准则，其主要内容应包括模板选择、材质统一、共享参数名称统一、构件的基点与标高一致、构件参数化设置、管道连接件设置、构件拆分规则制定、构件创建顺序、构件版本管理、构件校验审定制度建立等方面。

4. 构件创建流程

（1）模板选择：通过选择合适的构件创建模板，可以确保构件创建时信息的统一性和完整性。不同的模板具有不同的内设条件使得构件更好地适用软件的项目环境。

（2）材质统一：保证构件模型在真实模式下与实际材质相近，在着色模式下根据设计习惯进行区分。

（3）共享参数名称统一：在构件中常规参数保证参数名称统一，便于推广理解。

（4）构件的基点和标高一致：合理地选择基点和标高，可以更加迎合设计者的思维。

（5）构件参数化设置：统一类别的构件通过参数化建模可保证构件复用性。

（6）管道连接件设置：构件之间可以按照设计规则进行关联，预留接口，以减少修改时的工作量，且能确保系统的完整性。

（7）构件拆分制定：根据工程量统计及构件的复用频率明确构件拆分，确定最小拆分构件。

（8）构件创建顺序：应按照先现状环境输入后设计输出，先主体模型后附属模型的，先总体后局部的顺序进行建模。

（9）构件版本管理：模型按照建模等级，充分利用前级模型深化，分别建模，分别保存。

（10）建立校核审定制度：保证构件的准确性及使用便捷性。

### 7.4.2 CATIA 构件库创建

通常，CATIA 软件中构件库会被称为工程模板库，其主要内容包括模板目录树命名规则与模板文件命名、构件创建过程、输入条件选定、工程模板复用及模板库提交的使用说明文件等，如图 7-2 所示。

（1）构件创建过程：通过参数设置、规格编辑、知识工程管理来实现实体的构建，设计者可以在创建过程中嵌入设计知识，并且可以捕捉行业和企业设计标准，减少设计错误，确保设计结构满足标准要求。

（2）输入条件选定：准备的输入条件选定，可保证构件的成功复用。

（3）工程模板复用：提供要求的条件即可对工程模板进行实例化，可大大的提高建模效率。

（4）模板库提交的使用说明文件：使用说明文件可集成在模板中，方便使用者理解。

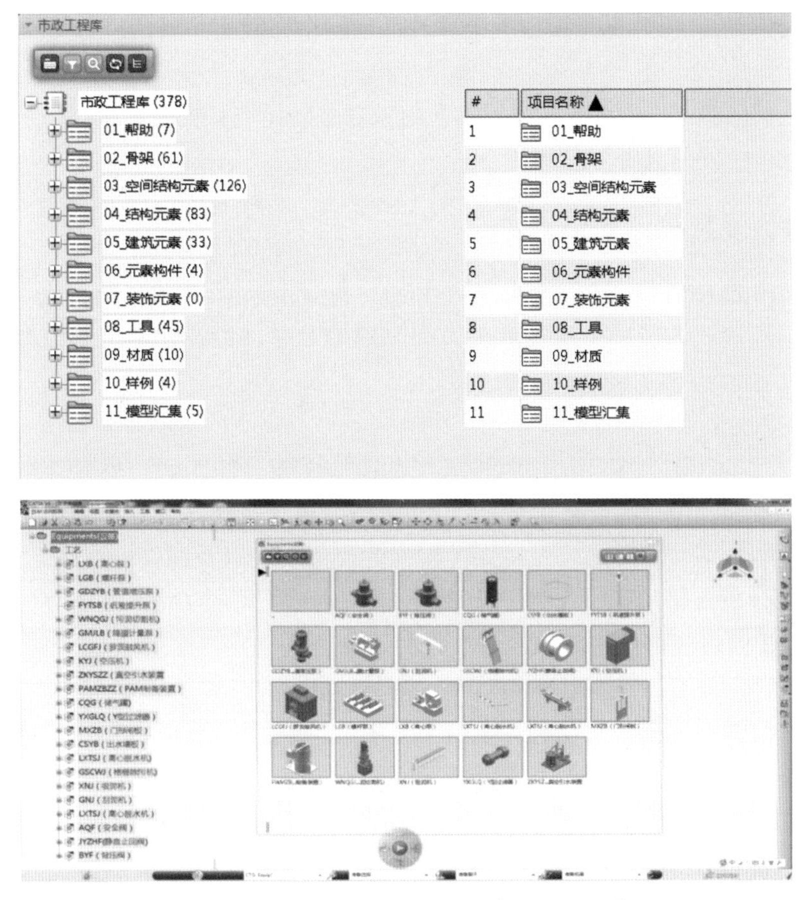


图 7–2　ENOVIA 构件库目录树命名规则示意图

## 7.4.3　构件模型要求

（1）构件命名符合行业规范要求，类型要求。

（2）构件指定类别和设计参数满足设计要求，并且在满足要求的前提下，参数数量应尽可能少，以便设计者使用。

（3）构件模型赋予材质纹理，以便快速进行模型效果展示。

（4）构件参数命名应符合行业用语，便于推广理解。

（5）构件分级建模，以实现在不同设计阶段（方案、初设、施工图）时，构件在模型中用不同级别（细部程度不同）构件模型来表达。

（6）构件创建完成时应进行校核审定，以确保构件模型准确可用。构件文件需满足显示效果、参变性能、使用性能、管理规定等要求。

## 7.4.4　构件信息要求

（1）构件信息（属性）满足工程量统计和 BIM 应用交付信息要求。

（2）构件主要包括几何信息和非几何信息两大类。

（3）几何信息：几何数据是模型内部和外部空间结构的几何表示，主要包括定位信息、参数信息等。

（4）非几何信息：非几何数据是指除几何数据之外所有数据的集合，主要包括基本信息、材料信息、性能信息等。

### 7.4.5 构件开发文档

目前，国内的 BIM 项目技术应用还不完善，可直接供 BIM 项目技术应用的构件种类和数量均相对较少，为了减少重复劳动，提高建模效率，各设计单位常根据实际项目需求开发一些可重复使用的参数化构件模型。

1. 构件需求分析

构件的开发者应该对实际使用构件人员的需求做充分的调研，提交详细的需求分析报告，以满足工程的使用需要和 BIM 应用交付信息要求。在需求分析中必须描述的基本问题，有构件的类别、设计参数、属性，构件的使用事项以及构件的使用专业等。同时，注意保证需求分析报告的无歧义性、完整性、可验证性、一致性、可修改性、可追踪性以及运行和维护阶段的可使用性。

2. 构件概要设计

构件的开发者和构件的实际使用者在双方都认可的需求分析报告的基础上，构件的开发者进行下一步的设计工作，实现对构件初步几何信息和非几何信息的属性的设定，满足相应的工程实际需要。构件的概要设计是构件的详细设计的基础。

3. 构件详细设计

构件的开发者在构件的概要设计基础上，针对构件的使用需求，详细设计构件在不同设计阶段在模型中使用的不同构件模型、构件的材质纹理、构件的详细几何尺寸信息、构件的定位方式、构件的细节组成部分、构件的详细参数设置以及设定构件的使用方法等。每个的详细设计都应该足够详细，能够根据详细设计报告设计开发构件。

4. 构件测试

在构件开发的过程中，构件的开发者为了尽可能找出构件开发的错误，提高构件的质量，降低构件维护的成本，构件的开发者应对各个构件进行测试，包括界面测试、可用性测试、功能测试、稳定性测试、性能测试、强壮性测试、逻辑性测试、破坏性测试和安全性测试等，并编写相应的构件测试报告。

在实际测试中，穷举测试工作量太大，实践上行不通，为了降低测试成本，选择测试用例时应注意遵守“经济性”的原则，以便能使用尽可能少的测试用例，发现尽可能多的定义错误。

5. 构件使用验证

构件开发完成后，为了确保构件的开发质量，必须对开发的构件进行验证与评审，主要通过人的参与来进行。同时基于完整的 BIM 测试模型，针对前面开发过程中撰写的相关需求分析文档，概要设计文档，详细设计文档以及测试文档，对实际开发的构件进行使用验证，并保证其相应的一致性和正确性。

# 第 8 章

## BIM 应用

近年来在市政行业逐渐开始应用 BIM 技术，在建筑的设计施工及发展应用研究逐渐深入，陆续展现其在市政行业的未来发展方向。BIM 技术可以提供 3D 的可视化模型、4D 的模拟演示、5D 的成本实时动态管理等，在协同设计上防止冲突，施工的动态流程模拟，设计构件与数量预算的整合，这些 BIM 在建筑业上蓬勃发展且逐渐成熟的技术，都给传统的建筑流程与管理方式带来了全新的变革。

近些年我国积极推动 BIM 技术，将其应用到项目工程规划设计中，除设计工作外，更可通过其 3D 的可视化工具，增进设计品质，减少图纸说明疑义，提升设计品质，其模型构件更可以作为工程全生命周期中在维护管理阶段的基础信息库。

## 8.1 一般规定

1. 本章的应用点为开展 BIM 技术应用提供指导和参考；

2. 本章的应用点应根据具体实施的项目有选择性应用；

3. 信息模型深度应当以满足 BIM 应用点的要求为准，应用时不宜提出过高的深度要求，但应做好下阶段的模型衔接和传递，避免过度建模和重复建模；

4. 本章的应用点将随着 BIM 技术的发展而不断更新补充。

## 8.2 设计各阶段 BIM 应用整体策划

### 8.2.1 方案设计阶段交付

方案设计主要是从工程项目的需求出发，根据项目的设计条件，研究分析满足功能和性能的总体方案，并对项目的总体方案进行初步的评价、优化和确定。

方案设计阶段的 BIM 应用主要是利用 BIM 技术对项目的可行性进行验证，对下一步深化工作进行指定和方案细化。

1. BIM 工作内容应包括：

建立统一的方案设计 BIM 模型，通过 BIM 模型生成平、立、剖等用于方案评审的各种二维视图，进行初步的性能分析并进行方案优化，为制作效果图提供模型，也可根据需要快速生成多个方案模型用于比选。

2. BIM 交付物应包含如下内容：

（1）BIM 方案设计模型：应提供 BIM 方案模型，模型应经过性能分析及方案优化，也可提供多个 BIM 方案模型供比选，模型的交付内容及深度为 L1 等级。

（2）场地分析：场地分析的主要目的是利用场地分析软件，建立三维场地模型，在场地规划设计和市政设计的过程中，提供可视化的模拟分析数据，以作为评估设计方案选项的依据。

（3）BIM 浏览模型：应提供由 BIM 设计模型创建的带有必要工程数据信息的 BIM 浏览模型。BIM 浏览模型不仅可以满足项目设计校审和项目协调的需要，同时还可以保证原始设计模型的数据安全。浏览模型的查看一般只需安装对应的免费浏览器即可，同时可以在平板电脑、手机等移动设备上快速浏览，实现高效、实时协调。

（4）可视化模型及生成文件：应提交基于 BIM 设计模型的表示真实尺寸的可视化展示模型，及其创建的室外效果图、场景漫游、交互式实时漫游虚拟现实系统、对应的展示视频文件等可视化成果。

（5）由 BIM 模型生成的二维视图：由 BIM 模型直接生成的二维视图，应包括总平面图、各层平面图、主要立面图、主要剖面图、透视图等，保持图纸间、图纸与 BIM 模型间的数据关联性，达到二维图纸交付内容要求。

### 8.2.2 初步设计阶段交付

初步设计阶段是介于方案设计阶段和施工图设计阶段之间的过程，是对方案设计进行细化的阶段。在本阶段，推敲完善 BIM 模型，并配合结构建模进行核查设计。应用 BIM 软件对模型进行一致性检查，生成初步设计二维图纸。

1. BIM 工作内容应包括：

建立各专业的初步设计 BIM 模型，基于 BIM 模型进行必要的性能分析，建立 BIM 综合模型进行综合协调，基于 BIM 模型完成对工程设计的优化，通过 BIM 模型生成各类二维视图。

2. BIM 交付物应包含如下内容：

（1）BIM 专业设计模型：应提供经分析优化后的各专业 BIM 初设模型，模型的交付内容及深度为 L2 等级。

（2）BIM 综合协调模型：应提供综合协调模型，重点用于进行专业间的综合协调及完成优化分析。

（3）性能分析模型及报告：应提供性能分析模型及生成的分析报告，并根据需要及业主要求提供其他分析模型及分析报告。

（4）可视化模型及生成文件：应提交基于 BIM 设计模型的表示真实尺寸的可视化展示模型，及其创建的室内外效果图、场景漫游、交互式实时漫游虚拟现实系统、对应的展示视频文件等可视化成果。

（5）工程量统计表：精确统计各项常用指标，以辅助进行技术指标测算。

（6）由 BIM 模型生成的二维视图：应重点由 BIM 模型生成平面图、立面图、剖面图等，并保持图纸间、图纸与 BIM 模型间的数据关联性，达到二维图纸交付内容要求。

### 8.2.3 施工图设计阶段交付

施工图设计是项目设计的重要阶段，是设计和施工的桥梁。本阶段主要通过施工图图纸，表达项目的设计意图和设计结果，并作为项目现场施工制作的依据。

1. BIM 工作内容应包括：

现阶段通过 BIM 模型直接生成的二维视图与施工图的现行标准还存在着一定的差距，

因此在施工图阶段的 BIM 工作内容相对较少，主要包括：最终完成各专业的 BIM 模型，基于 BIM 模型完成最终的各类性能分析，建立 BIM 综合模型进行综合协调，根据需要通过 BIM 模型生成二维视图。

2. BIM 交付物应包含如下内容：

（1）专业设计模型：应提供最终的各专业 BIM 模型，模型的交付内容及深度为 L3 等级。

（2）BIM 综合协调模型：应提供综合协调模型，重点用于进行专业间的综合协调，及检查是否存在因为设计错误造成无法施工的情况。

（3）BIM 浏览模型：与方案设计阶段类似，应提供由 BIM 设计模型创建的带有必要工程数据信息的 BIM 浏览模型。

（4）性能分析模型及报告：应提供最终性能能量分析模型及生成的分析报告，并根据需要及业主要求提供其他分析模型及分析报告。

（5）可视化模型及生成文件：应提交基于 BIM 设计模型的表示真实尺寸的可视化展示模型，及其创建的室内外效果图、场景漫游、交互式实时漫游虚拟现实系统、对应的展示视频文件等可视化成果。

（6）由 BIM 模型生成的视图：二维视图在经过碰撞检查和设计修改，消除了相应错误以后，根据需要通过 BIM 模型生成或更新所需的二维视图，如平立剖图、综合管线图、综合结构留洞图等。对于最终的交付图纸，可将视图导出到二维环境中再进行图面处理，其中局部详图等可不作为 BIM 的交付物，在二维环境中直接绘制。对部分复杂部位三维视图比二维视图更为直观有效，可以充分发挥 BIM 的优势。

## 8.3 BIM 应用点列表

我国市政设计行业 BIM 应用点如表 8-1 所示。

我国市政设计行业 BIM 应用点　　表 8-1

| 序号 | 阶段 | 应用点 | 具体内容 | 应用价值 |
|---|---|---|---|---|
| 1 | 方案阶段 | 场地现状仿真 | 3D 扫描、人工检测、高精度照片 | 反映真实工程环境 |
| 2 | | 交通仿真模拟 | 三维模型结合交通仿真软件进行模拟 | 仿真更加直观 |
| 3 | | 突发事件模拟 | 消防疏散、交通事故、洪涝灾害 | 为政府提供决策依据 |
| 4 | | 规划方案比选 | 利用 BIM 三维可视化的特性展现不同设计方案的特点 | 可视化评审 |
| 5 | | 虚拟漫游仿真 | 对已有的三维模型进行漫游并导出动画 | 可视化评审 |
| 6 | 初步设计阶段 | 交通标志标线仿真 | 利用可视化软件，进行合理的交通标志标线设计 | 布置更加合理 |
| 7 | | 管线搬迁与道路翻交模拟 | 利用可视化软件，进行管线搬迁与道路翻交模拟 | 可视化方案评审 |
| 8 | | 管线综合碰撞检查 | 在三维空间中进行错、漏、碰、缺检查，并进行优化 | 精细化设计 |
| 9 | | 大型设备运输路径检查 | 利用模拟软件进行设备安装检修路径检查 | 可视化评审 |

续表

| 序号 | 阶段 | 应用点 | 具体内容 | 应用价值 |
|---|---|---|---|---|
| 10 | 施工图设计阶段 | 工程量复核 | 利用构件明细表完成工程量统计 | 统计结果更加精确 |
| 11 | | 施工方案模拟 | 多施工方案模拟，进行人工比选（包括管线搬迁、交通组织、施工场地等） | 检验施工合理性 |
| 12 | | 装修效果仿真 | 模拟装修效果 | 可视化评审 |
| 13 | | 构件预制加工 | 生成预制构件加工设计图纸 | 辅助预制构件施工 |

# 8.4 方案阶段

## 8.4.1 场地现状仿真

1. 场地现状仿真需准备的数据资料宜符合下列要求：

（1）电子版地形图宜包含周边地形、建筑等信息模型，其中，电子版地形图为可选数据；

（2）周边环境图纸、项目构筑物建筑总平面图；

（3）场地信息；

（4）现场相关图片；

（5）管线搬迁与道路翻交模型。

2. 场地现状仿真模型元素和信息（L1）

场地现状仿真模型元素和信息交付要求如表 8-2 所示。

场地现状仿真模型元素和信息交付要求　　表 8–2

| 模型元素 | 模型信息 |
|---|---|
| 地形、水域（G1） | 几何信息应包括：位置和外轮廓尺寸（N1） |
| 建构筑物（G2） | 工程红线范围内和红线范围外 200m 内的建构筑物<br>几何信息应包括：位置、外轮廓及高度（N1） |
| 道路及其他基础设施（G2） | 几何信息应包括：位置、外轮廓（N1） |
| 标线、实施线（G1） | 红、绿、蓝、紫、黑、橙、黄线等<br>几何信息应包括：位置（N1） |

3. 场地现状仿真的工作流程宜符合下列要求：

（1）数据收集。收集的数据包括电子版地形图、周边环境图纸、场地信息、现场相关图片以及管线搬迁与道路翻交的成果模型。

（2）场地建模。根据收集的数据进行项目周边环境建模、构筑物主体轮廓和附属设施建模。

（3）校验模型的完整性、准确性。

（4）场地现状仿真模型整合。整合生成的多个模型，标注项目构筑物主体、出入口、地面建筑部分与红线、绿线、河道蓝线、高压黄线及周边建筑物的距离。

（5）生成场地现状仿真视频，并与场地现状仿真模型交付给建设单位。

4. 场地现状仿真的成果宜包括场地现状仿真模型、场地现状仿真视频等。

### 8.4.2 交通仿真模拟

1. 交通仿真模拟需准备的数据资料宜符合下列要求：

（1）电子版地形图宜包括周边地形、建筑、道路等信息模型；

（2）交叉口的信号配时方案，信号优先策略；

（3）交叉口流量，宜包括机动车流量、非机动车流量；

（4）线路方案、站台设置方案。

2. 交通仿真模拟模型元素和信息（L1）

交通仿真模拟模型元素和信息交付要求如表 8-3 所示。

交通仿真模拟模型元素和信息交付要求　　表 8–3

| 模型元素 | 模型信息 |
|---|---|
| 新建道路、隧道（G2） | 几何信息应包括：位置、尺寸（N1）<br>非几何信息应包括：名称、颜色、材质（N1） |
| 机电、交通、绿化景观等（G1） | |
| 沿线既有自然环境、建构筑物、市政设施等（G1） | 轮廓模型创建，可采用 GIS 模型数据和卫星、遥感或航拍照片等辅助表达<br>几何信息应包括：位置、尺寸（N1）<br>非几何信息应包括：名称、颜色（N1） |

3. 交通仿真模拟工作流程宜符合下列要求：

（1）数据收集。收集的数据包括电子版地形图、交叉口流量、交叉口信号配时方案、线路方案等。

（2）根据各项目方案建立相应仿真模型（模型宜包括有轨电车项目方案的车辆、站台、场站、交叉口等完整设计信息），创建周边环境模型并与方案模型进行整合。

（3）校验模型的完整性、准确性。

（4）优化信号配时方案和信号优先策略，并仿真测试。

（5）根据各规划方案及信号优先方案，生成项目的方案模型，作为阶段性成果提交建设单位，并根据建设单位的反馈意见修改设计方案。

4. 交通仿真模拟成果宜包括仿真视频、优化信号配时方案、仿真数据分析报告等。

### 8.4.3 突发事件应急模拟

1. 突发事件应急模拟需准备的数据资料宜符合下列要求：

（1）应急预案方案；

（2）初步设计阶段模型。

2. 突发事件应急模拟模型元素和信息（L2）

突发事件应急模拟模型元素和信息交付要求如表 8-4 所示。

突发事件应急模拟模型元素和信息交付要求 表 8–4

| 模型元素 | 模型信息 |
| --- | --- |
| 地形、水域（G1） | 几何信息应包括：位置和外轮廓尺寸（N1）<br>非几何信息应包括：名称、航道等级（N1） |
| 建筑物、构筑物（G2） | 工程红线范围内和红线范围外 200m 内的建构筑物<br>几何信息应包括：位置、外轮廓及高度（N1）<br>非几何信息应包括：名称、物业信息等（N1） |
| 道路及其他基础设施（G2） | 几何信息应包括：位置、外轮廓（N2） |

3. 突发事件应急模拟的工作流程宜符合下列要求：

（1）数据收集。收集的数据包括应急预案方案、施工图设计阶段模型等。

（2）整合模型。将模型导入模拟软件，根据应急预案方案创建应急预案模拟模型，并将应急预案方案涉及的设施设备与模型相关的构件关联。

（3）生成应急模拟视频和分析报告。

4. 突发事件应急模拟的成果宜包括应急预案模拟模型、应急预案模拟视频、分析报告。

### 8.4.4 规划方案比选

1. 规划方案比选需准备的数据资料宜符合下列要求：

（1）电子版地形图宜包含周边地形、建筑、道路等信息模型，其中，电子版地形图为可选数据；

（2）图纸宜包含方案图纸、周边环境图纸（周边建构筑物相关图纸、周边地块平面图和地形图）、勘探图纸和管线图纸等。

2. 规划方案比选模型元素和信息（L1）

规划方案比选模型元素和信息交付要求如表 8-5 所示。

规划方案比选模型元素和信息交付要求 表 8–5

| 模型元素 | 模型信息 |
| --- | --- |
| 地形、水域（G1） | 几何信息应包括：位置和外轮廓尺寸（N1）<br>非几何信息应包括：名称、航道等级（N1） |
| 沿线主要相关地物（G2） | 工程红线范围内和红线范围外 200m 内的建构筑物<br>几何信息应包括：位置、外轮廓及高度（N1）<br>非几何信息应包括：名称、类型等（N1） |
| 道路及其他基础设施（G2） | 几何信息应包括：位置、外轮廓（N1）<br>非几何信息应包括：名称、等级（N1） |

3. 规划方案比选的工作流程宜符合下列要求：

（1）数据收集。收集的数据包括电子版地形图、图纸等。

（2）根据多个备选方案建立相应信息模型（模型宜包含项目各方案的完整设计信息），创建周边环境模型并与方案模型进行整合。

（3）校验模型的完整性、准确性。

（4）生成项目规划方案模型，作为阶段性成果提交给建设单位，并根据建设单位的反馈意见修改设计方案。

（5）生成项目的漫游视频，并与最终方案模型交付给建设单位。

4. 规划方案比选的成果宜包括方案模型、漫游视频等。

### 8.4.5 虚拟漫游仿真

1. 虚拟漫游仿真需准备的数据资料宜符合下列要求：

（1）场地现状仿真模型；

（2）整合后的各专业模型。

2. 虚拟漫游仿真模型元素和信息（L1）

虚拟漫游仿真模型元素和信息交付要求如表 8-6 所示。

虚拟漫游仿真模型元素和信息交付要求　　表 8–6

| 模型元素 | 模型信息 |
|---|---|
| 新建道路、隧道、机电、交通、绿化景观等工程（G2） | 几何信息应包括：位置、尺寸（N1）<br>非几何信息应包括：名称、颜色、材质（N1） |
| 沿线既有自然环境、建构筑物、市政设施等（G1） | 轮廓模型创建，可采用 GIS 模型数据和卫星、遥感或航拍照片等辅助表达<br>几何信息应包括：位置、尺寸（N1）<br>非几何信息应包括：名称、颜色（N1） |

3. 场地现状仿真的工作流程宜符合下列要求：

（1）数据收集。收集的数据包括场地现状模型，各专业模型。

（2）校验模型的完整性、准确性。

（3）模型整合。将模型导入具有虚拟动画制作功能的 BIM 软件，根据项目实际场景的情况，赋予模型相应的材质。

（4）生成虚拟漫游仿真视频，并与场地现状仿真模型、各专业模型交付给建设单位。

4. 虚拟漫游仿真的成果宜包括场地现状模型、各专业模型、虚拟漫游仿真视频等。

## 8.5 初步设计阶段

### 8.5.1 交通标志标线仿真

1. 交通标志标线仿真需准备的数据资料宜符合下列要求：

（1）场地现状模型；

（2）设计道路模型。

2. 交通标志标线仿真模型元素和信息（L2）

交通标志标线仿真模型元素和信息交付要求如表 8-7 所示。

交通标志标线仿真模型元素和信息交付要求　表 8–7

| 模型元素 | 模型信息 |
| --- | --- |
| 地形（G1） | 几何信息应包括：位置和外轮廓尺寸（N1） |
| 建筑物、构筑物（G2） | 工程红线范围内和红线范围外 200m 内的建构筑物<br>几何信息应包括：位置、外轮廓及高度（N1） |
| 道路及其他基础设施（G2） | 几何信息应包括：位置、外轮廓（N1） |

3. 交通标志标线仿真的工作流程宜符合下列要求：

（1）数据收集。收集的数据包括场地现状模型，设计道路模型。

（2）建立标志标线、标牌模型。

（3）校验模型的完整性、准确性。

（4）模型整合。将标志标线模型、设计道路模型、场地现状模型进行整合。根据项目实际场景的情况，赋予模型相应的材质。

（5）生成漫游仿真视频，并将模型交付给建设单位。

4. 虚拟漫游仿真的成果宜包括标志标线模型、漫游仿真视频等。

## 8.5.2　管线搬迁与道路翻交模拟

1. 管线搬迁与道路翻交模拟需准备的数据资料宜符合下列要求：

（1）电子版地形图宜包含周边地形、建筑、道路等信息模型。

（2）图纸宜包含管线搬迁方案平面图、断面图，地下管线探测成果图，障碍物成果图，架空管线探测成果图，管线搬迁地区周边地块平面图、地形图，管线搬迁地块周边建筑物、构筑物相关图纸，道路翻交方案平面图、周边地块平面图、地形图等；

（3）报告宜包含地下管线探测成果报告、障碍物成果报告、架空管线探查成果报告等；

（4）规划方案阶段交付模型；

（5）管线搬迁与道路翻交方案宜包含方案图纸和施工进度计划等。

2. 管线搬迁与道路翻交模拟模型元素和信息（L2）

管线搬迁与道路翻交模拟模型元素和信息交付要求如表 8-8 所示。

管线搬迁与道路翻交模拟模型元素和信息交付要求　表 8–8

| 模型元素 | 模型信息 |
| --- | --- |
| 新建工程管线（G2） | 几何信息应包括：位置、尺寸（N1）<br>非几何信息应包括：颜色、系统名称等 |
| 新建道路、隧道、交通工程（G2） | 几何信息应包括：位置、尺寸（N1）<br>非几何信息应包括：名称等（N1） |
| 既有市政管线（G2） | 几何信息应包括：位置、尺寸（N1）<br>非几何信息应包括：颜色、系统名称等（N1） |
| 既有市政设施（G2） | 轮廓模型创建，可采用 GIS 模型数据和卫星、遥感或航拍照片等辅助表达<br>几何信息应包括：位置、尺寸（N1）<br>非几何信息应包括：系统名称等（N1） |

3. 管线搬迁与道路翻交模拟的工作流程宜符合下列要求：

（1）数据收集。收集的数据包括电子版地形图、图纸、报告、施工进度计划以及规划方案阶段交付模型。

（2）施工围挡建模。根据管线搬迁方案建立各施工阶段施工围挡模型。

（3）管线建模。根据地下管线成果探测图、报告以及管线搬迁方案平面图、断面图建立现有管线和各施工阶段的管线模型。

（4）道路现状和各阶段建模。根据道路翻交方案，创建道路现状模型与各阶段道路翻交模型。模型能够体现各阶段道路布局变化及周边环境变化。

（5）周边环境建模。根据管线搬迁地区周边地块平面图、地形图创建地表模型；根据市政道路桥梁项目周边建（构）筑物的相关图纸创建周边建（构）筑物模型。

（6）校验模型的完整性、准确性及拆分合理性等。

（7）生成管线搬迁与道路翻交模型。实施施工围挡建模、管线建模、道路现状和各阶段建模及周边环境建模，经检验合格后生成管线搬迁与道路翻交模型。

（8）生成管线搬迁与道路翻交模拟视频。视频反映各阶段管线搬迁内容、道路翻交方案、施工围挡范围、管线与周边建（构）筑物位置的关系及道路翻交方案随进度计划变化的状况。

4. 管线搬迁与道路翻交模拟的成果宜包括管线搬迁与道路翻交模型、管线搬迁与道路翻交模拟视频等。

### 8.5.3 管线综合与碰撞检查

1. 管线综合与碰撞检查需准备的数据资料宜符合下列要求：

（1）土建施工图设计阶段交付模型；

（2）室外市政管线设计图纸。

2. 管线综合与碰撞检查模型元素和信息（L2）

管线综合与碰撞检查模型元素和信息交付要求如表 8-9 所示。

**管线综合与碰撞检查模型元素和信息交付要求** 表 8–9

| 模型元素 | 模型信息 |
| --- | --- |
| 新建工程管线（G2） | 几何信息应包括：位置、尺寸（N1）<br>非几何信息应包括：颜色、系统名称等（N1） |
| 既有市政管线（G2） | 几何信息应包括：位置、尺寸（N1）<br>非几何信息应包括：颜色、系统名称等（N1） |

3. 管线综合与碰撞检查的工作流程宜符合下列要求：

（1）数据收集。收集数据包括土建施工图设计阶段交付模型、室外各专业市政管线信息等。室外各专业市政管线信息包括平面布置图纸、标高埋深信息等。

（2）搭建市政管线模型。根据室外市政管线设计图纸，基于土建施工图设计阶段交付模型，搭建市政管线模型。

（3）校验模型的完整性、准确性。

（4）碰撞检查。利用模拟软件对市政道路桥梁信息模型进行碰撞检查，生成碰撞报告。

（5）提交碰撞报告。将管线碰撞检查报告提交给建设单位，报告需包含碰撞点位置，碰撞对象等。

（6）生成管线优化平面图纸。根据管线综合优化模型，生成管线综合优化平面图纸，并将最终成果交付给建设单位。

4. 管线综合与碰撞检查的成果宜包括管线综合与碰撞检查模型、碰撞检查报告、管线优化平面图纸等。

### 8.5.4 大型设备运输路径检查

1. 大型设备运输路径检查需准备的数据资料宜符合下列要求：

（1）施工图设计阶段交付模型；

（2）大型设备相关图纸；

（3）设备安装路径检修路径方案。

2. 大型设备运输路径检查模型元素和信息（L2）

大型设备运输路径检查模型元素和信息交付要求如表 8-10 所示。

大型设备运输路径检查模型元素和信息交付要求　　表 8–10

| 模型元素 | 模型信息 |
| --- | --- |
| 现场场地、地下管线、临时设施、施工机械设备、道路围挡等（G2） | 几何信息应包括：位置、几何尺寸（或轮廓）（N1） |
| 临近区域的既有建（构）筑物、地下管线、桥涵隧道、道路交通及其他市政设施等（G2） | 几何信息应包括：位置、几何尺寸（或轮廓）（N1） |

3. 大型设备运输路径检查的工作流程宜符合下列要求：

（1）数据收集。收集的数据包括大型设备图纸，大型设备安装及维修路径信息，施工图设计阶段交付模型。

（2）整合模型。将已有模型导入模拟软件进行整合，并设定大型设备安装检修路径。

（3）校验模型的完整性、准确性。

（4）路径检查。利用模拟软件对信息模型进行设备安装检修路径检查，生成大型设备运输路径检查报告。

（5）提交路径检查报告。将路径检查报告提交给建设单位，报告需包含运输碰撞点位置、碰撞对象等。

（6）运输路径模拟视频。根据大型设备运输路径生成运输路径模拟视频，并将最终成果交付给建设单位。

4. 大型设备运输路径检查的成果宜包括运输路径检查模型、运输路径模拟视频。

# 8.6 施工图设计阶段

## 8.6.1 工程量复核

1. 工程量复核需准备的数据资料宜符合下列要求：

（1）施工图设计阶段交付模型；

（2）分部分项工程量清单与计价表。

2. 工程量复核模型元素和信息（L3）

工程量复核模型元素和信息交付要求如表 8-11 所示。

工程量复核模型元素和信息交付要求　　表 8-11

| 模型 | 模型信息 |
|---|---|
| 道路、隧道、桥梁（G3） | 几何信息应包括：位置、几何尺寸、标高（N3）<br>非几何信息应包括：轮廓形状、钢筋混凝土量、构件类型（混凝土预制、钢结构预制、交通设施、机电安装工程）（N3） |
| 工程量清单 | 工程量计算、分部分项计价<br>信息应符合《市政工程设计概算编制办法》（建标 [2011]1 号）、《建设工程工程量清单计价规范》GB 50500、地方和企业定额标准要求 |

3. 工程量复核的工作流程宜符合下列要求：

（1）数据收集。收集的数据包括投资监理提供的分部分项工程量清单与计价表以及各专业施工图设计阶段交付模型。

（2）调整模型的几何数据和非几何数据。根据分部分项工程量清单与计价表，调整土建、管线等模型的几何数据和非几何数据。

（3）校验模型的完整性、准确性。

（4）生成工程量统计模型并转换成算量软件专用格式文件，提交给投资监理单位。

（5）投资监理单位接收 BIM 实施单位提交的算量软件专业格式文件，并导入算量软件，生成算量模型。

（6）生成 BIM 工程量清单。投资监理单位从算量模型中生成符合工程要求的工程量清单，并复核投资监理计算的工程量清单。

4. 工程量复核的成果宜包括满足招标要求的 BIM 工程量清单。

## 8.6.2 施工方案模拟

1. 施工方案模拟需准备的数据资料宜符合下列要求：

（1）施工方案；

（2）施工图纸；

（3）施工图深化设计阶段交付模型。

2. 施工方案模拟模型元素和信息（L3）

施工方案模拟模型元素和信息交付要求如表8-12所示。

施工方案模拟模型元素和信息交付要求　　表8-12

| 模型元素 | 模型信息 |
| --- | --- |
| 现场场地、地下管线、临时设施、施工机械设备、道路围挡等（G2） | 几何信息应包括：位置、几何尺寸（或轮廓）（N3）<br>非几何信息应包括：名称、属性、机械设备参数等（N2） |
| 临近区域的既有建（构）筑物、地下管线、桥涵隧道、道路交通及其他市政设施等（G2） | 几何信息应包括：位置、几何尺寸（或轮廓）（N3）<br>非几何信息应包括：名称、属性、机械设备参数等（N2） |

3. 施工方案模拟的工作流程宜符合下列要求：

（1）数据收集。收集的数据包括项目的施工方案、施工图纸以及施工图深化设计阶段交付模型。

（2）调整模型。根据施工方案调整信息模型，创建施工方案模型。

（3）整合模型。将信息模型导入模拟软件，补充相关施工设施设备模型，并根据施工方案整合至施工方案模型。

（4）校验模型的完整性、准确性。

（5）施工方案检查。利用模拟软件对信息模型进行施工方案可行性检查。

（6）生成施工方案模拟视频。根据施工方案模型生成模拟视频，视频能够阐明施工方案，展现施工方案的工艺细节。

4. 施工方案模拟的成果宜包括重要和复杂节点施工方案模型、施工模拟视频。

### 8.6.3 装修效果仿真

1. 装修效果仿真的数据准备应包括下列内容：

（1）管线综合与碰撞检查模型；

（2）构件材质、表面贴图资料、照明信息等。

2. 装修效果仿真模型元素和信息（L3）

装修效果仿真模型元素和信息交付要求如表8-13所示。

装修效果仿真模型元素和信息交付要求　　表8-13

| 模型元素 | 模型信息 |
| --- | --- |
| 建筑物、构筑物（G2） | 几何信息应包括：位置、外轮廓及高度（N3）<br>非几何信息应包括：类型、材料等（N2） |
| 预埋件、预埋管、预埋螺栓等（G4） | 几何信息应包括：位置和几何尺寸（N3）<br>非几何信息应包括：类型、材料等（N2） |
| 预留孔洞（G4） | 几何信息应包括：位置和几何尺寸（N3） |
| 节点（G4） | 几何信息应包括：位置、几何尺寸及排布（N3）<br>非几何信息应包括：材料信息等（N2） |

3. 装修效果仿真的工作流程应符合下列规定：

（1）收集的数据包括管线综合与碰撞检查模型，装修设计材质与表面贴图信息，装修设计平面、剖面图纸，装修照明设计资料等。

（2）根据项目装修设计图纸对管线综合与碰撞检查模型进行深化建模，完善相关装修内容。

（3）根据项目照明设计图纸对管线综合与碰撞检查模型进行照明深化建模，完成照明灯具信息建模。

（4）对模型中各构件添加材质信息、贴图资料等。

（5）设定模型的照明角度、色温等光照信息。

（6）调整贴图颜色、图案纹理、色泽、反光系数等参数。

（7）生成装修效果模型及漫游视频。

4. 装修效果仿真的成果应包括装修效果模型、装修漫游视频等。

### 8.6.4 构件预制加工

1. 构件预制加工需准备的数据资料宜符合下列要求：

（1）施工图深化设计阶段模型；

（2）预制厂商产品参数规格；

（3）预制加工界面及施工方案。

2. 构件预制加工模型元素和信息（L4）

构件预制加工模型元素和信息交付要求如表 8-14 所示。

构件预制加工模型元素和信息交付要求　　表 8–14

| 模型 | 模型元素和信息 |
|---|---|
| 构件（G4） | 几何信息应包括：位置、外轮廓及高度（N3）<br>非几何信息包括：（N3）<br>1. 生产信息：工程量、构件数量、工期、任务划分等；<br>2. 构件属性：构件编码、材料、图纸编号等；<br>3. 加工图：说明性通图、布置图、构件详图、大样图等；<br>4. 工序工艺：支模、钢筋、预埋件、混凝土浇筑、养护、拆模、外观处理等工序信息，数控文件、工序参数等工艺信息；<br>5. 构件生产质检信息、运输控制信息，二维码、芯片等物联网应用相关信息；<br>6. 生产责任主体信息：生产责任人与责任单位信息，生产班组人员信息等 |

3. 构件预制加工的工作流程宜符合下列要求：

（1）数据收集。收集的数据包括预制加工界面范围及施工方案。

（2）预制构件模型建立。获取预制厂商产品的构件模型或根据厂商产品参数规格自行建立构件模型。

（3）分段处理构件模型，校验构件模型的完整性、准确性，确保与施工方案一致。

（4）生成构件预装配与预制加工图。将检验合格的预制构件模型导出生成预制构件加工设计图纸。

（5）装配施工。根据预制构件加工图纸，指导施工单位按图装配施工。

4. 构件预制加工的成果宜包括项目的预制构配件模型、预制构件加工设计图纸。

# 第 9 章

## BIM 应用案例

# 9.1 水处理工程 BIM 应用案例

## 9.1.1 谷城水厂 EPC 项目

1. 案例总体概况（表 9-1）

谷城水厂 EPC 项目 BIM 应用总体概况　　表 9-1

| 内容 | 描述 |
| --- | --- |
| 设计单位 | 中国市政工程中南设计研究总院有限公司 |
| 软件平台 | 欧特克 |
| 使用软件 | Revit，Navisworks Manage，Ecotect Analysis，Inventor，3ds Max，TSRevitFor2014，GCL，GGJ |
| 应用阶段 | 方案阶段、施工图设计阶段、施工阶段 |
| BIM 应用亮点 | 自主开发气水冲洗滤池 BIM 参数化设计程序 |
| 展望 | 以院标准图为基础，进一步开发水处理构筑物 BIM 参数化设计程序，以求实现复杂水处理构筑物的参数化建模、配筋及出图 |

2. 工程概况

谷城原有简易水厂两座，2002 年在城区东南部新建第三水厂，供水能力为 4 万 $m^3/d$，目前已满负荷运行，且水厂处于城市下游、制水工艺落后，供水存在一定安全隐患。因此，需在汉江干流上游，采用最先进净水工艺新建谷城水厂，如图 9-1 所示。

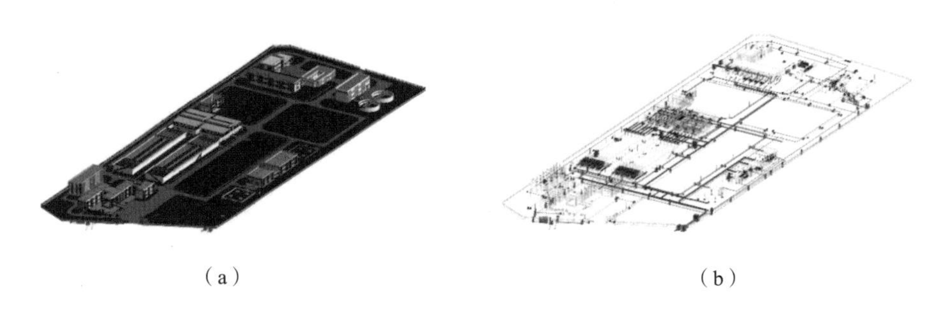

（a）　　（b）

图 9-1　总体模型

（a）项目 BIM 设计模型;（b）厂区管线及设备模型

3. 实施方案

在方案设计阶段首先从 Google Earth 中导出地形，然后利用 Autodesk Civil 3D 强大的地形处理功能进行三维设计及仿真处理，对场地高度进行模拟分析。在方案论证阶段充分利用 Autodesk InfraWorks（AIW）三维集合管理、实时虚拟城市的能力，为项目的规划布局决策提供数据及快速可视化支持。

施工图设计阶段利用方案阶段的基础 BIM 模型，将方案阶段其他平台建立的信息转入 Autodesk Revit 的基础平台中整合处理，在模型中进行设计，并实现专业协同、精细化设计、性能化分析、施工图出图以及工程量计算等，如表 9-2 所示。

4. 应用点（表 9-2）

谷城水厂 EPC 项目 BIM 应用 表 9-2

| 序号 | 阶段 | 应用点 | 具体内容 | 应用价值 |
| --- | --- | --- | --- | --- |
| 1 | 方案阶段 | 设计方案建模 | 创建并整合方案概念模型及周边环境模型 | 可视化评审 |
| 2 | | 设计方案比选 | 利用 BIM 三维可视化特性展现项目构筑物设计方案 | 可视化评审 |
| 3 | 施工图阶段 | 施工图深度模型 | 全专业三维施工图深度建模及出图 | 施工图生成 |
| 4 | | 管线综合与优化 | 所有管线在同一个三维空间中进行管位平纵碰撞分析，并进行优化 | 精细化设计 |
| 5 | | 碰撞检查 | 在三维空间中进行错、漏、碰、缺检查，编写管线综合重难点解决方案报告 | 精细化设计 |
| 6 | | 环境分析 | 对场地自然环境进行分析，为市政设计提供必要的日照，最佳朝向、风向等数据 | 设计优化 |
| 7 | | 有限元分析 | 将结构三维模型导入到 Robot 中进行有限元分析，对结构模型进行验算、优化 | 结构分析 |
| 8 | | 结构配筋 | 将建筑物 PKPM 计算结果导入到探索者 TSRevitFor2014 中生成实体钢筋模型及符合国家制图规范的平法施工图 | 钢筋施工图生成 |
| 9 | | 设备信息录入 | 将设备信息录入 BIM 模型之中，为业主后期运营维护提供信息化支持 | 提供运维基础数据 |
| 10 | 施工阶段 | 工程量计算 | 将 Revit 模型导入到广联达土建 BIM 算量软件 GCL 中，对项目中各构筑物进行工程量计算 | 精准计算工程量 |
| 11 | | 施工进度模拟 | 模拟项目施工进度安排，检查施工工序衔接及进度计划合理性 | 指导施工 |
| 12 | | 移动端应用 | 通过使用 BIM 360 Glue 软件，可以在移动设备上查看项目模型信息，指导现场施工 | 指导施工 |

5. 项目亮点

本项目的亮点是自主开发了气水冲洗滤池 BIM 参数化设计程序。气水冲洗滤池是水厂中较为复杂，同时也容易实现标准化的构筑物。目前市场上只有专业的管道三维设计解决方案，还没有专门针对滤池等给水排水构筑物的 BIM 设计软件，常规的手工建模方式不仅耗时费力，而且创建的模型也难以直接重复利用。为了提高设计人员的工作效率，使其只需输入必要的设计参数，便能自动生成滤池的 BIM 模型及施工图，我们借助 Revit 平台进行了气水冲洗滤池 BIM 参数化设计程序开发，并使用该程序创建了气水冲洗滤池工艺、结构 BIM 模型，结构模型中的梁、板、柱、墙、基础的钢筋信息以及施工图（图 9-2）。

6. 总结

使用自主开发的气水冲洗滤池 BIM 参数化设计程序，可以有效地解决滤池这一复杂构筑物建模、配筋、出图困难的问题，从而大幅度地提高设计效率，使其他水处理构筑物实现 BIM 参数化设计成为可能。

以院标准图为基础，进一步开发加药间、曝气沉砂池、中进周出二沉池、絮凝沉淀池参数化 BIM 设计程序，以求实现复杂水处理构筑物的参数化建模、配筋及出图。

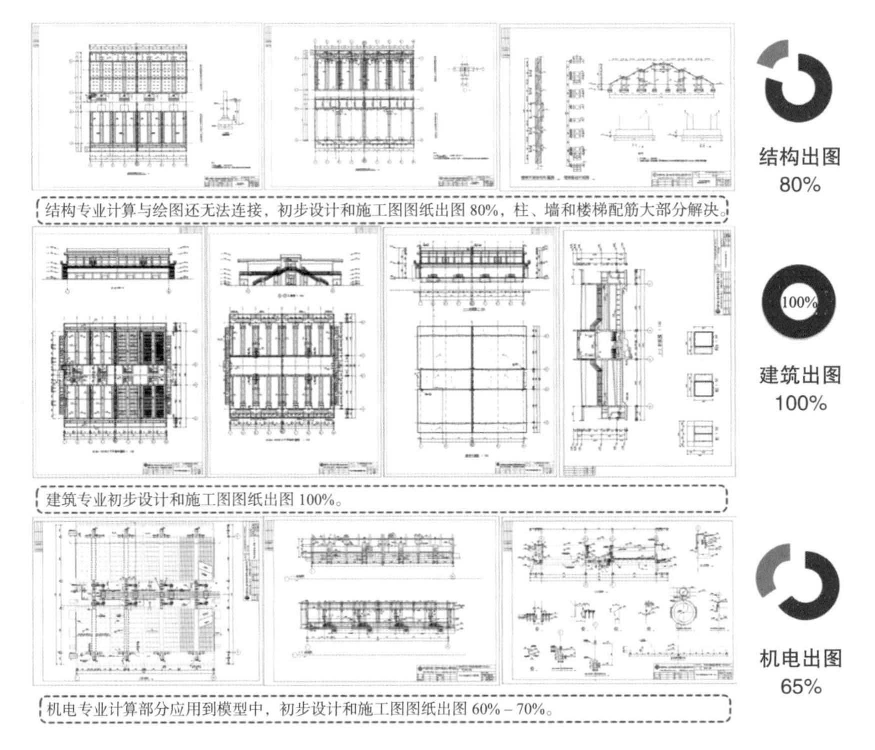


图 9–2　BIM 应用成果

## 9.1.2　昆山市北区污水处理厂三期扩建工程

1. 案例总体概况（表 9-3）

昆山市北区污水处理厂 BIM 应用总体概况　　表 9–3

| 内容 | 描述 |
|---|---|
| 设计单位 | 中国市政工程华北设计研究总院有限公司 |
| 软件平台 | 图软 |
| 使用软件 | ArchiCAD |
| 应用阶段 | 设计阶段 |
| BIM 应用亮点 | 三维设计 |

2. 工程概况

工程总投资约 35000 万元，项目采用半地下设计形式，构筑物（简称“箱体”）全部设于地下，上设检修层，出水达到《城镇污水处理厂污染物排放标准》GB 18918—2002 一级 A 标准后经原有管网排入太仓塘或民心河。

作为地下污水处理厂，其设计具有以下难点：

（1）空间紧凑，管线错综，结构复杂，任何一处设计的纰漏都可能造成后续的施工困难。

（2）地下箱体空间有限，各构筑物彼此紧密排布，施工图要能反映各单体与相邻构筑物间联系，较地上水厂各独立构筑物而言，施工图的绘制更加复杂。

（3）项目土方量远超常规地上污水厂，常规成本核算方法误差较大。

（4）构筑物位于地下，防火疏散通风等一系列安全措施十分重要，必须周全考虑。

3. 实施方案

本项目时间紧迫，任务繁多，为提高效率，解决设计难点，我院引入三维设计手段，以 ArchiCAD 为平台，工艺图纸全部实现三维出施工图，涉及箱体内全部工艺构筑物，如表 9-4 所示。

项目子项列表　　表 9–4

| 子项分号 | 子项名称 | 子项分号 | 子项名称 |
|---|---|---|---|
| 01-01 | 粗格栅及进水泵房 | 01-09 | 污泥泵房 |
| 01-02 | 细格栅及曝气沉砂池 | 01-10 | 反冲洗车间 |
| 01-03 | 生物池 | 01-11 | 反冲洗废水池 |
| 01-04 | 二沉池 | 01-12 | 排水泵房 |
| 01-05 | 中间提升泵房 | 01-14 | 加药间 |
| 01-06 | 高效沉淀池 | 02 | 鼓风机房 |
| 01-07 | V 型滤池 | 03 | 紫外线消毒渠 |
| 01-08 | 出水泵房 | 06 | 污泥浓缩池 |

4. 项目亮点

（1）地下式污水厂各单体之间联建，相互影响，各专业之间极易出现管线、设备碰撞和冲突。BIM 的碰撞检测，避免了常规二维设计易出现的结构碰撞和管线碰撞，极大地提高了设计质量和设计精度，如图 9-3 所示。

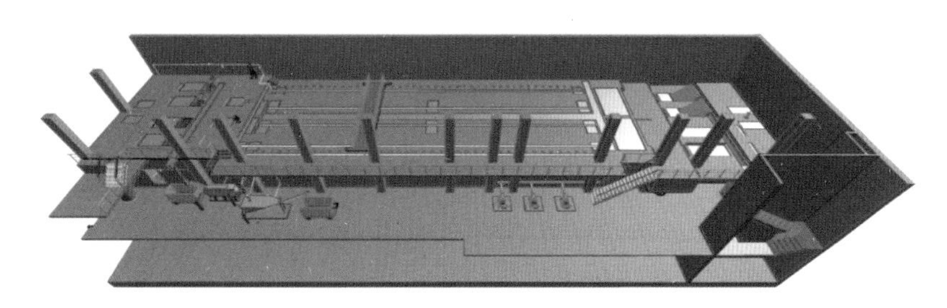

图 9–3　细格栅子项总体模型

（2）电气、自控等专业通过三维虚拟漫游，快速了解箱体内部结构，省去了大量看图时间，降低了专业之间提条件的出错率。

（3）地下箱体中各构筑物相互交错，分界不清，内部工艺和结构复杂，人工计算复杂，借助 BIM 技术的精确算量，快速得到了准确的设备材料量和土方量。

（4）出图时，增加了三维轴测图来对应相应二维剖面图，便于施工人员对图纸的理解，管道系统图也以 3D 文档的形式予以表现，在充分满足施工图纸要求的同时，达到了简单直观，一目了然的效果，如图 9-4 所示。

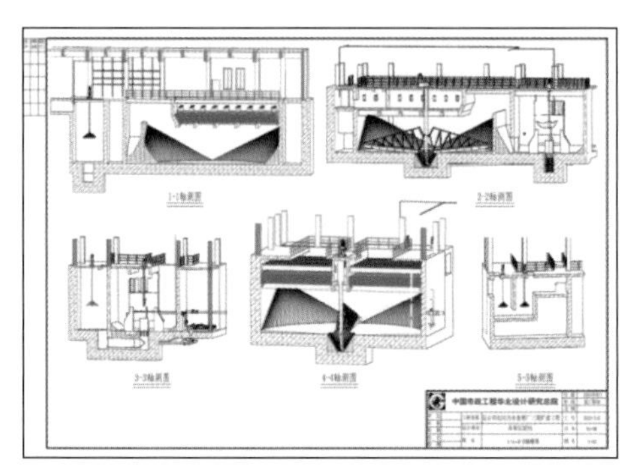

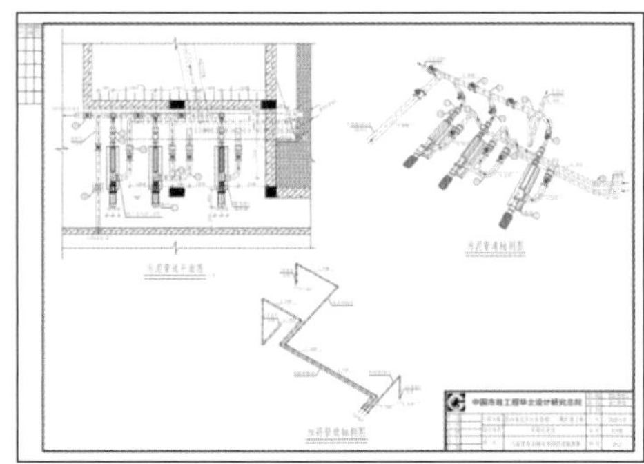

图 9–4　昆山市北区污水处理厂 BIM 应用成果（3D 剖切图）

（5）子项出现变更时，模型修改，图纸连动，避免漏改，提高了效率。

（6）在每次项目汇报及出图时，都会导出工程的虚拟漫游文件，从而可以在任何地方，无需安装软件便实时向甲方展示项目全貌，像操作游戏一样自由行进在虚拟建造的水厂中，并进行测量和信息读取。虚拟漫游文件作为设计的副产品，实现起来并不需要花费额外的精力，仅通过一个“另存为”的操作即可完成。从而将“所见亦所得”的概念由设计阶段扩展到了设计之外，让非专业人员同样感受到三维设计的魅力。

（7）经过本项目，给水排水工艺图库更加完善，为后续同类和相关工程设计奠定基础。

（8）三维模型可以更直观地指导施工，污水处理厂设备安装工程比较复杂，通过浏览虚拟模型，配合局部复杂结构的 3D 剖切图，使得设计人员与施工方的沟通变得顺畅。

昆山市北区污水处理厂 BIM 应用成果如图 9-5 所示。

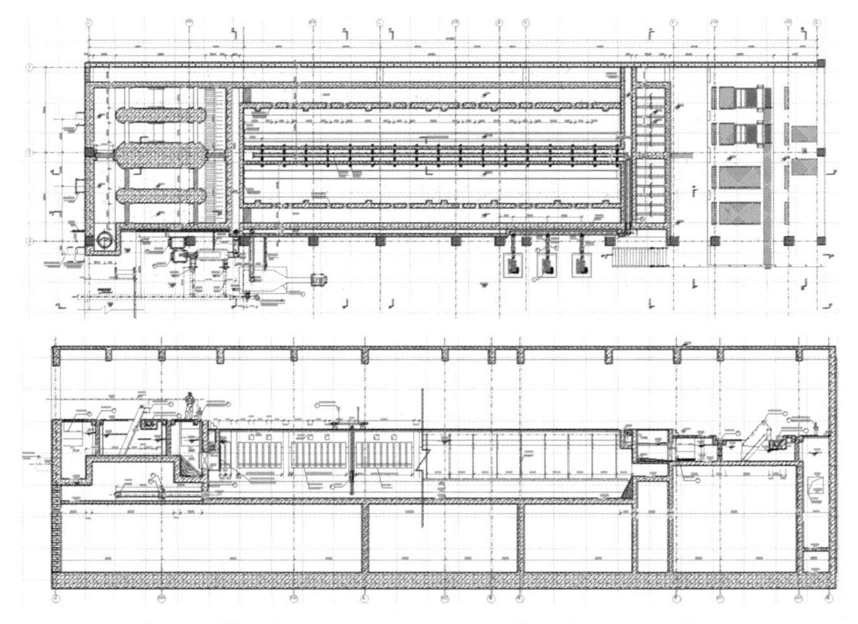

图 9–5　昆山市北区污水处理厂 BIM 应用成果（二维出图）

5. 存在问题与发展思考

关于协同工作。协同是三维设计软件的亮点之一，但目前在我国由于行业标准对结构软件的单一限制，ArchiCAD 现阶段支持的结构软件不被认可，因此本项目中结构专业并未参与到协同工作中，而是由工艺专业提图，结构修改返回，再反映到模型中。

关于 2D 元素。像图纸中所要表达的水位线、孔洞符号、分割线等 2D 元素及其他在模型中比较难绘制的元素（如倾斜的防水套管、翼环）用 2D 文档工具绘制即可，而不是所有的元素都必须在模型中完成。

关于标注。ArchiCAD 默认的标注样式与行业标准不同，尺寸标注可通过设置调整，对于标高标注和文字标签，自行编写了参数化的标高符号和多功能标签，很好地解决了这个问题。

关于工作图。在设计前期，构筑物的尺寸、布局等方面会受到各种因素影响而不断修改，模型的修改要复杂于平面图纸的修改，这是缺点，但模型一旦修改，所有图纸都会联动修改，不会出现错漏，这是优点。在构筑物布局基本确定前，不建议大量使用“工作图”进行修改，因为在“工作图”中删减的线条填充，都会在模型更新后，通过“从原视图重建”功能重新显现，造成工作量的重复浪费，因此除非必要，都应该在设计基本确定的后期来使用“工作图”，进行图纸表达的完善工作。

# 9.2 桥梁工程 BIM 应用案例

## 9.2.1 赣江二桥

1. 案例总体概况（表 9-5）

赣江二桥 BIM 应用总体概况　　表 9–5

| 内容 | 描述 |
| --- | --- |
| 设计单位 | 上海市政工程设计研究总院（集团）有限公司 |
| 软件平台 | 达索 |
| 使用软件 | CATIA2014X，ENOVIA |
| 应用阶段 | 初步设计和详细设计两个阶段 |
| BIM 应用亮点 | 三维协同设计 |

2. 工程概况

工程起于吉水县城赣江西岸的光彩西大道与金滩大道交叉处，跨赣江、滨江路，东接吉阳路，终于吉阳路与万里大道交叉处，全长约 1750m，其中特大桥长 1310m，东、西两岸引道长 440m，双向 4 车道，道路等级为一级公路兼城市主干路，标准宽度 30m。

本项目桥梁形式多样，引桥上部结构既有 40m 标准跨径小箱梁，也有预应力混凝土大箱梁（跨径为 30m、45m、60m 等），下部结构为立柱加盖梁的常规构造；主桥为独塔双索面斜拉桥，其中主梁采用预应力混凝土双肋式构造，主塔为钢与混凝土混合结构，结构形式复杂，外形曲线变化，建造施工难度大，加工精度要求高。

3. 实施方案

建模内容主要包含地形、主桥主梁、主塔、主墩、斜拉索、引桥上部结构和下部结构以及附属结构；主要分为初步设计和详细设计两个阶段，如图 9-6 所示。

结合本项目自身特点，制定建模标准和流程，配置平台上建模的环境，将项目进行拆分，分配不同人员不同的权限和任务在统一平台上进行信息模型搭建和管理。

建模主要基于市政工程模块，具体方法以混凝土和钢结构区分。钢结构有其专门的钢结构功能模块，如图 9-7 所示。

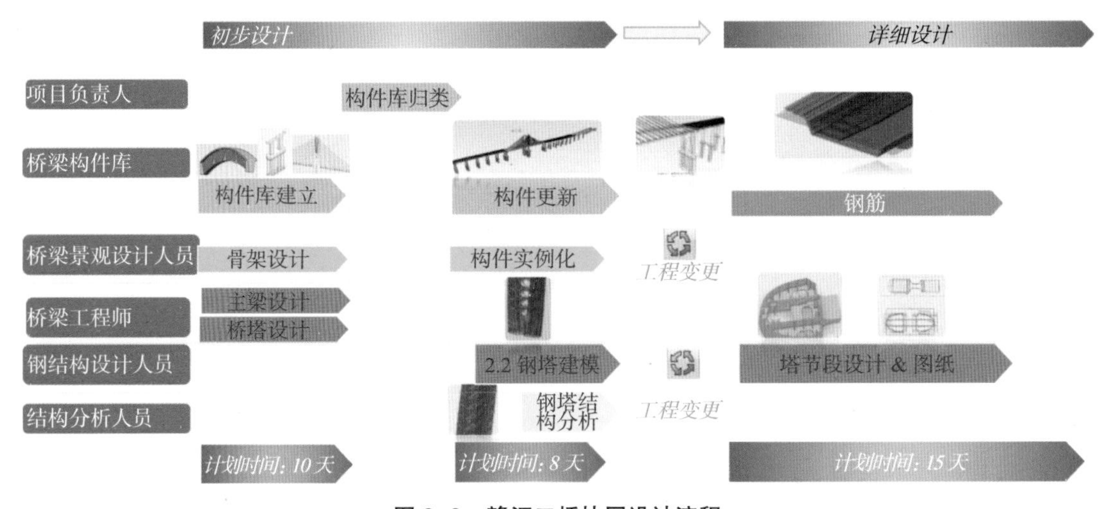


图 9-6　赣江二桥协同设计流程

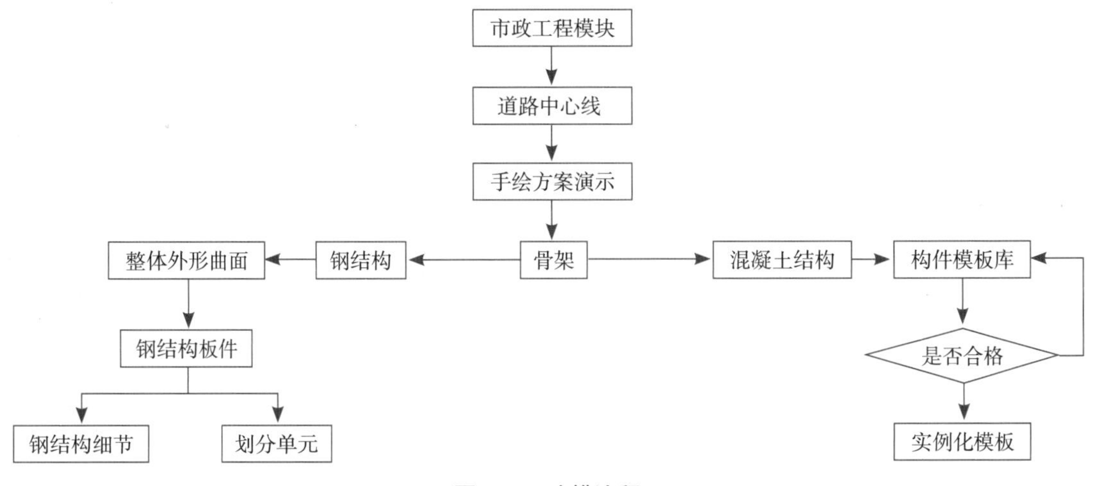


图 9-7　建模流程

4. 应用点（表 9-6）

赣江二桥 BIM 应用 表 9-6

| 序号 | 应用点 | 说明 |
|---|---|---|
| 1 | 地形模拟 | 地形数据导入形成模型 |
| 2 | 景观方案表现 | 景观方案的三维再现 |
| 3 | 桥梁模型模板库建立 | 模板库搭建及存储方式 |
| 4 | 复杂节点模型建立 | 复杂模型节点三维建模 |
| 5 | 钢结构工程量统计 | 由钢结构模型直接得到工程量 |
| 6 | 钢结构结构分析 | 由钢结构模型直接得到结构分析单元 |
| 7 | 模型的 3D 打印 | 结构模型对接 3D 打印机 |

5. 项目亮点

以骨架驱动（skeleton drive）+ 智能模板（knowledge template）的方法实现模型搭建，骨架本质上是一个比较广泛的概念，可以理解为先决要素或者驱动要素，如何建立以及具体的内容实际上与模板或者模型的建立是前后呼应的关系。智能模板即对于一类有类似性的构件或特征结合参数进行归集化建模而形成的模型，由于此模型可以依据不同的外部参考条件和自身参数的变化而形成一系列的模型（此过程为模板的实例化），故称为智能模板，如图 9-8 所示。

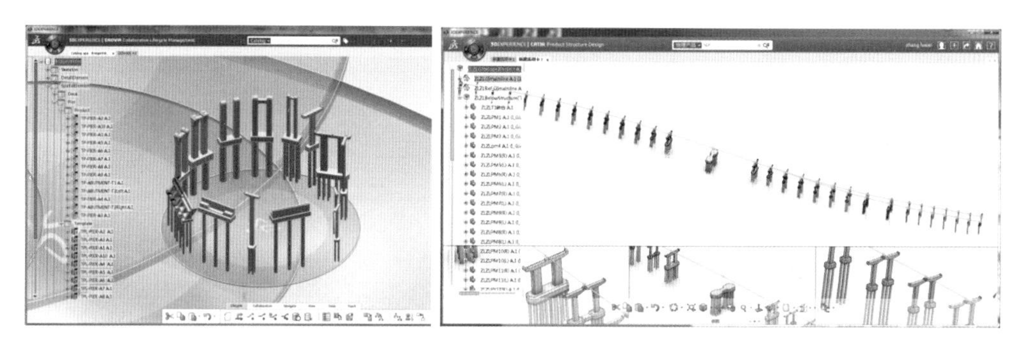

图 9-8 骨架驱动方法实现模型搭建

赣江二桥的主塔下半部分为混凝土结构，使用一般的实体建模即可完成，上半部分为钢结构，需要使用钢结构模块进行建模。钢结构模块分为 Structure Function Design（结构功能设计）和 Structure Design（结构设计），一般设计流程先进行 Structure Function Design 完成钢结构初步设计，此阶段为无厚度显示的板壳结构模型，厚度在属性中体现，然后再进入到 Structure Design 转换为最终的实体模型，并进行适当的调整，如图 9-9 所示。

6. 应用总结

本项目在达索 V6 软件 2014X 平台上初步建立了项目级的桥梁构件模板库，实现了多个设计人员在同一平台协同工作，完成了复杂主塔建模并由模型得到了部分二维图纸，也能适应设计的调整变更，全过程应用体会总结如下：

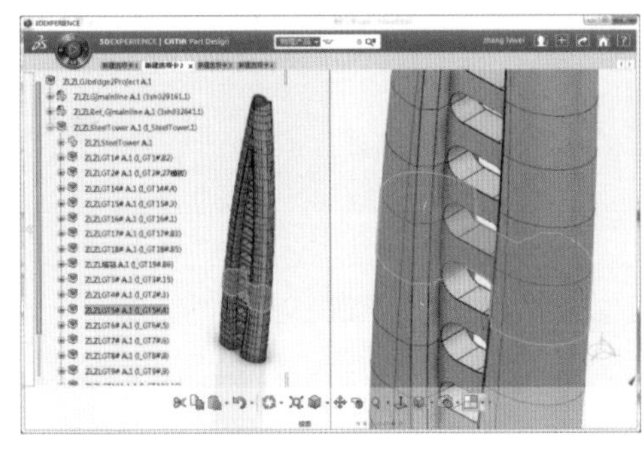
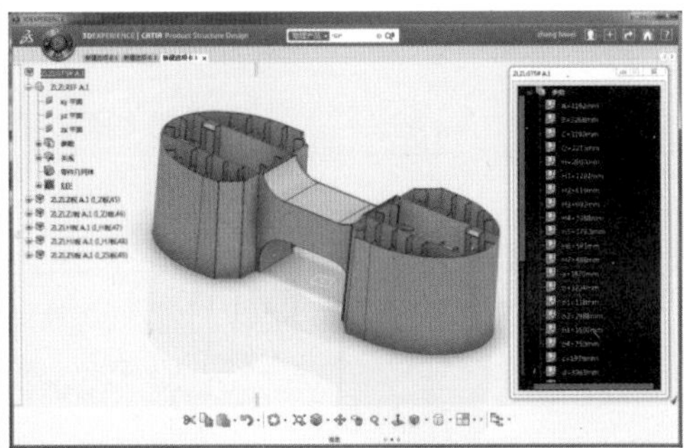

图 9–9　赣江二桥的主塔建模

（1）BIM 应用规划很关键，关系到整个模型的构件拆分，模型结构树的逻辑以及建模的深度等。

（2）复杂的结构通过三维方式可以清晰的展现，便于设计的理解。

（3）细分项目中构件的类型，将构件提炼为模板，并在构件库中进行管理，调用程序进行批量化模型搭建，实现快速建模。

（4）模型中必须设置一定的参数，以便于设计的调整变更。

### 9.2.2　南昌朝阳大桥

1. 案例总体概况（表 9-7）

南昌朝阳大桥 BIM 应用总体概况　　表 9–7

| 内容 | 描述 |
|---|---|
| 设计单位 | 上海市城市建设设计研究总院（集团）有限公司 |
| 软件平台 | 欧特克（Autodesk） |
| 使用软件 | Revit，Navisworks，Hypermesh，Midas FEA |
| 应用阶段 | 初步设计、施工阶段、运维阶段 |
| BIM 应用亮点 | BIM 实现产业链协同应用，设计、施工及运维无缝对接。 |

2. 工程概况

南昌市朝阳大桥工程是南昌市“十纵十横”干线路网规划中南环快速路跨越赣江的重要节点工程。工程总投资 27 亿元，全长 3.6km，位于南昌大桥与生米大桥之间，西接前湖大道，东连九洲大道。大桥采用投资、设计、施工一体化的建设模式，这在南昌市尚属首次。大桥于 2012 年 11 月开工，2015 年 5 月 18 日通车运营。

3. 实施方案

（1）概要

BIM 建模内容：非几何模型、几何模型。

BIM 模型深度等级：LOD300。

BIM 应用阶段：设计、施工、运维。

BIM 模型分类编码：未实施。

（2）建模方法

BIM 建模主要采用 REVIT 及 NAVISWORKS，总结归纳出一套适用于 AUTODESK 平台的建模方法。

建模方法如图 9-10 所示，提出了桥梁设计信息分类要求；通过“零件”、“构件”、“整体”的层次、基于 REVIT 特有的“族”文件完成信息架构设计；建立了可行的钢结构桥梁结构参数化建模方法，包含：总体信息模型实施方法、构件信息模型实施方法、零件信息模型实施方法等；提出了总体虚拟拼装实施方法及设计阶段碰撞分析内容；给出了桥梁信息模型实施流程。

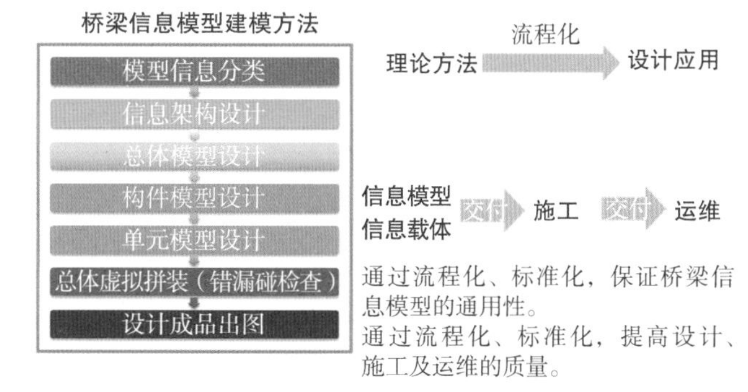


图 9-10 桥梁结构建模方法

4. 应用点（表 9-8）

南昌朝阳大桥 BIM 应用 表 9-8

| 应用单位 | 应用点 | 应用软件 |
| --- | --- | --- |
| 设计 | 方案比选（LOD100） | 设计应用软件<br>Revit<br>Inventor<br>AutoCAD<br>Midas Civil |
| | 构造设计（LOD300） | |
| | 碰撞检验（LOD300） | |
| | 设计出图（LOD300） | |
| | 结构辅助计算（LOD300） | |
| 施工 | 施工过程模拟（LOD300） | 施工应用软件<br>Revit<br>Midas FEA<br>Midas Civil<br>Navisworks |
| | 临时结构辅助计算（LOD300） | |
| 运维方面 | 三维浏览 | 运维应用软件<br>基于“蓝色星球”平台开发 |
| | 服务中心平台系统 | |
| | 设施设备管理系统 | |
| | 安全管理系统 | |
| | 工程资料管理系统 | |
| | 操作说明系统 | |

5. 项目亮点

（1）设计方面

建模思路：策划中，采用“分叉树”架构，从总体、构件、零件的思路分解结构整体；

实施中，采用“逆向”建模法，从零件、构件、总体的方法建立总体模型，如图 9-11 所示。

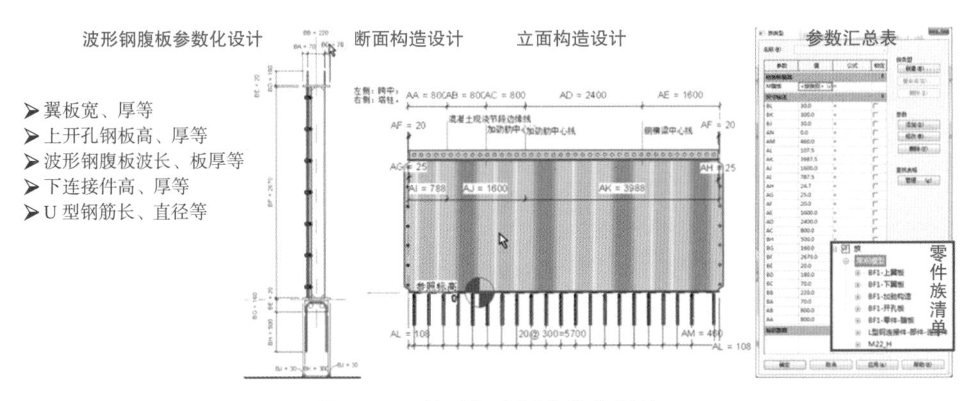


图 9-11　波形钢腹板参数化设计

结构计算：在 Revit 中建立复杂构件的几何模型，导出为高级几何信息模型，通过网格划分工具软件再将几何信息模型转换为有限元网格，为结构力学计算提供了便利，如图 9-12 所示。

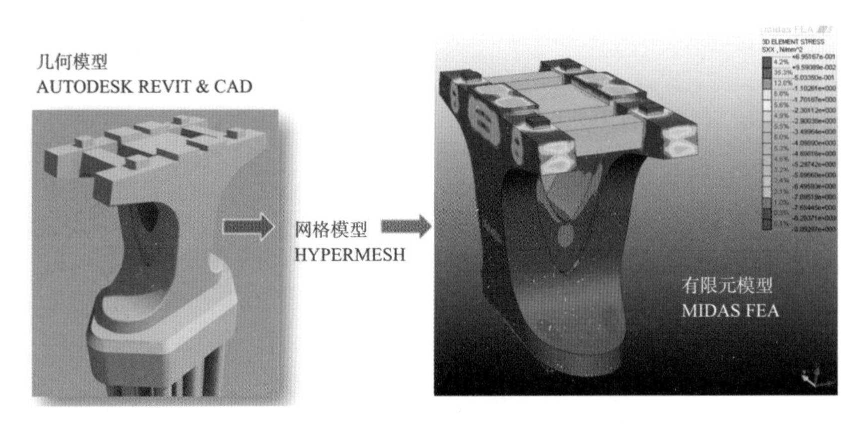


图 9-12　主墩下塔柱几何模型转换示意

（2）施工方面

基于 Revit 建立的 BIM 模型，在 Navisworks 中进行施工模拟，如图 9-13 所示。

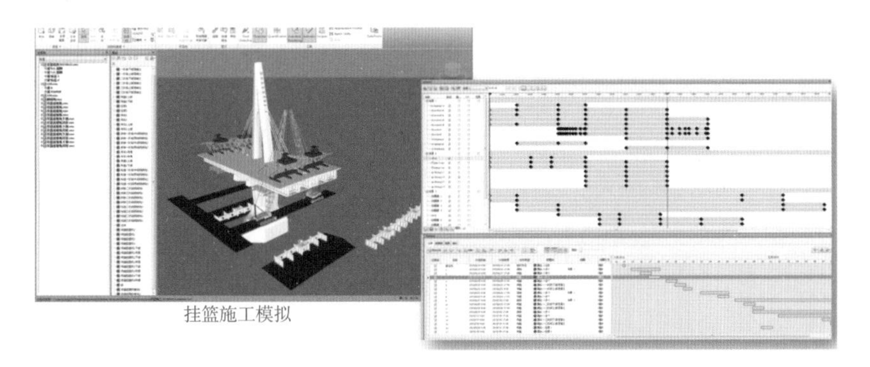


图 9-13　通航孔桥主梁平衡悬臂挂篮施工模拟

临时结构辅助计算：基于 Revit 建立的栈桥、支架及挂篮的几何模型，导出为高级几何信息模型，在有限元计算软件中分析临时支架的受力安全性，为结构力学计算提供了便利，如图 9-14 所示。

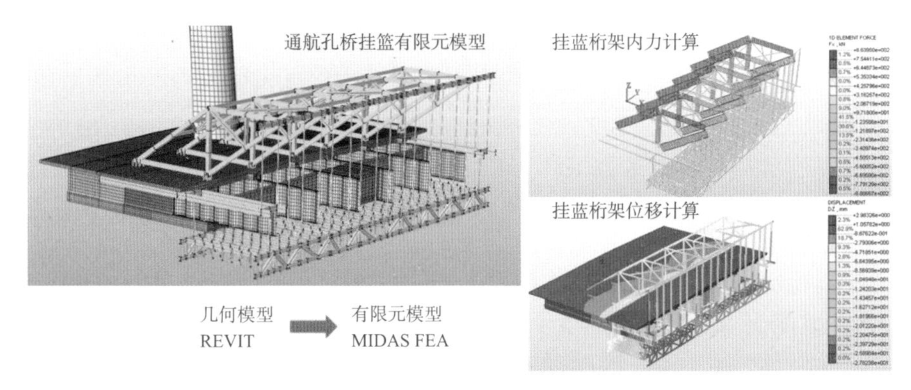


图 9-14 主梁挂篮计算

（3）运维方面

BIM 应用于运维中主要有以下六个方面：

1）三维浏览：全桥虚拟漫游；

2）服务中心平台：维修服务请求、任务分配、工作进度查看、工单编制、满意度调查、工作计划排布、工作量统计分析；

3）设施设备管理：养护维修任务、定期养护计划、分时段成本统计；

4）安全管理：实时监测（交通流量、应力应变、风速、温湿度）、定期监测（索力、沉降）、应急预案；

5）工程资料管理：工程准备阶段、监理文件、施工文件、竣工图、运营，如图 9-15 所示；

6）平台管理：平台使用说明手册。

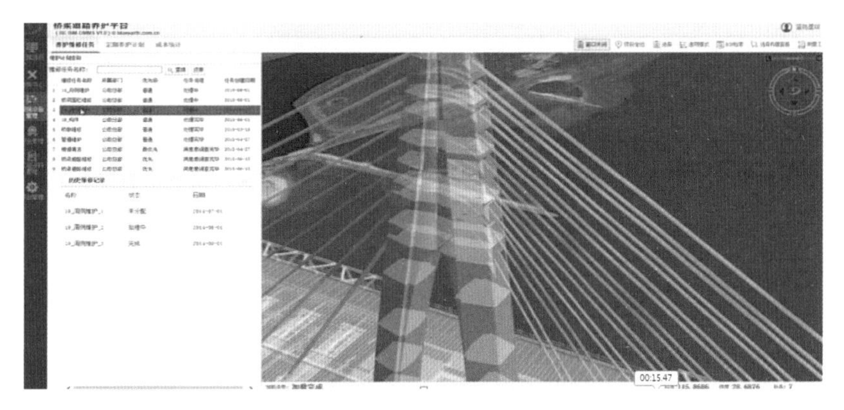

图 9-15 养护维修任务制定基本界面

6. 存在问题与发展思考

桥梁工程 BIM 应用现存问题：

（1）现有 BIM 设计手段还存在一定不足，例如：建模手段单一、智能化不足、专业性不强等。

（2）桥梁专业在实际项目中经常遇到异型构造，现有 BIM 设计软件建模难度较大，有待继续改进以满足设计需求。

桥梁工程 BIM 应用展望：

（1）逐步深化桥梁信息模型的建模理论，拓宽桥梁信息模型的设计应用范围及方法。

（2）目前来看急需深化的建模理论：基于设计、生产、运维过程的钢结构桥梁错、漏、碰检查方法；基于混凝土构件表面及体量的参数化配筋设计方法。

（3）基于需求，建立面向桥梁专业技术人员的操作平台界面，优化专业出图功能，实现软件友好化升级。

### 9.2.3 潍坊滨海开发区白浪河大桥

1. 案例总体概况（表 9-9）

白浪河大桥 BIM 应用概况　　表 9–9

| 内容 | 描述 |
| --- | --- |
| 设计单位 | 天津市市政工程设计研究院 |
| 软件平台 | 奔特力（Bentley） |
| 使用软件 | MicroStation，ProjectWise，PowerCivil，Revit，Tekla，BIM360 |
| 应用阶段 | 初步设计和施工图设计两个阶段 |
| BIM 应用亮点 | 三维协同设计 |

2. 工程概况

白浪河大桥工程位于潍坊市滨海经济开发区央子镇以北，省道 222 东侧，港营路上跨白浪河处。项目地处中央商务区、生态居住区、科教创新区的交汇处，位于白浪河规划景观带的核心位置。

工程采用摩天轮与桥梁结合的方案，摩天轮采用创新的无轴式结构，结构上突破了传统摩天轮的辐条形造型，采用了创新的固定圆环的结构。

3. 实施方案

（1）建模内容

1）本项目主要建模内容为桥梁结构建模、引路结构建模、摩天轮建模及周边环境的建模；

2）桥梁建模包括主桥钢桁架、引桥混凝土箱梁、主桥及引桥的下部结构、桥梁附属结构；

3）引路结构建模包括路基结构层、路面结构层、相交路口建模；

4）摩天轮建模包括摩天轮编网结构、轿厢建模、轨道建模、基础建模；

5）周边环境建模包括现状地形、河道、地质情况及周边规划区域情况。

（2）建模精细度

BIM 模型的建模精细度按 G3 级建模，主要包括：主桥钢桁架各钢结构构件的主要尺寸及细部构造、钢结构材质、高程、纵断、横坡数据等。引桥混凝土箱梁主要尺寸及细部构造、厢室划分、材质、高程、纵断、横坡数据等。下部结构的桩基、承台、墩柱等结构的细部尺寸、材质、高程据等。桥梁附属结构包括护栏、桥面铺装、伸缩缝等构件的主要细部尺寸、材质等。

（3）建模方法和软件

软件：本工程 BIM 应用软件主要为 Bentley MicroStation、BentleyPowerCivil、Revit。

道路、引桥上下部结构、主桥的下部结构、摩天轮下部结构、周边环境、地质情况采用 BentleyPowerCivil 软件建模，主桥桁架结构采用 Bentley MicroStation 软件建模，摩天轮钢结构采用 Revit 软件建模。

各专业协同设计采用 Bentley ProjectWise 软件。

项目建模首先利用 BentleyPowerCivil 软件进行路线走向及纵断面设计，再将道路断面、桥梁断面沿路线方向延伸形成路廊，主桥桁架梁则通过 Bentley MicroStation 软件参考道路平面、纵断数据后建立空间的桁架模型。路廊完成后在桥梁各墩位处建立桥梁的下部结构模型，下部结构采用 Bentley MicroStation 软件建模。道路路基、路面结构层和桥梁铺装层等数据均通过断面设计进行建模，而路线的变宽、结构的变高、道路的横坡及超高等也可通过 BentleyPowerCivil 软件的相应功能实现。

摩天轮建模采用 Revit 软件，根据摩天轮的总体设计和计算结果在 Revit 软件里从摩天轮总轴线开始建立，并根据编织网格结构的控制点逐步将每一个网格构件建立模型。

地质模型根据各钻孔资料通过 BentleyPowerCivil 建立相应地质模型。场地建模根据二维测量图中的三维点数据、等高线等数据自动生成。

4. 应用点（表 9-10）

白浪河大桥 BIM 应用　　表 9-10

| 应用点 | 应用阶段 | 应用价值 |
|---|---|---|
| 协同平台 | 设计全阶段 | 各专业实时更新，提高设计效率 |
| Bentley 与 Revit 软件数据共享 | 设计全阶段 | 探索不同 BIM 软件数据交换、共享的方法 |
| 静态及动态碰撞检查 | 设计全阶段 | 校审设计模型，减少设计错误 |
| 工程量报表 | 初步设计、施工图设计 | 精确统计工程量 |
| 道路数据报表及生成图纸 | 初步设计、施工图设计 | 提高图表等出图速度、减少图纸错、漏、碰、缺等问题 |
| 交通流模拟 | 设计全阶段 | 通过交通流模拟分析交通通行情况、模拟随车视角观察桥梁景观情况 |
| 地质情况建模 | 施工图设计 | 直观反映桥梁桩基位于土层位置，复核设计 |

5. 项目亮点

通过 BIM 设计，从方案设计阶段起即为无轴式摩天轮结构提供了一个可视化平台，为摩天轮整体尺寸的确定、各编织构件的节点控制提供了直观的、准确的数据支持，如图 9-16 所示。通过对 BIM 模型导出数据的二次应用，直接为摩天轮的结构设计提供了空间计算模型，做到计算模型同方案统一修改，在提高计算建模效率的基础上也确保计算所有模型数据的及时性和准确性。

图 9–16　项目总装模型

首次采用编织网格形式无轴式摩天轮设计。区别于其他摩天轮，本项目采用了固定轮盘式摩天轮，并在摩天轮轮盘结构中首创性地采用了编织网格形式的空间网壳结构。这种空间网壳结构很难通过二维图纸表达出准确的空间尺寸和位置关系，但通过 BIM 对每根空间网壳构件进行数字化建模，不仅可快速修改编织网格的空间位置，还可以对修改后的构件间的是否冲突给出碰撞结果，如图 9-17 所示。

钢桁架与基座冲突点碰撞检查

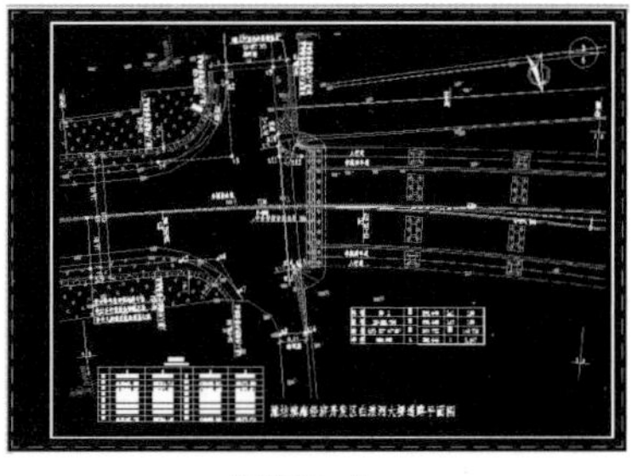

图纸生成

交通流模拟

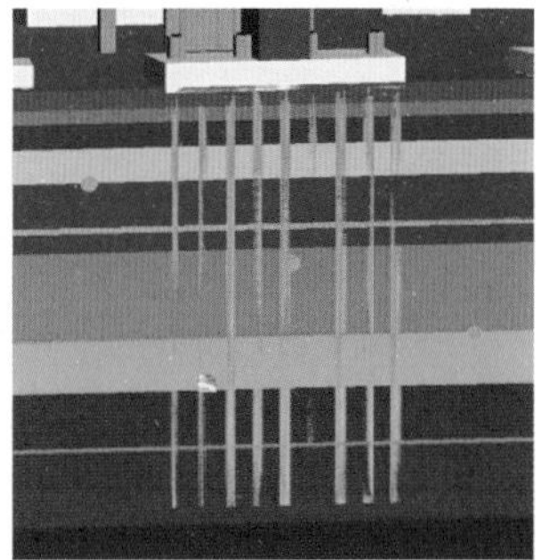

桩基与地质土层关系

图 9–17　白浪河大桥 BIM 应用成果

首次采用无轴式摩天轮—桥一体化设计。摩天轮—桥的一体化不仅仅是结构的一体化，更是将桥梁结构与娱乐功能相结合的一体化，是桥梁—摩天轮与周边环境的一体化。合理布置桥梁结与摩天轮结构的关系、和周边环境的关系也是本项目是重点。通过 BIM

技术为本项目提供了空间的、可视化的、准确真实的、多角度全方位的数据化模型，为项目的实施提供了有力的数据保障和决策依据。

6. 存在问题与发展思考

（1）本项目采用 Bentley 和 Revit 两种软件设计，两种软件在数据交换和共享上还需进一步研究。目前仅模型几何数据可相互共享使用，模型其他信息则无法共享。

（2）BIM 软件的出图功能较弱，还需要进一步加强软件开发，完善出图功能。

### 9.2.4 南淝河大桥施工 BIM 运用

1. 案例总体概况（表 9-11）

南淝河大桥 BIM 应用概况　　表 9–11

| 内容 | 描述 |
|---|---|
| 设计单位 | 深圳市市政设计研究院有限公司 |
| 软件平台 | 奔特力（Bentely）、欧特克（Autodesk） |
| 使用软件 | PowerCivil、ProjectWise、Navisworks、3DMAX |
| 应用阶段 | 设计阶段、施工深化阶段 |
| BIM 应用亮点 | 复杂节点施工模拟 |

2. 工程概况

南淝河大桥为安徽省首例波形钢腹板连续梁桥，全长 343m，主跨 153m，跨越南淝河，其上部结构采用连续梁体系波形钢腹板预应力混凝土梁，挂篮施工，下部结构采用等截面矩形箱型墩，钻孔灌注桩群桩基础，大桥横向分三幅布置，左、右宽 19m，中间幅宽 26m，幅间距均为 1m。

3. 实施方案

针对 BIM 应用项目设 BIM 项目经理，负责 BIM 应用的管理及协调。BIM 核心建模人员，每专业 2 ～ 3 人，负责模型的创建及维护。

（1）BIM 项目经理，其主要职责是以 BIM 项目为核心，对 BIM 项目进行综合评估，协调项目的 BIM 资源投入，协调第三方 BIM 顾问咨询团队资源，对 BIM 项目实施进行总体规划，管理专业间的 BIM 协作，掌控 BIM 项目实施计划与进度，审核项目的 BIM 交付，协助 BIM 应用相关标准制定等。

（2）BIM 工程师（专业设计人员），主要负责专业设计，创建 BIM 模型，并辅助完成干涉检查、建筑性能分析、管线综合、专业协调等与 BIM 相关的工作。

（3）BIM 制图员，主要负责协助 BIM 工程师完成 BIM 模型，导出二维图纸并进行调整，以达到现行制图交付的标准要求。

（4）BIM 数据管理员，主要负责 BIM 资源库的管理和维护，BIM 模型构件的质量检查及入库。

4. 应用点

（1）建模：参数化、构件库

（2）碰撞检查

（3）二维图纸生成

（4）工程数量的统计

（5）施工模拟

（6）效果展示与漫游

（7）施工信息与模型的绑定

（8）复杂节点施工模拟

5. 项目亮点

（1）在工作集以及 PW 协同平台的支持下，完成大桥各专业模型的搭建，并出具部分二维图纸。构建参数化，项目族文件分类管理，定义参数，方便后续桥梁项目的持续利用提高设计效率。

（2）进行碰撞检查，优化工程设计，减少在大桥施工阶段可能存在的错误损失和返工的可能性。

（3）通过对大桥进行施工模拟，根据施工的组织设计模拟实际施工，从而确定合理的施工方案来指导施工。

（4）复杂节点施工模拟，对于一些复杂的位置，本项目特地单独做了施工模拟，详细模拟施工过程，对于指导施工有重要意义（图 9-18）。

（5）施工过程资料与模型绑定，随时查看模型节点的施工详情，对于施工方对文件的管理起到重要作用。

6. 复杂节点施工模拟

图 9–18　BIM 施工模拟与工程现场对比

7. 存在问题

（1）对于复杂的大桥，软件使用麻烦，希望软件商能把模型建模的程序简单化。

（2）项目管理平台没有很好地运作。

## 9.3 道路工程 BIM 应用案例

### 9.3.1 上海市沿江通道 G1501（江杨北路至牡丹江路）

1. 案例总体概况（表 9-12）

上海市沿江通道 BIM 应用概况 表 9-12

| 内容 | 描述 |
|---|---|
| 设计单位 | 上海市政工程设计研究总院（集团）有限公司 |
| 软件平台 | 达索（Dassault） |
| 使用软件 | CATIA V6 R2015，ENOVIA，SIMULIA，DELMIA，3D Composer，Vissim，ANSYS |
| 应用阶段 | 设计阶段、施工深化阶段 |
| BIM 应用亮点 | 基于二次开发技术的 BIM 正向设计、协同设计 |

2. 工程概况

上海市沿江通道越江隧道（江杨北路至牡丹江路）工程是沿江通道越江隧道工程的浦西接线段，位于宝山区中部，呈东西走向，东接 G1501 越江隧道江，向西延伸至江杨北路接现状 G1501，全长约 3.9km，项目总投资约 46.2 亿元。

本工程的特点为空间上多系统，包含有高架桥梁、城市道路、市政管线、地道等多种结构形式，另外本工程与沪通铁路和轨道交通形成复合交通走廊，多个庞大的交通系统布置在有限空间内，相互关系复杂，传统的二维设计在处理复杂市政三维结构时很难综合考虑空间上的相互关系。因此本工程设计过程中有必要充分应用 BIM 三维技术，并通过 BIM 的可视化、协调性、模拟性、优化性等技术的应用，力求达到改善沟通、降低成本、缩短工期、减少风险的目标。

3. 实施方案

在总体方案阶段，建模深度为 LOD1 ~ LOD2 级别，模型不需要反映出所有构造，只需表达出设计者的设计意图和部分细节；初步设计阶段，BIM 模型应达到 LOD3 ~ LOD4 级别的深度及表达出各专业设计成果的基本构造和细节；在施工图设计阶段，模型应达到可以施工的深度，因此模型需达到 LOD5 级别，即全尺寸全信息的模型，如图 9-19 所示。

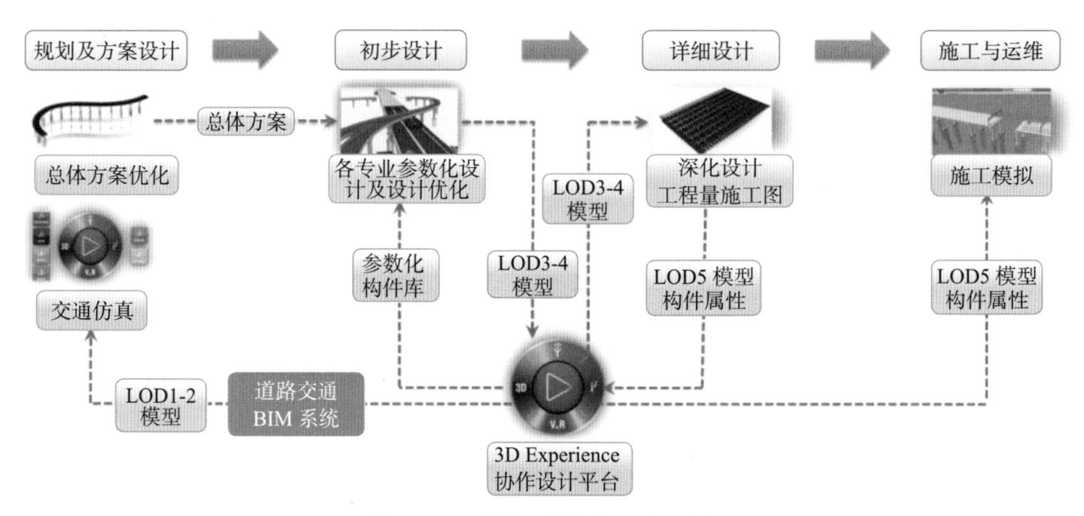


图 9-19　建模深度与协同流程关系

各专业以工程模型树中专业层级的产品为基础，如图 9-20 所示，自上而下展开进行各个专业子项的模型搭建，其中各专业模型是根据中心线骨架驱动，通过上海市政工程设计研究总院（集团）有限公司二次开发的基于知识工程脚本语言和基于 Automation 的程序，结合各专业的设计数据和调用专业化构件模板进行桥梁上下部结构、道路、地道和综合管线的快速建模，建模完成后在项目总体层级可实时看到各专业最新的模型。由于是“自上而下”的建模和中心线骨架驱动，所以各专业设计模型与总体设计是相关联的，设计变更后模型也能得到快速的更新。

图 9-20　模型树结构

4. 应用点（表9-13）

上海市沿江通道BIM应用 表9-13

| 阶段 | BIM技术应用内容 | 交付物 |
|---|---|---|
| 方案设计阶段 | 现状场地建模与分析 | 现状场地BIM模型 |
| | 基于BIM模型的交通仿真模拟 | 交通流量预测数据 |
| | 总体方案优化 | 优化后的总体方案BIM模型 |
| | 方案展示 | 漫游视频、效果图 |
| 初步设计阶段 | 工程专业化构件库建设 | 各专业构件库 |
| | 基于二次开发技术的BIM正向设计 | 各专业正向设计BIM模型 |
| | 初步设计阶段专业协同检查 | 专业协同性检查报告 |
| 施工图设计阶段 | 全信息模型的搭建 | 各专业深化后的BIM模型 |
| | 基于BIM模型的性能分析与设计优化 | 优化后的各专业模型及分析与优化报告 |
| | 基于BIM模型的二维出图 | 施工图图纸 |
| | 详细工程量统计 | 工程量统计表 |
| | 协同设计应用 | 调整后的各专业模型及优化报告 |
| 施工深化阶段 | 施工工期模拟 | 施工4D模拟模型 |
| | 关键节点虚拟施工 | 施工过程演示模型<br>施工方案可行性报告 |
| | 模型及信息传递共享 | 利用协同管理平台与施工单位与运营维护单位共享模型信息 |

5. 项目亮点

（1）基于BIM模型的交通仿真模拟

本工程在方案设计阶段便借助软件模拟分析交通流量数据，可作为评估设计方案比选、确定的依据。

本工程将方案规划阶段中建立的BIM模型输出到交通仿真软件Vissim中，添加交通流量输入数据便可以直观展示某一时期的交通服务水平，根据仿真结果验证了方案的总体合理性，同时对方案进行了局部优化，如图9-21所示。

图9-21 BIM模型的交通仿真模拟

（2）基于二次开发技术的 BIM 正向设计流程

本工程 BIM 技术在设计较早阶段便开始介入，各专业通过二次开发的知识工程脚本语言及 Automation 程序直接利用 BIM 技术进行正向建模。采用“骨架 + 智能模板”的设计方式使得所建立的模型是全参数化的，在设计过程中的所有变更均能通过骨架或者参数调整的方式快速进行；同时基于服务器的存储模式使得设计变更能够在各专业客户端得到快速体现，大大减小了专业间交接时间，如图 9-22 所示。

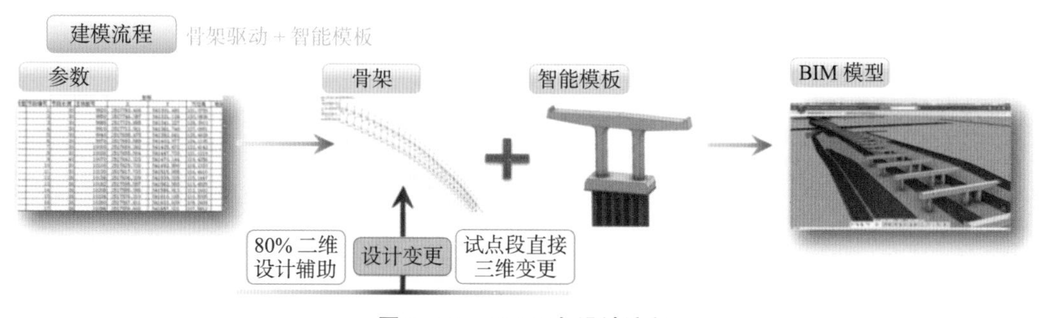


图 9-22　BIM 正向设计流程

1）按照模型拆分规则进行工程结构模型树的划分，并提前确定统一的模型命名规则。

2）基于 IFC 标准的构件属性添加及定制。

3）工程模板分析，根据本工程所选取的结构形式，重复利用构件库中已有模板或二次新的智能模板。

4）骨架分析，骨架可以理解为先决要素或设计要素，如何建立以及具体的内容含有很强的专业性。骨架分析是对各专业设计方法进行充分认识后，结合产品设计流程，利用二次开发技术对整个产品结构进行有效地总体控制，形成类似树干状的产品设计结构，并建立有效的参数信息传递线框及流程的正向设计方法。

5）建立 LOD3 ~ LOD4 级别 BIM 模型，并利用各专业建立的 BIM 模型进行性能分析、多专业协同设计、工程量统计等工作，对不满足设计要求的模型利用全参数化优势进行快速设计变更。

6）详细设计阶段直接在初步设计阶段的模型进行更细化的设计，利用 BIM 模型进行二维出图及关键节点施工模拟，并为模型传递到施工阶段预留接口。

本工程中通过对 BIM 正向设计流程的研究与实践，充分表明了在复杂市政工程中采用基于二次开发技术的 BIM 正向设计是可行的，并且有效提高了设计的质量和效率。

（3）基于 BIM 模型的协同设计

在初步设计阶段本工程利用了 BIM 模型进行了专业内的协同设计。互通立交区域 AY2 和 AY3 匝道斜交上穿过 G1501 高架主线，匝道上下部结构和主线结构空间关系复杂，布置空间紧凑。通过 BIM 模型进行匝道与主线间的平面边界调整和匝道和主线间的竖向空间检查，动态调整了匝道的平纵线型，优化了跨径和桥梁结构高度，降低了造价和工程实施难度，如图 9-23 所示。

图 9-23 上海市沿江通道 BIM 应用成果

6. 存在问题与发展思考

本工程通过 BIM 技术的应用，形成了一整套较为全面的市政行业构建模板库，为后期的 BIM 技术应用打下了良好的基础。通过本项目进行了基于达索 3D Experience 平台的二次开发，实现了多专业 BIM 模型的快速构建和参数化设计。

本工程尽管取得了一定的成果，但在实际工程应用过程中也遇到了一些问题，主要体现在以下两个方面：

（1）IFC 标准不完善带来的模型信息传递的问题；由于目前 IFC 标准没有专门针对基础设施的规定，对构件属性的添加主要通过项目级别的属性定制来实现，这就导致了从设计阶段 BIM 模型跨平台传递到施工阶段时，构件属性缺失的问题。

（2）各阶段构件模型建模精细度把握的问题；由于采用了正向设计流程，设计人员在进行 BIM 建模时常常会按照常规设计的各阶段深度来建模，而常规设计在各阶段的设计深度并没有统一标准，导致了设计人员常常求大求全地在设计初期就建立了较为详细的 BIM 模型，导致了模型体量巨大，并且设计变更的工作量也成倍增长。

因此本项目在后续 BIM 应用过程中将针对道路交通行业的 BIM 建模标准进行进一步的深化研究，力求形成统一标准，为 BIM 技术在行业内的推广做出示范性作用。

## 9.3.2 深圳市前海地下道路项目

1. 案例总体概况（表 9-14）

深圳市前海地下道路 BIM 应用概况 表 9-14

| 内容 | 描述 |
| --- | --- |
| 设计单位 | 北京市市政工程设计研究总院有限公司 |
| 软件平台 | 欧特克（Autodesk） |
| 使用软件 | AutoCAD，Revit，Navisworks，Civil3D，Infraworks |
| 应用阶段 | 方案阶段、施工图阶段、施工深化阶段 |
| BIM 应用亮点 | 自主二次开发 CAD 及 Revit 插件 |

2. 工程概况

深圳市前海合作区位于深圳西部蛇口半岛的西侧，珠江口东岸，毗邻香港、澳门，由双界河、听海路、月亮湾大道、妈湾大道和西部岸线合围而成，占地面积 14.92 平方公里。

国内少见的多点（地面 6 条匝道，地下 10 条匝道）进出、特长（一期 3.032km）城市地下道路，位于填海区采用明挖法施工的闭合框架结构，在交通、结构、消防、逃生、对外接口等方面具有鲜明的特点。

本次设计内容主要包含道路工程、隧道工程、建筑工程、给水工程、再生水工程、排水工程、电气工程、燃气工程、交通工程等共计 11 个大专业，可细分为 27 个小专业。

3. 实施方案

（1）尝试不同软件搭建地下道路结构三维模型、市政管线模型、周边地形地物。

（2）使用 Revit 与 Civil3D 软件，搭建各专业施工图模型。

（3）建模方法

依据《深圳市前海市政工程 BIM 应用指南》规定的命名规则、模型深度，采用欧特克平台相关软件完成各专业模型的搭建，如图 9-24、图 9-25 所示：

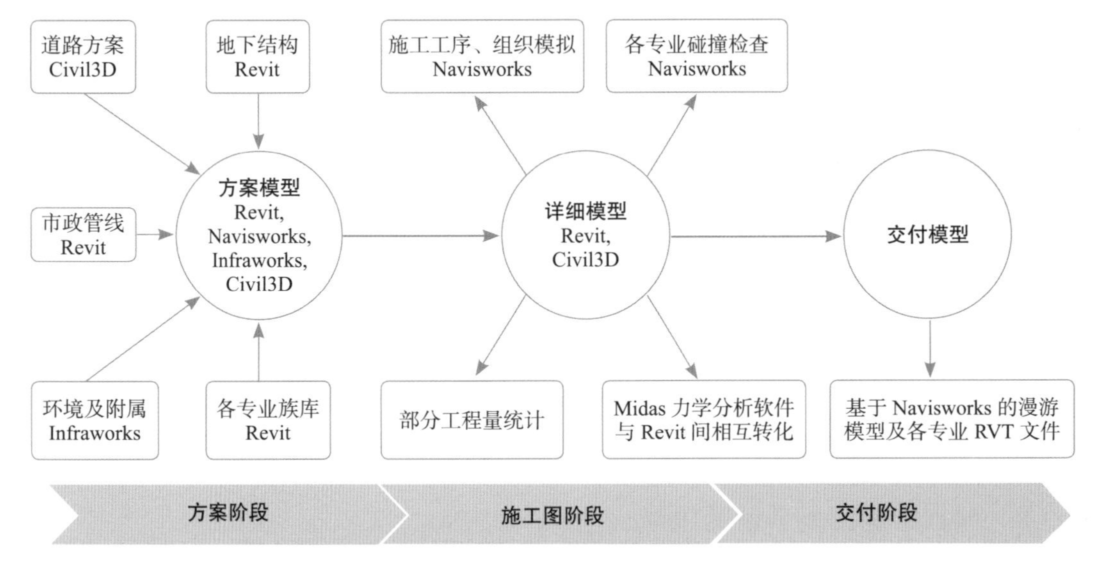


图 9–24　建模流程

图 9–25　Infraworks 软件搭建

4. 应用点（表 9-15）

深圳市前海地下道路 BIM 应用　　表 9-15

| 阶段 | BIM 技术应用内容 |
| --- | --- |
| 方案设计阶段 | 尝试不同软件搭建地下道路结构三维模型 |
| | 对设计方案提供全程可视化的三维展示 |
| | 对关键节点提供细部展示 |
| | 对与周边地形地物相互关系提供三维展示 |
| | 对勘察钻孔资料进行三维展示 |
| 施工图设计阶段 | 基于欧特克平台软件进行二次开发，快速建立各专业施工图模型，并对各专业模型进行碰撞检查，减少设计变更、提高设计质量 |
| | 尝试 Revit 建立的结构模型导入到 Midas 等力学分析软件中进行计算 |
| 施工深化阶段 | 结构预留洞口施工过程中的复核 |
| | 施工中设计变更的复核 |
| | 施工模拟过程中的 BIM 复核 |

5. 项目亮点

（1）结构插件

在本项目进行过程中，北京市市政工程设计研究总院有限公司自主编写了一些 CAD 及 Revit 二次开发插件，提高了建模效率，提升了模型精度，插件面板如图 9-26 所示。

图 9-26　Revit 插件面板

（2）支护结构插件使用方法

1）首先在 CAD 中以支护结构平面图为基础，按照一定的规则（各构件类型图层标准命名）修改成“支护结构 BIM 建模数据图”，如图 9-27 所示。

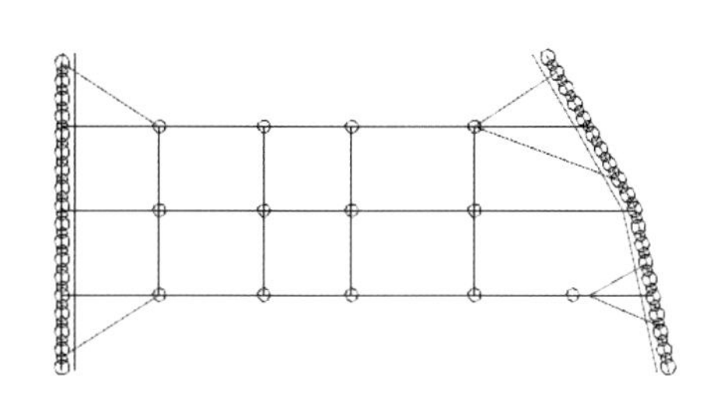

图 9-27　数据图

2）使用 CAD 插件“支护结构”，输出上述数据图为“支护结构 BIM 建模 TXT 格式中间文件”，如图 9-28 所示。

3）在 Revit 中，启动“支护结构”插件，输入各层支撑标高、尺寸，冠梁、腰梁尺寸，支护桩、旋喷止水桩桩底标高等信息，打开上一步创建的 TXT 中间文件，程序自动搭建支护结构模型，如图 9-29 所示。

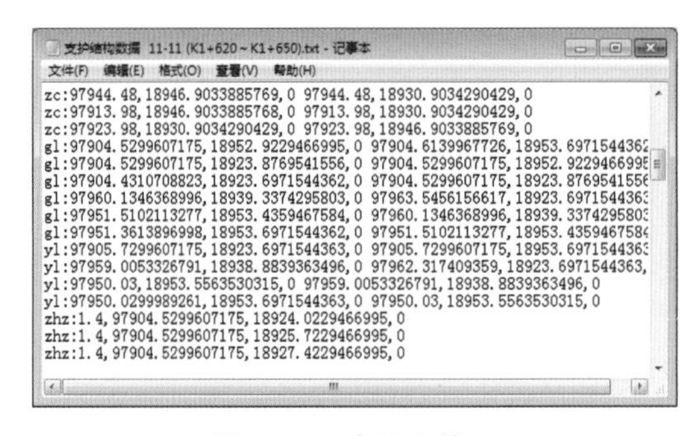

图 9-28　中间文件

图 9-29　完成模型

6. 存在问题与发展思考

（1）BIM 实施目标、方式不明确

众所周知，只有业主主导的 BIM 实施推动，执行效果才会达到最优。目前公认的两种业主主导的 BIM 实施方式，分别为业主委托 BIM 咨询机构独立完成项目的 BIM 应用及业主委托 BIM 咨询机构组织项目各参与方共同完成项目实施过程中的 BIM 应用。但在深圳市前海地下道路项目中，业主在设计招标合同中并未明确规定 BIM 实施的应用点，在实施过程中，设计阶段与施工阶段分别由两家 BIM 咨询机构负责 BIM 的实施管理，导致在项目初始阶段没有明确的 BIM 应用定位、建模的约定，设计方、施工方重复建模，没有有效地模型传递，大大降低了 BIM 的利用率。

建议业主方应以合约形式要求参建单位应用 BIM，履行全部或部分合同约定的职责。聘请独立的 BIM 咨询服务机构在项目伊始，建立 BIM 实施指导性文件，协助业主、设计、施工、监理方准确、高效、有序地开展 BIM 应用。

（2）设计团队与 BIM 团队脱节

深圳市前海地下道路项目为翻模项目，采用的是串行模式进行组织管理，但因为涉及专业众多，设计团队由深圳、北京两地，北京院一所、二所，深圳分院，中勘院三处共同完成设计工作，设计团队与 BIM 团队之间没有设置一个行之有效的沟通平台与沟通机制，外加设计方案一直处于不稳定状态，导致 BIM 团队不断重复建模，在建模及检查的过程中发现的问题亦不能及时地反馈到各专业设计人员手中。

建议采用串行模式进行 BIM 实施组织的时候，项目负责人与 BIM 负责人进行沟通，确定设计团队与 BIM 团队的良好沟通机制，如每周例会、定期交流等，方案不稳定时，BIM 负责人负责掌控 BIM 建模深度与建模进度，减少重复建模工作。

（3）BIM 团队专业知识欠缺

深圳市前海地下道路项目为翻模项目，BIM 团队依据各专业图纸搭建模型，虽然 BIM 团队成员的组成来自于不同专业的设计人员，但并未覆盖全专业，因而在识图建模过程中，难免会出现误读错建，包括在进行碰撞检查的过程中，由于对施工工法、工序等的不了解，发生部分软碰撞问题（施工空间、预留空间等）无法被检查出来的情况。

建议 BIM 团队在识图建模及进行碰撞检查的过程中，多与设计团队、施工方进行沟通，了解设计意图、施工工法、工序等内容。

### 9.3.3 吕梁纬二十五路

1. 案例总体概况（表 9-16）

吕梁纬二十五路 BIM 应用概况 表 9-16

| 内容 | 描述 |
| --- | --- |
| 设计单位 | 天津市市政工程设计研究院 |
| 软件平台 | 奔特力（Bentely） |
| 使用软件 | Microstation，ProjectWise，PowerCivil，AECOsim，Navigator |
| 应用阶段 | 方案阶段、初步设计、施工图阶段 |
| BIM 应用亮点 | 三维协同设计、全景测绘技术、VISSIM 仿真应用 |

2. 工程概况

吕梁是太中银城镇发展轴的区域中心城市，是太原都市圈的组成部分，具有优越而重要的区位条件。吕梁新城规划以三条南北向主干道为城市发展轴，北川河为城市景观带，形成南北向“三轴一带”构架，串联新城 11 个功能组团。

本工程难点主要为：①专业较多：路、桥、水、照明、交通工程和绿化，传统二维设计各专业协同效率、准确率比较低，后期变更较多；②地势起伏较大、冲沟较多，传统二维测绘测量难度较大；③山区立交填挖平衡控制。

3. 实施方案

Bentley 软件采用多专业三维协同设计，涵盖地理、土木、工厂和建筑四大领域，应用领域较广泛，并覆盖了基础设施的全寿命周期；同时，Bentley 软件各专业设计都是基于通用信息平台 MicroStation 开展的，文件格式均为 DGN，从而能保证信息模型的数据互用性、兼容性、传递性。因此，本项目 BIM 设计采用 Bentley 系列软件。

Bentley 的核心产品是 MicroStation 与 ProjectWise（简称 PW）。MicroStation 是信息建模的支撑平台，主要用于基础设施各专业的设计、建造与实施。

本项目专业较多，BIM 的协同设计尤为关键，PW 协同平台为各个专业提供工作平台和管理平台。设计人通过对文件检入、检出、参考等操作实现多专业的协同和设计资料的实时更新，如图 9-30 所示。

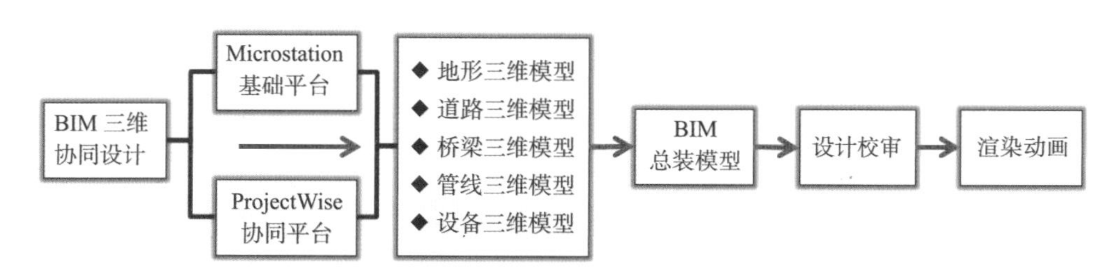


图 9-30 纬二十五路 BIM 设计流程

本项目拓展 BIM 的延伸应用，通过 Skyline 三维管理系统平台引入虚拟踏勘技术。

Skyline 软件是利用航空影像、卫星数据、数字高程模型和其他的 2D 或 3D 信息源，包括 GIS 数据集层等创建的一个交互式环境。它能够允许用户快速的融合数据、更新数据库，并且有效地支持大型数据库和实时信息流通信技术，此系统还能够快速和实时地展现给用户 3D 地理空间影像。Skyline 是独立于硬件之外、多平台、多功能一套软件系统。

4. 应用点（表 9-17）

纬二十五路 BIM 应用　　表 9–17

| 序号 | 阶段 | 应用点 | 具体内容 | 应用价值 |
|---|---|---|---|---|
| 1 | 设计全阶段 | 协同设计 | 采用 PW 协同平台建立各专业协作平台 | 各专业实时更新，提高设计效率 |
| 2 | 方案设计 | 场景设计 | 三维激光扫描、无人机航测、GIS 平台 | 为 BIM 提供测绘基础数据、建立高清三维地面模型、提供虚拟踏勘平台 |
| 3 | 方案设计初步设计 | 三维漫游 | Skyline 平台漫游、BIM 可视化漫游 | 可视化评审、虚拟踏勘、方案比选 |
| 4 | 初步设计 | 交通标志标线 | 合理的交通标志标线设置 | 设置更加合理 |
| 5 | 初步设计施工图 | 碰撞检查 | 利用 Navigator，不同专业静态及动态碰撞检查 | 校审合理，减少错误率 |
| 6 | 初步设计施工图 | 综合管线 | 利用 Navigator 进行管线碰撞检查 | 管线布置合理，建设后期变更 |
| 7 | 初步设计施工图 | 工程量统计 | 形成各部位工程量报表 | 统计结果更加精确 |
| 8 | 设计全阶段 | 三维测绘 | 激光扫描仪提供的点云、无人机航测的 GIS 平台 | 测绘数据更精确，统计土方量更准确，工程造价精确控制 |

5. 项目亮点

（1）PW 多专业协同设计和标准化设计，实时更新，提高设计效率

传统的二维设计中，各专业通过互提资料进行不同专业配合，为保证有效衔接需反复调整设计，配合效率较低。BIM 工作方式以统一的信息模型为基础，为参与设计的各专业人员提供一个统一的信息协同工作平台，使得各专业之间信息交互更加直接方便，有效避免由于协同不良和信息不透明造成的设计问题和低级错误。

本项目运用 ProjectWise（简称 PW）进行多专业协同设计，建立共享工作平台，如图 9-31 所示。各专业通过参考互相关联，如图 9-32 所示。设计实时更新。路线部分为项目设计的基础，路线线型和竖向高程的优化调整后，使用 PW 的实时参考功能，桥梁、排水、路灯等部分自动调整更新，相比传统设计方案调整，达到实时更新，减少了专业互相调整设计工作量 90%。

（2）服务于 BIM 平台的点云数据的应用

本项目三维地形模型采用基于点云的 BIM 测绘数据，形成了一套点云应用的流程和预处理方法，如图 9-33 所示。点云应用流程主要是结合传统二维地形图和正射影像图进行基本数据采集，预处理后形成 BIM 平台的三维地模。预处理主要是过滤点云数据，剔除植被、建筑等附属物，获得干净的地表点云，如图 9-34 所示。

图 9–31 吕梁纬二十五路项目协同工作平台

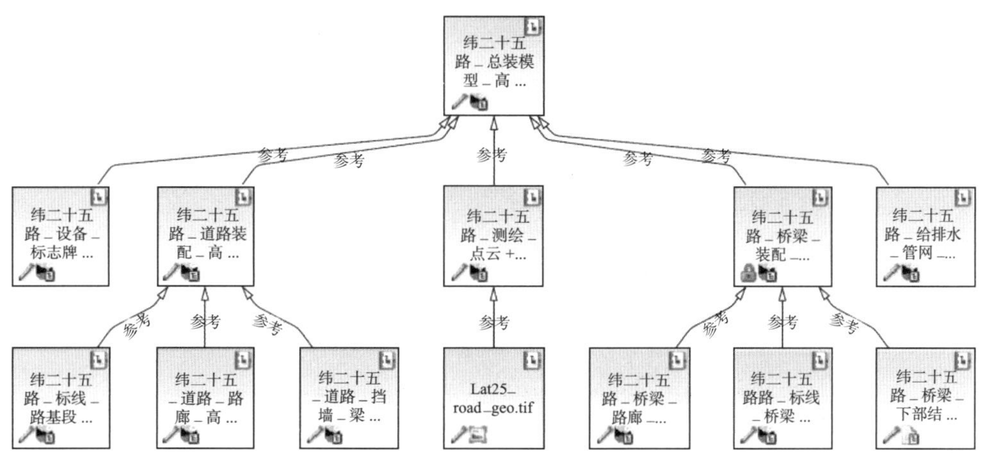


图 9–32 协同平台各专业参考关联

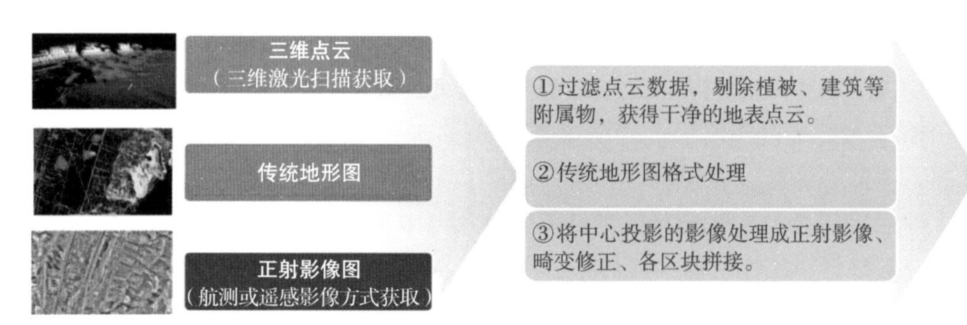


图 9–33 数据采集和预处理

图 9-34　基于点云的三维地形模型

（3）基于 Skyline 的三维虚拟踏勘技术应用

本项目区域地势起伏较大、冲沟较多，项目组将 BIM 技术和 Skyline 的 GIS 技术有效结合，提供虚拟踏勘场景，并形成了一套虚拟踏勘技术应用的流程，如图 9-35 所示。

图 9-35　Skyline 虚拟踏勘平台

6. 存在问题与发展思考

（1）BIM 的标准构件库是 BIM 技术应用的基础条件，应加强构件库建设，形成参数化的标准构件。完善的构件库不仅能提高建模速度，还能保证设计内容的准确性。

（2）BIM 的行车漫游仅仅是行车视角漫游，结合 VISSIM 交通仿真软件进行了交通延误、通行时间等仿真，更有效地拓展了 BIM 应用。

（3）今后将结合无人机航测技术，探索使用 Bentley 公司的 ContextCapture 软件进行实景建模，搭建真正的虚拟现实场景。

（4）BIM 技术应用主要为建模和信息两大部分，本工程的建模流程和成果较为成熟，今后在其他 BIM 项目上需加大信息化展示、加载、传递等技术的投入。

（5）本工程实现了 BIM 与 GIS 的初步结合，今后应继续加大 GIS 和 BIM 互动应用，在场地评估、交通规划、结构物设置等方面进行关键决策，实现虚拟踏勘技术的落地应用。

### 9.3.4 临汾市快速交通专项规划

1. 案例总体概况（表 9-18）

临汾市快速交通 BIM 应用概况　　表 9–18

| 内容 | 描述 |
| --- | --- |
| 设计单位 | 天津市市政工程设计研究院 |
| 软件平台 | 奔特力（Bentely） |
| 使用软件 | Microstation，ProjectWise，PowerCivil，Navigator，LumenRT |
| 应用阶段 | 方案阶段 |
| BIM 应用亮点 | 横断面模板库、信息化构件、LumenRT 虚拟现实技术 |

2. 工程概况

本次 BIM 设计应用主要为中心城区环线快速路，改造提升既有道路，主要改造河汾一路、尧贤路、南外环路、迎宾大道、滨河东路五条道路组成环线，全长 23.8 公里。全线共设置 11 处互通立交，其中枢纽立交 4 座。

3. 实施方案

采用 Bentley 系列软件进行三维设计，借助 ProjectWise 协同平台和 Microstation 基础平台，运用 OpenRoads 和 OpenBridge 技术，建立道路、桥梁、隧道等信息化模型，总装后结合 LumenRT 虚拟现实技术，进行渲染漫游，提供可视化设计成果和渲染效果图；结合城市未来交通模拟优化节点方案，使得工程方案实施性较强，和周边场地衔接合理，如图 9-36 所示。

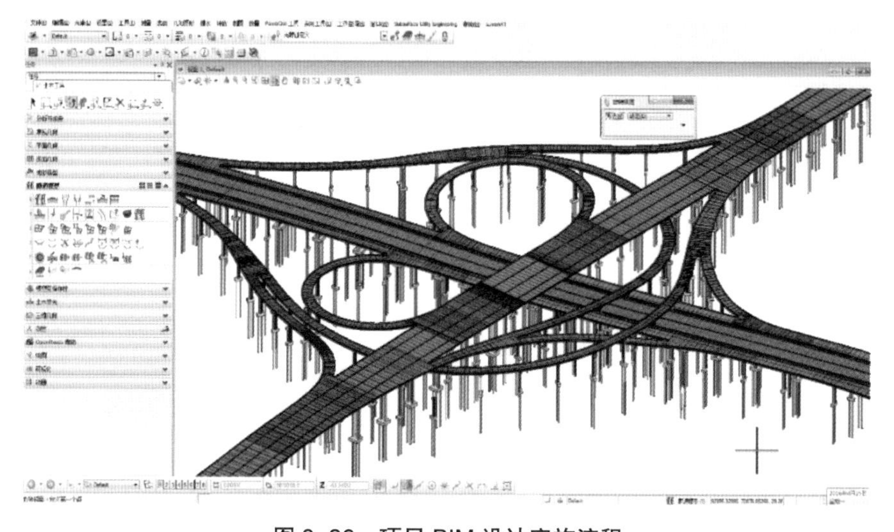

图 9–36 项目 BIM 设计实施流程

本工程BIM设计工作分路线、道路、桥梁、隧道、设备、场地六大部分。本工程为规划设计方案的BIM应用，应用目标为：通过多专业协同BIM设计，进行设计理念展示、关键节点优化、交通虚拟漫游，最后为管理部门决策提供虚拟的可视化方案。项目BIM设计实施流程，如图9-37所示。

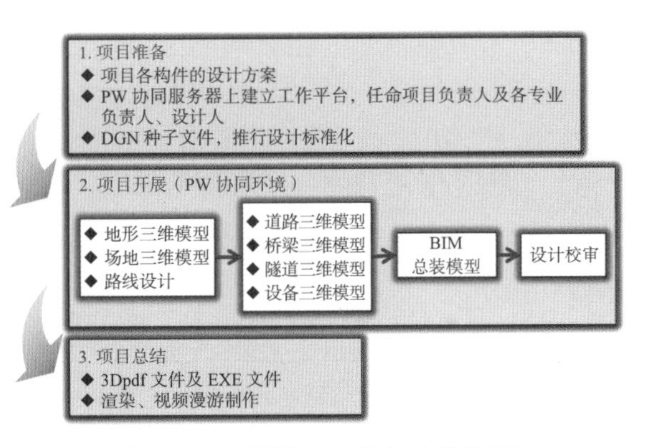


图 9–37　项目 BIM 设计实施流程

4. 应用点（表9-19）

临汾市快速交通 BIM 应用　　表 9–19

| 序号 | 阶段 | 应用点 | 具体内容 | 应用价值 |
|---|---|---|---|---|
| 1 | 设计全阶段 | 协同设计 | 采用PW协同平台　建立各专业协作平台 | 各专业实时更新，提高设计效率 |
| 2 | 方案设计 | 场景设计 | 周边地块、规划路网、关键控制建筑物的场地模型 | 为BIM模型提供场景支持，展示BIM模型和周边环境的协调性 |
| 3 | 方案设计初步设计 | 三维漫游 | BIM可视化漫游 | 可视化评审、方案比选 |
| 4 | 方案设计初步设计 | 虚拟现实 | LumenRT虚拟现实渲染、漫游、行车仿真 | 交通仿真、可视化方案、关键节点优化 |
| 5 | 初步设计 | 交通标志标线 | 合理的交通标志标线设置 | 设置更加合理 |
| 6 | 方案设计施工图 | 碰撞检查 | 利用Navigator，不同专业静态及动态碰撞检查 | 校审合理，减少错误率 |

5. 项目亮点

（1）建立完善的横断面模板库和信息化构件库

项目建立了横断面模板库，含各专业模板32个，其中道路模板16个，桥梁模板8个，隧道模板8个。信息化单元构件32项，主要含桥墩、桥台、标志牌、信号灯、路灯、栏杆、人行梯道、射流风机等八部分内容。构件库的建设为设计院其他项目提供模板参考。

（2）项目设计成果显著

项目历时45天，完成全线23.8公里的设计总装模型，其中含四座枢纽互通立交三维信息模型。主要成果有：可视化总装模型和一份3Dpdf总装模型，20多份三维剖切图，近100份细节效果图，三维汇报视频。

采用Bentley的三维技术，设计成果直观有效，优化了设计内容，减少后期建设的设计变更约70%，提高工作效率和设计质量，减少工程投资约10%，投资回报率较高。

6. 存在问题与发展思考

（1）在本工程中加大了BIM构件库建设，形成了一套成熟的流程和方法，但构件库数量、参数化设置等方面尚需软件商与BIM设计人员合作建设完善。

（2）结合LumenRT虚拟现实技术，本工程在关键节点论证更加清晰合理，提供了虚拟漫游的可视化方案。LumenRT在方案设计、投标等方面能形象生动的展示设计理念，有较大应用前景。

（3）今后积极探索使用 ConceptStation 等相关方案设计软件，快速形象地展示设计理念。

（4）BIM 行车漫游结合 Vissim 交通仿真软件，进行交通延误，通行时间等仿真，更有效地拓展 BIM 应用。

（5）应积极拓展 BIM 的延伸应用，在驾驶模拟、交通仿真、GIS 分析等方面开展相关研究。

### 9.3.5　济南市顺河高架南延项目

1. 案例总体概况（表 9-20）

济南市顺河高架 BBIM 应用　　表 9-20

| 内容 | 描述 |
| --- | --- |
| 设计单位 | 济南市市政工程设计研究院（集团）有限责任公司 |
| 软件平台 | 欧特克（Autodesk） |
| 使用软件 | Civil 3D，Revit，Infraworks，ArcGIS |
| 应用阶段 | 方案阶段、初步设计阶段、施工图设计阶段 |
| BIM 应用亮点 | 探索一套市政道桥的 BIM 解决方案（欧特克平台） |

2. 工程概况

顺河高架南延工程是济南市的重点工程项目，涉及道路、桥梁、隧道、管线等多个专业，起于玉函立交桥，止于二环南立交桥，全线六公里左右。

项目设计难点：

（1）项目处于市中心位置，老城区，紧邻济南市主干道经十路，经十路是济南市最重要的一条道路，横跨济南的东西方向。

（2）全线六公里左右，道路等级高、项目规模大、功能全面。

（3）玉函路周边都是些住宅楼，大量的居民每天都要通过玉函路来满足出行需求。上下班高峰期，交通流量很大。建设条件复杂，地面道路、地下环境复杂。

（4）涉及专业多：交通工程、道路工程、桥梁工程、隧道工程、排水工程、照明绿化等附属工程等，专业繁多易导致沟通不便，协同困难等问题。

3. 实施方案

在解读了地形、现状等多方面信息后，研究决定选用 Civil 3D、Revit、Infraworks、ArcGis 等一系列三维设计软件进行建模和分析（图 9-38）。建模期间，多次配合各部门对方案进行交流，分析方案的合理性。

BIM 建模工作主要分为三个阶段：

第一，建立方案模型，主要用途是方案的选择。方案模型完成后，进行简单分析，比如交通仿真、方案对地块的影响等，作为方案选择的重要依据。通过三维模型向业主直观的展示设计思路。

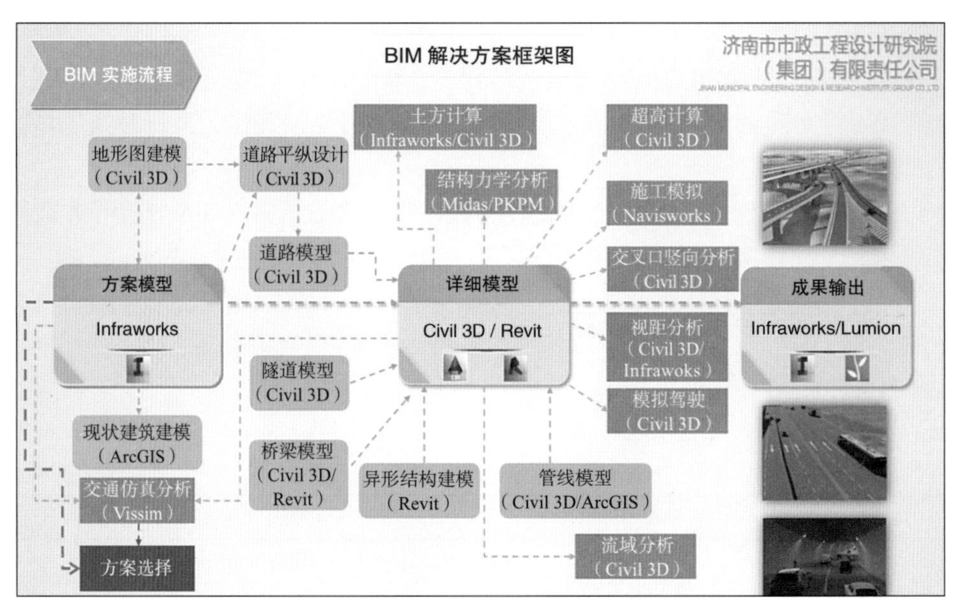


图 9–38　济南市顺河高架 BIM 应用解决方案

第二，创建详细模型，方案确立之后，通过对最终方案详细模型的创建、分析，来调整设计中不合理的地方。

第三，成果输出，将各个专业的模型整合在一起，呈现项目最终效果并展示。

（1）地形图

对地形图的坐标信息进行整理。通过 Civil3D 进行曲面的生成，同时，进行删除错点、点加密等曲面优化工作。最终建立项目的数字地面模型。地形生成后导入 Infraworks，并与卫星图贴合。

（2）道路模型

在方案阶段，依附项目地形，使用 Infraworks 建立方案模型，用于方案的选择。方案确立后，在 Civil3D 中创建详细模型，进行平、纵曲线以及横断面设计，根据地形、线形、断面数据建立道路的初步三维模型，建模数据可根据设计需要调整，经过多次修改，最终确定道路模型。设计过程中通过对象查看器实时查看三维模型。

（3）桥梁模型

将 Civil3D 和 Revit 功能进行结合，相互配合完成。其中下部结构采用 Revit 建模，制作桥梁下部结构族文件，规范族参数，方便持续利用。上部结构采用 Civil3D 的部件编辑器功能进行创建生成桥梁的横断面。最后在 Revit 进行模型的整合和完善。

（4）隧道模型

通过 Civil3D 部件编辑器来制作模型，南郊宾馆隧道是方形隧道，六里山山岭隧道为穿山圆形隧道。

（5）管线模型

现状管线：将现状管线进行分类，整理管线起点终点高程、井编号、坐标、管线连接方向、管径等基本数据，使用 Arcgis 软件进行二次处理自动生成，减少重复建模消耗的时间。

设计管线：在 Civil 3D 中完成模型后导入 InfraWorks。模型整合后将道路材质调整为透明，可清晰地观察地下管线如何敷设，展示出现状管线与设计管线之间的冲突，避免后期施工中可能出现的问题。

（6）模型整合

模型搭建完成后，将各专业模型在 Infraworks 中整合，生成现状建筑，分析项目对周边地物的影响，使用 BIM 技术，可以更加方便观察周边地物或地上地下间的空间关系。

4. 应用点（表 9-21）

济南市顺河高架 BIM 应用　　表 9-21

| 序号 | 阶段 | 应用点 | 具体内容 | 应用价值 |
|---|---|---|---|---|
| 1 | 初步设计阶段 | 设计方案建模 | 创建并整合方案概念模型和周边环境模型 | 方案演示 |
| 2 | | 规划方案比选 | 利用 BIM 三维可视化的特性展现设计方案 | 可视化评审 |
| 3 | 初步设计阶段 | 道路建模 | 平、纵曲线设计，横断面设计，三维建模，达到方案深度 | |
| 4 | | 桥隧建模 | 桥梁上部、下部结构，隧道结构，三维建模，达到方案深度 | |
| 5 | | 管线综合建模 | 设计管线、现状管线的三维建模，达到方案深度 | |
| 6 | 初步设计阶段 | 附属设施 | 三维建模，达到方案深度 | |
| 7 | | 场地漫游 | 对已有的场地三维模型进行漫游并导出动画 | 可视化评审 |
| 8 | | 设计方案比选 | 场地模型和方案模型合成 | 进行多角度比选，在工可阶段利用方案模型进行不同方案的比较和决策 |
| 9 | | 交通仿真分析 | 三维模型结合交通仿真软件进行模拟 | 仿真更加直观 |
| 10 | | 交通标志标线 | 利用可视化软件，进行合理的交通标志标线设计 | 布置更加合理 |
| 11 | 施工图设计阶段 | 施工图深度模型 | 与施工图设计同步进行全专业三维建模 | |
| 12 | | 综合管线和优化 | 所有管线在同一个三维空间进行管位可行性及平纵碰撞分析，并进行优化 | 精细化设计 |
| 13 | | 碰撞检查 | 在三维空间中进行错、漏、碰、缺检查，并处理完成 | 精细化设计 |

5. 项目亮点

通过本次项目实践，探索出一套市政道桥的 BIM 解决方案，产生了很好的 BIM 实施效果。但由于软件对于道桥的设计功能仍不完善，并不能完全解决市政道路桥梁的所有内容。

（1）BIM 实施效果

1）在方案阶段建立方案模型，使得选线更快捷。如实反映工程项目周边地面和地下环境，减少传统设计有可能产生的设计变更。

2）能够完成精确的三维模型，提供良好的三维展示，并利用三维模型检查错误，提高设计质量。通过 BIM 模型以及各种分析功能，可视化的方案展示，更容易被专家、业主和公众理解，可以更加直观、科学地评价方案，从而提高了方案决策的科学性。

3）空间关系明确，地下管线、地面道路以及桥梁之间的关系一目了然，利用分析功能优化方案，提高了设计质量。

4）实现同一平台上的协同设计，提高工作效率，减少专业之间沟通不畅引起的设计冲突，工作方式更加灵活、准确。

（2）高架桥的建模方式

桥梁结构所依附的道路中心线是空间曲线，单纯使用 Revit 建模难以完成桥梁结构的设计，经研究决定将 Civil3D 和 Revit 功能进行结合，采用 Revit 与 Civil3D 配合完成：上部结构采用 Civil3D 的部件编辑器功能进行创建；下部结构采用 Revit 建模。

（3）自动生成现状管线

现状管线，如果通过和设计管线一样的方式来创建，就等于重复工作，但为了表示道路、桥梁、设计管线等与现状管线的关系，又必须把管线模型创建出来，经过研究和尝试，决定借助 ArcGIS 来完成。

首先将现状管线进行分类，整理井编号、坐标、管线连接方向、管径、管线起点、终点高程信息等基本数据，完成后导入 ArcGIS 软件进行二次处理自动生成，减少了重复建模消耗的时间，如图 9-39 所示。

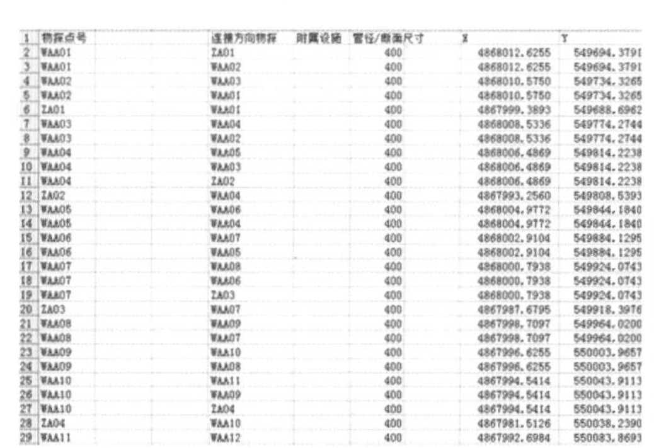

| 1 | 物探点号 | 连接方向物探 | 附属设施 | 管径/断面尺寸 | X | Y |
|---|---|---|---|---|---|---|
| 2 | WAA01 | ZA01 | | 400 | 4868012.6255 | 549694.3791 |
| 3 | WAA01 | WAA02 | | 400 | 4868012.6255 | 549694.3791 |
| 4 | WAA02 | WAA03 | | 400 | 4868010.5750 | 549734.3265 |
| 5 | WAA02 | WAA01 | | 400 | 4868010.5750 | 549734.3265 |
| 6 | ZA01 | WAA01 | | 400 | 4867999.3893 | 549688.6962 |
| 7 | WAA03 | WAA04 | | 400 | 4868008.5336 | 549774.2744 |
| 8 | WAA03 | WAA02 | | 400 | 4868008.5336 | 549774.2744 |
| 9 | WAA04 | WAA05 | | 400 | 4868006.4869 | 549814.2238 |
| 10 | WAA04 | WAA03 | | 400 | 4868006.4869 | 549814.2238 |
| 11 | WAA04 | ZA02 | | 400 | 4868006.4869 | 549814.2238 |
| 12 | ZA02 | WAA04 | | 400 | 4867993.2560 | 549808.5393 |
| 13 | WAA05 | WAA06 | | 400 | 4868004.9772 | 549844.1840 |
| 14 | WAA05 | WAA04 | | 400 | 4868004.9772 | 549844.1840 |
| 15 | WAA06 | WAA07 | | 400 | 4868002.9104 | 549884.1295 |
| 16 | WAA06 | WAA05 | | 400 | 4868002.9104 | 549884.1295 |
| 17 | WAA07 | WAA08 | | 400 | 4868000.7938 | 549924.0743 |
| 18 | WAA07 | WAA06 | | 400 | 4868000.7938 | 549924.0743 |
| 19 | WAA07 | ZA03 | | 400 | 4868000.7938 | 549924.0743 |
| 20 | ZA03 | WAA07 | | 400 | 4867987.6795 | 549918.3976 |
| 21 | WAA08 | WAA09 | | 400 | 4867998.7097 | 549964.0200 |
| 22 | WAA08 | WAA07 | | 400 | 4867998.7097 | 549964.0200 |
| 23 | WAA09 | WAA10 | | 400 | 4867996.6255 | 550003.9657 |
| 24 | WAA09 | WAA08 | | 400 | 4867996.6255 | 550003.9657 |
| 25 | WAA10 | WAA11 | | 400 | 4867994.5414 | 550043.9113 |
| 26 | WAA10 | WAA09 | | 400 | 4867994.5414 | 550043.9113 |
| 27 | WAA10 | ZA04 | | 400 | 4867994.5414 | 550043.9113 |
| 28 | ZA04 | WAA10 | | 400 | 4867981.5126 | 550038.2390 |
| 29 | WAA11 | WAA12 | | 400 | 4867992.6984 | 550083.8693 |

**图 9–39　ArcGIS 软件进行二次处理自动生成现状管线**

6. 存在的问题与发展思考

（1）没有专门的桥梁设计模块，不能方便快捷地处理桥梁设计问题。

（2）族文件匮乏，族库开发需要长期积累，耗费人力物力，同时需要统一开发原则，以适应整个行业的有效应用。

（3）使用 BIM 技术在基础设施（道桥）项目中尚不能保证出图率，需要做大量的二次开发的工作。

（4）Civil3D 整个软件操作不足，设计操作过程繁复、冗杂 。Civil3D 部件编辑器，相当于让市政工程设计师去完成计算机工程师的工作，费时费力，时间成本太高。

BIM 是一种全新的三维设计方式，快速发展促使它不断成长，市场需求随之越来越高端，必须不断去完善才能适应大环境，发现问题、解决问题，真正意义上实现项目从策划、设计、施工到运营维护全生命周期的管理，真正完成项目的整体交付，才是当之无愧的行业变革。

### 9.3.6 北横通道项目二期工程

1. 案例总体概况（表 9-22）

北横通道 BIM 应用概况 表 9–22

| 内容 | 描述 |
|---|---|
| 设计单位 | 上海市隧道工程轨道交通设计研究院 |
| 软件平台 | 欧特克（Autodesk） |
| 使用软件 | Revit，Navisworks Manage，Infraworks，3ds Max，Lumion |
| 应用阶段 | 初步设计、施工图设计 |
| BIM 应用亮点 | 1. GIS 数据与 BIM 模型整合实现精细化周边环境仿真；<br>2. 桥梁建模插件研究；<br>3. 桥梁预制结构虚拟拼装 |

2. 工程概况

上海市北横通道是中心城区北部东西向小客车专用通道，服务北部重点地区的中长距离到发交通，是三横北线的扩容和补充。工程全长 19.1 公里，西接北翟快速路，东至内江路接周家嘴路越江隧道。其中长安路天目西路交叉口至晋元路以西为高架段，全长约 1651.5km，为北横通道二期工程，简称天目路立交。北横通道工程于 2014 年 12 月开工，2020 年 10 月底通车。

3. 实施方案

北横通道项目 BIM 应用范围为工程全线，应用阶段为设计、施工全过程；采用设计方完成设计阶段 BIM 工作，模型传递到施工方，由施工方开展施工阶段 BIM 应用，BIM 咨询单位总体管理的组织方式开展。上海市隧道工程轨道交通设计研究院承担北横通道工程二期的设计工作，由院专职 BIM 团队实施 BIM 应用。旨在借助 BIM 技术手段辅助设计人员优化设计方案，提高设计质量；辅助业主提高项目管理效率。

（1）建模内容

本项目主要建模内容为：周边环境模型、市政管线模型、各阶段桥梁模型、地面道路模型、声屏障模型、人行天桥模型、节点改造方案模型等，如表 9-23 所示。

北横通道 BIM 建模范围 表 9–23

| 内容 | 描述 |
|---|---|
| 周边环境模型 | 周边建筑，现状高架桥梁，建筑室外台阶，周边绿化，河道，道路、道路行车线、交通标志设施，道路红线、工程实施线、地籍线等 |
| 市政管线模型 | 各种现状管线、临搬管线、规划管线、雨污水窨井等 |
| 桥梁模型 | 天目路立交方案模型、施工图模型，高架路牌、车道线等 |
| 节点改造方案模型 | 建筑室外台阶改造方案、绿地改造方案、天桥改造方案等 |

（2）建模手段及建模标准

本项目采用二次建模的方式，应用 Autodesk Revit 软件完成各类 BIM 模型；其中周边环境模型采用 BIM 模型结合 GIS 数据生成；桥梁方案模型使用二次开发的插件辅助完成；模型整合由 Navisworks 和 Infraworks 完成，效果表现由 Infraworks 和 Lumion 完成。

本项目 BIM 模型创建及 BIM 应用的开展依据北横通道 BIM 系列标准。

（3）BIM 应用内容

在初步设计阶段，对天目路立交周边环境进行仿真模拟，整合多专业模型后，可生成场地虚拟仿真漫游，查看设计方案与周边环境的关系；对天目路立交多个整体方案建模，增强设计方案的表现效果，有助于各方理解设计方案，从而优化方案；对工程范围内市政管线进行仿真建模，一方面检查市政管线与桥梁下部结构的关系，辅助设计方案调整，另一方面模拟市政管线搬迁方案，有助于优化方案。

在施工图设计阶段，配合设计人员进行专题方案设计，开展局部节点设计方案精细化表现；在桥梁施工图模型设计过程中对预制小箱梁进行虚拟拼装，通过此手段对设计图纸进行核查，以达到提高设计质量的目的。

4. 应用点（表 9-24）

北横通道 BIM 应用　　表 9-24

| 序号 | 阶段 | 应用点 | 具体内容 |
|---|---|---|---|
| 1 | 初步设计 | 周边环境仿真 | GIS 数据结合 BIM 模型整合成精细的周边环境模型 |
| 2 | 设计阶段 | 场地虚拟仿真漫游 | 借助 Infraworks 软件整合各专业模型可进行实时漫游 |
| 3 | 初步设计 | 桥梁设计方案建模 | 天目路立交桥梁初步设计方案建模 |
| 4 | | 整体设计方案比选 | 对两个设计方案进行表现并辅助比选 |
| 5 | | 桥梁建模插件研究 | 借助二次开发提高建模效率和精度 |
| 6 | 施工图设计 | 市政管线搬迁模拟 | 对现状管线及管线搬迁方案进行建模，模拟管线搬迁过程 |
| 7 | | 设计专题方案配合 | 针对多个专题设计方案，借助 BIM 技手段进行方案设计和表现 |
| 8 | | 局部节点设计方案精细化表现 | 针对多个局部节点设计方案进行精细化建模，提高设计方案表现效果 |
| 9 | | 桥梁施工图建模 | 天目路立交桥梁施工图建模 |
| 10 | | 预制箱梁虚拟拼装 | 对小箱梁进行虚拟拼装，检查小箱梁与盖梁等的碰撞 |

5. 项目亮点

（1）GIS 数据与 BIM 模型整合实现精细化周边环境仿真

周边建筑物多、场地大，场地仿真建模中采用 GIS 数据和 BIM 模型结合的方法，实现了精细化的周边环境仿真，如图 9-40 所示。

（2）桥梁建模插件研究

天目路立交新建大跨度大纵坡桥梁上跨既有高架，实现北横与南北高架的连接，在

图 9-40 周边环境仿真

立交环岛区空间呈四层交错分布，匝道辅道众多，线性复杂，多次局部调整，为满足方案快速建模，研究开发了插件，可根据线路中心线数据快速精准地完成桥梁方案模型。

（3）桥梁虚拟拼装

天目路立交上部结构采用预制小箱梁结构，因其跨既有高架且影响城市主干道交通，为节约工期，采用了预制小箱梁、盖梁采用异形，湿接缝预留固定宽度的设计方案。如此一来，提高了对设计图纸的要求。为提高设计图纸质量，在桥梁出图前，对桥梁进行建模且通过虚拟拼装检查小箱梁的架设情况。

6. 存在问题

本项目 BIM 技术应用中存在以下问题：

（1）现有 BIM 模型设计手段较为单一，智能化程度有待提高，建模效率较低，且精准度不足，难以推广到三维设计，所用建模软件造型能力有限。

（2）BIM 团队与设计团队的协同不足。本项目的 BIM 团队和设计团队相互独立，双方团队没有固定的协同平台和机制，致使在项目进行过程中出现设计团队提资不及时、BIM 团队配合不到位等问题。

（3）项目初期对 BIM 应用工作内容的预判存在不足。随着设计进度的推进和各方对 BIM 技术的认知加深，项目 BIM 工作内容不断增加，致使 BIM 团队工作开展较为被动。

（4）随着模型体量的增大，模型整合及效果表现工作效率逐渐降低，模型轻量化问题凸显。

（5）BIM 技术在桥梁工程的应用价值尚需挖掘。

# 9.4 隧道工程 BIM 应用案例

## 9.4.1 上海市杨高路地下通道

1. 案例总体概况（表 9-25）

上海市杨高路地下通道 BIM 应用概况　　表 9–25

| 内容 | 描述 |
| --- | --- |
| 设计单位 | 上海市政工程设计研究总院（集团）有限公司 |
| 软件平台 | 达索（Dassault）、欧特克（Autodesk） |
| 使用软件 | CATIA，Revit，Navisworks，管立得，路立得，VISUM Infraworks |
| 应用阶段 | 设计阶段、施工阶段 |
| BIM 应用亮点 | BIM 项目实施、信息交换、二次开发 |

2. 工程概况

杨高路（世纪大道 ~ 浦建路）改建工程范围北起世纪大道下立交（世纪大道环岛桃林路），南至浦建路（浦建路跨线桥），工程范围全长约 1975m，道路等级为城市主干路。

建设内容：道路、隧道结构、桥梁（张家浜桥）、雨污水排管、交通标志标线、信号灯、通风、监控、供配电、建筑、绿化等相关道路附属设施及前期绿化与管线搬迁工作等。

设计车速：隧道主线 60km/h，地面道路 40 ~ 50km/h。

投资造价：建安费 14.55 亿元，总投资 24.7 亿元。

3. 实施方案

（1）建模流程（图 9-41）

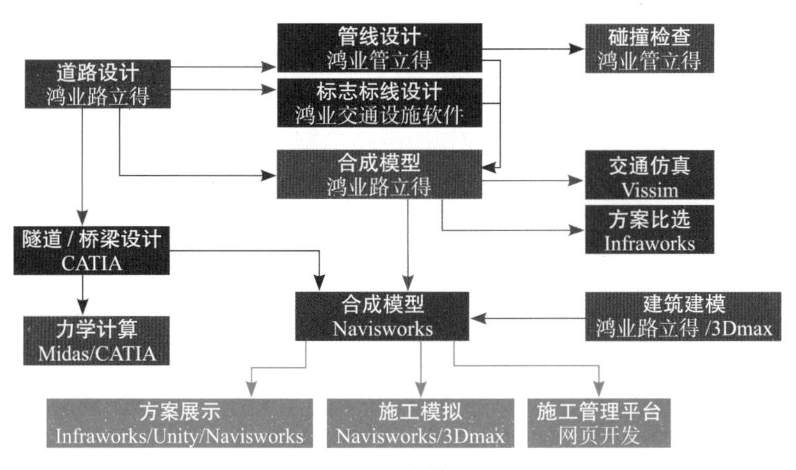


图 9–41　建模流程

（2）建模范围（表 9-26）

上海市杨高路地下通道 BIM 应用建模范围　　表 9–26

| 专业 | 构筑物（建筑物） |
| --- | --- |
| 道路专业（地面） | 标志（标志、标线、标牌）<br>道路（道路材质、道路绿化、人行道） |
| 隧道专业（地下） | 围护（基坑围护、地基处理、降排水、基坑开挖、基坑回填）<br>内部结构（隧道、匝道、泵站、人行出入口、车库出入口） |

续表

| 专业 | 构筑物（建筑物） |
|---|---|
| 桥梁专业 | 桥梁、人行天桥 |
| 建筑专业 | 配电间、设备用房、监控室 |
| 机电专业 | 照明、通风、消防、监控 |
| 排水专业 | 雨水管、污水管、排水沟、集水坑 |
| 公用管线 | 电力管、电信管、给水管、燃气管 |

（3）模型拆分原则

按标段、按专业、按系统、按结构形式。

（4）坐标原点

在杨高路平面总图中把道路中心线上的桩号位置为 k1+260 设为原点坐标，导入底图至 REVIT 时选择原点对原点的方式并且选择方向为正北方向，建模过程中把方向调整项目北方向。

（5）模型交付（表 9-27）

上海市杨高路地下通道 BIM 应用交付文件　　表 9–27

| 序列 | 软件名 | 交付格式 |
|---|---|---|
| 1 | Autodesk Revit | *.rvt |
| 2 | Dassult System Catia | *.STP |
| 3 | Autodesk Navisworks | *.nwd |
| 4 | 其他 | *.FBX |

（6）组织架构（图 9-42）

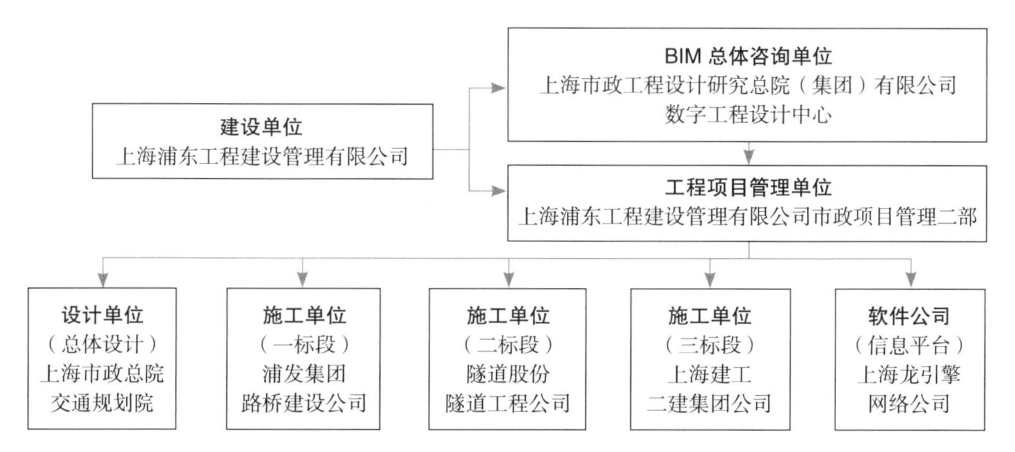


图 9–42　上海市杨高路地下通道 BIM 应用组织架构

上海市杨高路地下通道 BIM 应用管理定位如表 9-28 所示。

上海市杨高路地下通道 BIM 应用管理定位　　表 9–28

| | 管理定位 | 职 责 |
|---|---|---|
| 建设单位 | 领导决策 | 1. 对项目的 BIM 应用提出进度、质量、成本、安全等需求；<br>2. 审核项目实施方案和接收项目成果；<br>3. 监督管理项目团队服务进程和质量 |
| BIM 总体咨询单位 | 咨询服务协助管理 | 1. 组织、编制 BIM 技术应用总体实施方案、交付标准、实施标准；<br>2. 收集并审核各参与方的 BIM 模型和应用成果；<br>3. 对各参与方的 BIM 工作进行进度、质量、信息传递和数据存储等管理工作；<br>4. 对各参与方的 BIM 工作进行指导和支持；<br>5. 协助项目管理单位完成 BIM 技术应用管理 |
| 项目管理单位 | 项目管理 | 1. BIM 项目实施具体执行；<br>2. 各参与方合约中涉及 BIM 的商务条款编制；<br>3. 考核参与业主单位的计划执行情况 |
| 设计单位 | 设计服务 | 1. 完成设计阶段的 BIM 应用内容；<br>2. 按照 BIM 实施方案和标准，使用 BIM 模型进行设计信息提供、维护，提交 BIM 设计阶段成果 |
| 施工单位 | 工程施工 | 1. 完成施工阶段的 BIM 应用内容；<br>2. 按照 BIM 实施方案和标准，使用 BIM 模型进行施工信息提供、维护和整合施工阶段的 BIM 信息，提交 BIM 成果 |
| 软件公司 | 信息平台 | 1. 完成 BIM 各专业模型整合，并且导入平台；<br>2. 按照 BIM 实施方案，研发信息平台，完成 BIM 信息可视化展示 |

（7）信息交换

采用多平台工具软件建模，充分利用各自软件特点，达到最佳 BIM 应用效果。对信息交换，首先采用中间平台进行，如欧特克公司 Navisworks 平台，进行模型和信息整合，如图 9-43 所示。

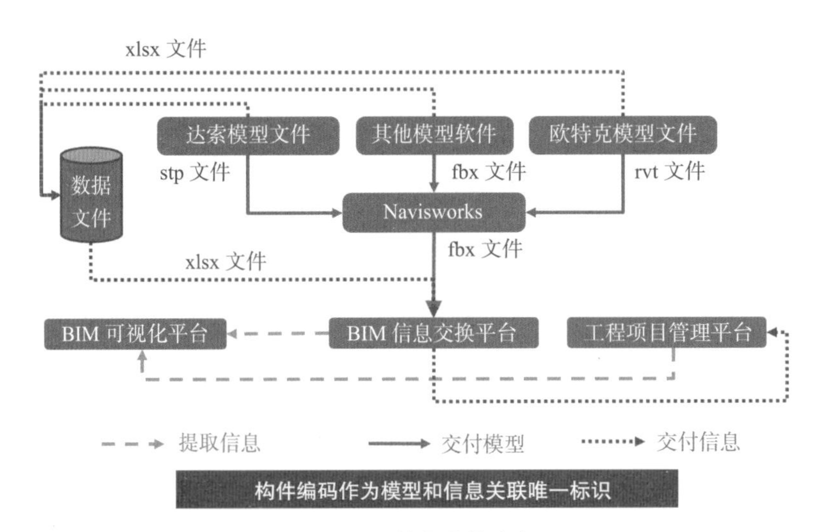


图 9–43　信息交换流程

（8）施工阶段 BIM 应用审核流程（图 9-44）

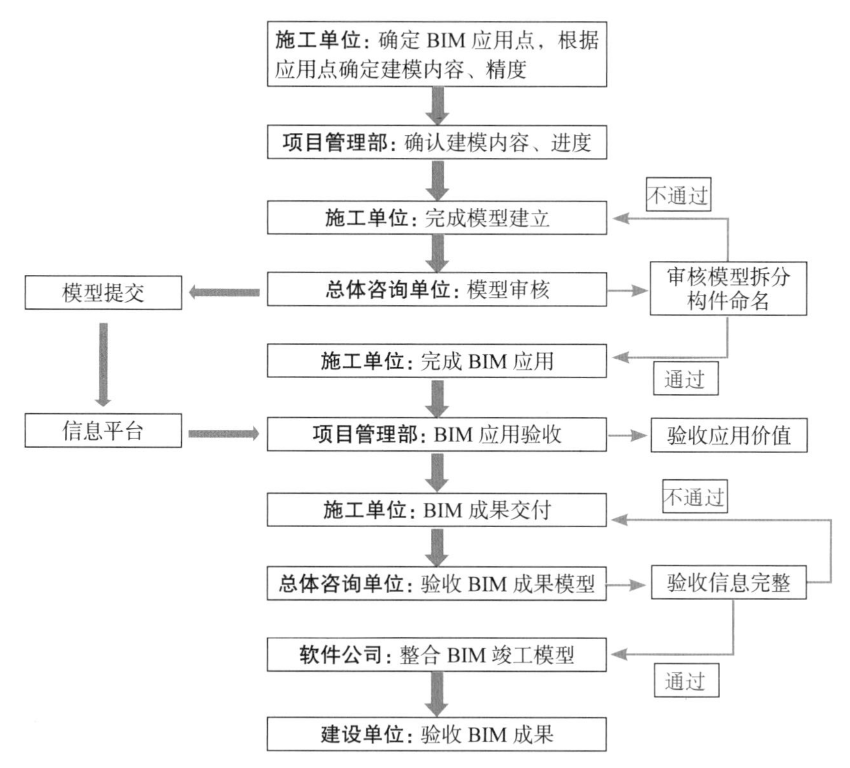


图 9-44　上海市杨高路地下通道 BIM 应用模型审核流程

4. 应用点（表 9-29）

上海市杨高路地下通道 BIM 应用　　表 9-29

| 序号 | 阶段 | 应用点 | 具体内容 | 应用软件 | 应用价值 |
|---|---|---|---|---|---|
| 1 | 初步设计阶段 | 场地建模 | 依据场地三通一平后的状况进行三维建模 | Civil 3D，Infraworks | |
| 2 | | 设计方案建模 | 对项目进行建筑专业三维建模，达到方案深度 | CATIA，3DMAX | |
| 3 | | 场地漫游 | 对已有的场地三维模型进行漫游并导出动画 | Infraworks，Uint3D | 可视化方案评审 |
| 4 | | 设计方案比选 | 场地模型和方案模型合成 | Infraworks | 进行多角度比选 |
| 5 | | 交通仿真分析 | 三维模型结合交通仿真软件进行模拟 | VISUM | 仿真更加直观 |
| 6 | | 交通标志标线 | 利用可视化软件，进行合理的交通标志标线设计 | Infraworks | 布置更加合理 |
| 7 | | 管线搬迁模拟 | 利用可视化软件，进行管线搬迁模拟 | Navisworks | 可视化方案评审 |

续表

| 序号 | 阶段 | 应用点 | 具体内容 | 应用软件 | 应用价值 |
|---|---|---|---|---|---|
| 8 | 施工图设计阶段 | 施工图深度模型 | 与施工图设计同步进行全专业三维建模 | CATIA，路立得 | |
| 9 | | 综合管线和优化 | 所有管线在同一个三维空间进行管位可行性及平纵碰撞分析，并进行优化 | 路立得，Navisworks | 精细化设计 |
| 10 | | 碰撞检查 | 在三维空间中进行错、漏、碰、缺检查，并处理完成 | Navisworks | 精细化设计 |
| 11 | | 工程量统计 | 利用构件明细表完成工程量统计 | CATIA | 统计结果更加精确 |
| 12 | | 施工方案模拟 | 多施工方案模拟，进行人工比选（包括管线搬迁、交通组织、施工场地等） | CATIA，Navisworks | 检验施工合理性 |
| 13 | | 施工进度模拟 | 模拟项目整体施工进度安排，检查施工工序衔接及进度计划合理性 | Revit，Navisworks | 指导施工 |
| 14 | 施工阶段 | 施工模型 | 按照施工顺序和施工临时措施，建立符合施工要求模型 | Revit | |
| 15 | | 复杂工序模拟 | 对复杂施工节点开展精细化施工模拟，检查方案可行性 | Navisworks | 指导施工 |
| 16 | | 工程动态算量 | 结合施工进度，利用 BIM 软件按周期对工程生成工程量清单，辅助工程量 | Navisworks | 指导工程材料采购 |
| 17 | | 施工过程管理 | 对施工进度、人力、材料、设备、质量、安全、场地布置等信息进行动态管理 | BIM 信息管理平台 | 辅助项目管理 |
| 18 | | 质量安全监控 | 综合应用数字监控、移动通信和物联网技术，实现施工现场集成通信与动态监管 | BIM 信息管理平台 | 辅助项目管理 |

5. 项目亮点

（1）模型交付

将带有施工招标工程量信息的结构模型从 CATIA 导入到常规软件 Navisworks 中，供多方使用，如图 9-45 所示。

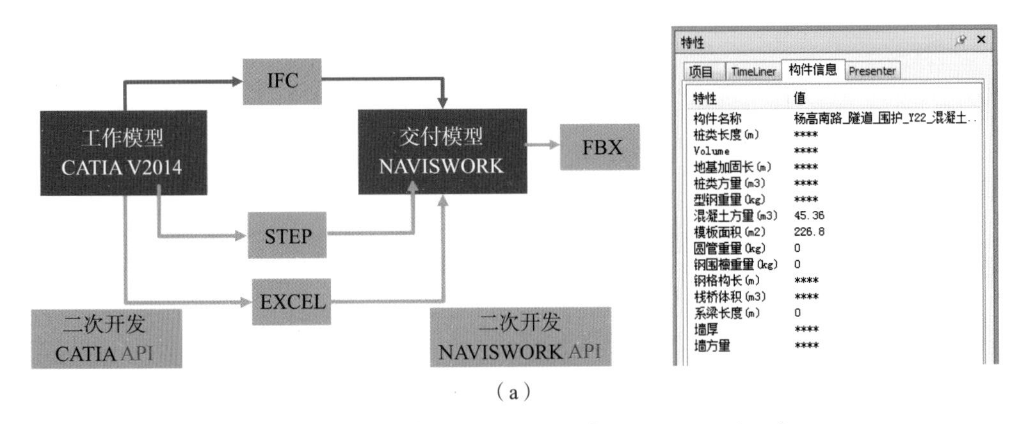


（a）

图 9-45 BIM 模型 CATIA 导入到 Navisworks（一）

（a）模型交换二次开发流程

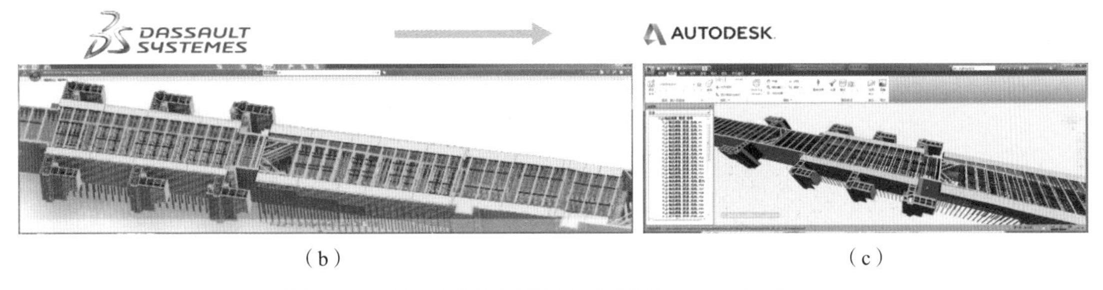


（b）　　　　　　　　　　　　（c）

图 9-45　BIM 模型 CATIA 导入到 Navisworks（二）

（b）达索平台;（c）欧特克平台

（2）工程量

根据工程算量清单,确定构件拆分原则。以道路中心线为骨架建立达索协同设计环境，各专业（维护、结构、桥梁）在协同环境下独立建模。按 IFC 标准提取信息（工程量），按 STEP 标准导出模型，通过二次开发，在欧特克平台 Navisworks 软件中合成。工程量导出流程如图 9-46 所示，工程量提取如表 9-30 所示。

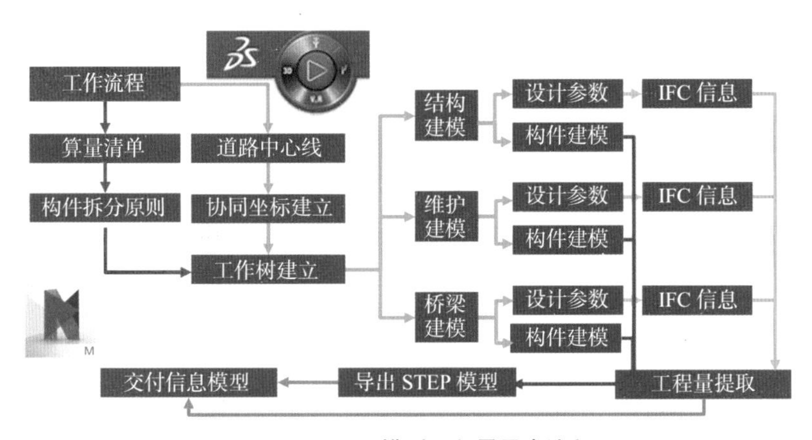


图 9-46　BIM 模型工程量导出流程

各专业模型工程量提取　　　　表 9-30

<table>
<tr><th>专业</th><th>模型</th><th>工程量信息提取</th></tr>
<tr><td>结构</td><td></td><td>
<table>
<tr><th>序号</th><th>名称</th><th>体积（m³）</th><th>面积（m²）</th><th>诱导缝长度（m）</th><th>纵向施工缝（m）</th><th>防水层面积（m²）</th></tr>
<tr><td>1</td><td>YGNL_SD_JG_Y23_SDB01</td><td>1516.3431</td><td>1742.4265</td><td>46.6</td><td>0</td><td>1612.8246</td></tr>
<tr><td>2</td><td>YGNL_SD_JG_Y23_ZGB01</td><td>668.1697</td><td>1006.5624</td><td>28</td><td>0</td><td>0</td></tr>
<tr><td>3</td><td>YGNL_SD_JG_Y23_DB01</td><td>1310.42</td><td>0</td><td>30.6</td><td>0</td><td>1008.0153</td></tr>
<tr><td>4</td><td>YGNL_SD_JG_Y23_DB02</td><td>362.1655</td><td>0</td><td>6.3</td><td>0</td><td>245.3154</td></tr>
<tr><td>5</td><td>YGNL_SD_JG_Y23_DB03</td><td>362.1655</td><td>0</td><td>6.3</td><td>0</td><td>245.3154</td></tr>
<tr><td>6</td><td>YGNL_SD_JG_Y23_CQ01</td><td>93.1049</td><td>192.8603</td><td>5.11</td><td>1</td><td>183.9598</td></tr>
<tr><td>7</td><td>YGNL_SD_JG_Y23_NQ01</td><td>186.2098</td><td>385.7206</td><td>5.51</td><td>2</td><td>0</td></tr>
<tr><td>8</td><td>YGNL_SD_JG_Y23_CQ02</td><td>93.1049</td><td>192.8603</td><td>5.11</td><td>1</td><td>183.9598</td></tr>
</table>
</td></tr>
<tr><td>围护</td><td></td><td>
<table>
<tr><th>序号</th><th>名称</th><th>长度（m）</th><th>截面尺寸/型号</th><th>体积（m³）</th><th>面积（m²）</th></tr>
<tr><td>1</td><td>灌注桩</td><td>3119.7795</td><td>Φ800</td><td>-</td><td>-</td></tr>
<tr><td>2</td><td>围檩</td><td>-</td><td>-</td><td>312</td><td>611</td></tr>
<tr><td>3</td><td>地下连续墙</td><td>-</td><td>-</td><td>-</td><td>-</td></tr>
<tr><td>4</td><td>搅拌桩</td><td>1232</td><td>Φ850</td><td>-</td><td>-</td></tr>
<tr><td>5</td><td>搅拌桩加固</td><td>300.329</td><td>4000X4000</td><td>-</td><td>-</td></tr>
<tr><td>6</td><td>工法桩</td><td>-</td><td>-</td><td>5064.4928</td><td>-</td></tr>
<tr><td>7</td><td>插拔桩</td><td>3191</td><td>H700x300x13x24</td><td>-</td><td>-</td></tr>
<tr><td>8</td><td>混凝土支撑</td><td>-</td><td>-</td><td>267.04</td><td>1001.4</td></tr>
</table>
</td></tr>
</table>

续表

<table>
<tr><th>专业</th><th>模型</th><th>工程量信息提取</th></tr>
<tr><td>钢筋</td><td></td><td>
<table>
<tr><th>名称</th><th>构件部位</th><th>钢筋直径</th><th>值</th><th>单位</th><th>单根钢筋公称质量</th><th>单根长度</th><th>值</th><th>单位</th><th>根数</th><th>值</th><th>单位</th><th>总重</th><th>分类统计</th></tr>
<tr><td>YY-YGSL_SD_JG_Y20_RB02 A.1</td><td>侧墙</td><td>KD5</td><td>16</td><td>mm</td><td>1.58</td><td>KL5</td><td>15078</td><td>mm</td><td>NN5</td><td>292</td><td>根</td><td>6956.39</td><td></td></tr>
<tr><td>YY-YGSL_SD_JG_Y20_RB02 A.1</td><td>侧墙</td><td>KD6</td><td>16</td><td>mm</td><td>1.58</td><td>KL6</td><td>15078</td><td>mm</td><td>NN6</td><td>292</td><td>根</td><td>6956.39</td><td></td></tr>
<tr><td>YY-YGSL_SD_JG_Y20_RB02 A.1</td><td>侧墙</td><td>KD16</td><td>16</td><td>mm</td><td>1.58</td><td>KL16</td><td>21920</td><td>mm</td><td>NN16</td><td>157</td><td>根</td><td>5437.48</td><td></td></tr>
<tr><td>YY-YGSL_SD_JG_Y20_RB02 A.1</td><td>侧墙</td><td>KD17</td><td>12</td><td>mm</td><td>0.888</td><td>KL17</td><td>680</td><td>mm</td><td>NN17</td><td>1485</td><td>根</td><td>841.025</td><td>20191.3</td></tr>
<tr><td>YY-YGSL_SD_JG_Y20_RB02 A.1</td><td>底板</td><td>KD2</td><td>28</td><td>mm</td><td>4.83</td><td>KL2</td><td>30340</td><td>mm</td><td>NN2</td><td>146</td><td>根</td><td>21395.2</td><td></td></tr>
<tr><td>YY-YGSL_SD_JG_Y20_RB02 A.1</td><td>底板</td><td>KD2a</td><td>32</td><td>mm</td><td>6.31</td><td>KL2a</td><td>7000</td><td>mm</td><td>NN2a</td><td>292</td><td>根</td><td>12897.6</td><td></td></tr>
<tr><td>YY-YGSL_SD_JG_Y20_RB02 A.1</td><td>底板</td><td>KD2b</td><td>32</td><td>mm</td><td>6.31</td><td>KL2b</td><td>6000</td><td>mm</td><td>NN2b</td><td>292</td><td>根</td><td>11055.1</td><td></td></tr>
<tr><td>YY-YGSL_SD_JG_Y20_RB02 A.1</td><td>底板</td><td>KD3</td><td>25</td><td>mm</td><td>3.85</td><td>KL3</td><td>28650</td><td>mm</td><td>NN3</td><td>146</td><td>根</td><td>16104.2</td><td></td></tr>
<tr><td>YY-YGSL_SD_JG_Y20_RB02 A.1</td><td>底板</td><td>KD18</td><td>25</td><td>mm</td><td>3.85</td><td>KL18</td><td>21920</td><td>mm</td><td>NN18</td><td>392</td><td>根</td><td>33081.7</td><td></td></tr>
<tr><td>YY-YGSL_SD_JG_Y20_RB02 A.1</td><td>底板</td><td>KD19</td><td>12</td><td>mm</td><td>0.888</td><td>KL19</td><td>1560</td><td>mm</td><td>NN19</td><td>3577</td><td>根</td><td>4955.15</td><td></td></tr>
<tr><td>YY-YGSL_SD_JG_Y20_RB02 A.1</td><td>底板</td><td>KD20</td><td>16</td><td>mm</td><td>1.58</td><td>KL20</td><td>1495</td><td>mm</td><td>NN20</td><td>584</td><td>根</td><td>1379.47</td><td></td></tr>
<tr><td>YY-YGSL_SD_JG_Y20_RB02 A.1</td><td>底板</td><td>KD22</td><td>12</td><td>mm</td><td>0.888</td><td>KL22</td><td>21920</td><td>mm</td><td>NN22</td><td>1168</td><td>根</td><td>22735.1</td><td></td></tr>
<tr><td>YY-YGSL_SD_JG_Y20_RB02 A.1</td><td>底板</td><td>KD23</td><td>16</td><td>mm</td><td>1.58</td><td>KL23</td><td>1970</td><td>mm</td><td>NN23</td><td>584</td><td>根</td><td>1817.76</td><td>125421</td></tr>
</table>
</td></tr>
<tr><td>管线</td><td></td><td>
<table>
<tr><th>序号</th><th>井编号</th><th>横坐标Y</th><th>纵坐标X</th><th>井底标高(m)</th><th>井深(m)</th><th>规格(mm)</th><th>井图号</th></tr>
<tr><td>1</td><td>Y-1</td><td>5853.651</td><td>-2455.794</td><td>1.992</td><td>1.35</td><td>1000x1300</td><td>PT05-06(1/3)</td></tr>
<tr><td>2</td><td>Y-2</td><td>5847.198</td><td>-2474.700</td><td>1.968</td><td>1.33</td><td>1000x1300</td><td>PT05-06(1/3)</td></tr>
<tr><td>3</td><td>Y-3</td><td>5839.121</td><td>-2498.359</td><td>1.938</td><td>1.29</td><td>排通603-1</td><td>排通603,页5-1</td></tr>
<tr><td>4</td><td>Y-4</td><td>5829.430</td><td>-2526.751</td><td>1.902</td><td>1.56</td><td>1000x1300</td><td>PT05-06(1/3)</td></tr>
<tr><td>5</td><td>Y-5</td><td>5819.738</td><td>-2555.144</td><td>1.866</td><td>1.89</td><td>1000x1300</td><td>PT05-06(1/3)</td></tr>
<tr><td>6</td><td>Y-6</td><td>5810.047</td><td>-2583.536</td><td>1.830</td><td>1.57</td><td>1000x1300</td><td>PT05-06(1/3)</td></tr>
<tr><td>7</td><td>Y-7</td><td>5798.741</td><td>-2616.657</td><td>1.788</td><td>1.99</td><td>排通603-1</td><td>排通603,页5-1</td></tr>
<tr><td>8</td><td>Y-8</td><td>5787.434</td><td>-2649.781</td><td>1.746</td><td>2.07</td><td>1000x1300</td><td>PT05-06(1/3)</td></tr>
</table>
</td></tr>
</table>

作为浦东新区的全新尝试，本工程请专业单位用常规方式人工计算与 BIM 模型工程量提取同步进行。通过反复多轮次的沟通修正和比对，基本得出工程量净值与人工计算规则的各项差异基本在 5% 左右的结论。最后 70% 模型工程量用于本次施工招标，如图 9-47 所示。

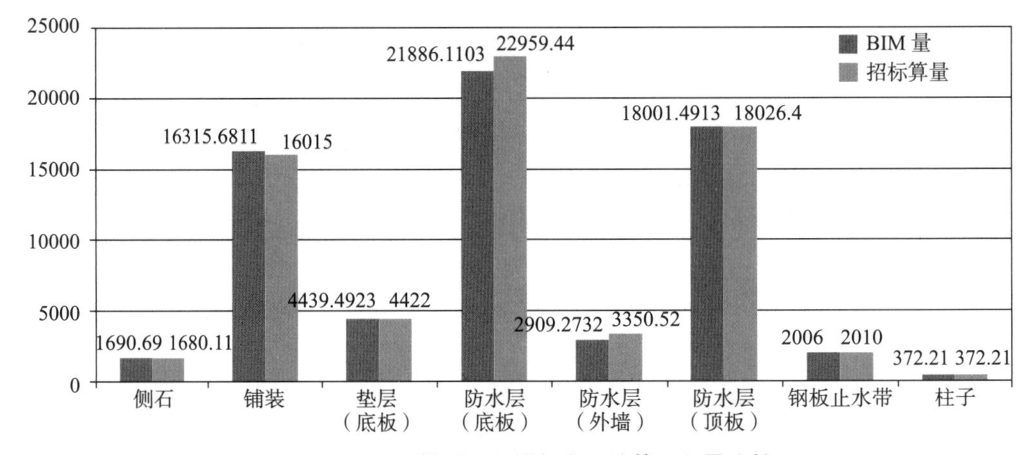


图 9–47　BIM 模型工程量与人工计算工程量比较

6. 存在问题

（1）设计单位多，三维设计软件应用能力参差不齐，模型的应用深度很难统一，项目的进度无法精确把控。

（2）单一软件平台无法完成工程中涉及的所有 BIM 应用点，选用的软件多，格式无法统一，模型整合难度大。

（3）项目各阶段对模型要求不同，模型的重用性效率低。

（4）BIM 软件中可利用构件太少，需要花费大量的人力去完善隧道工程的构件库，建模效率低下。

### 9.4.2 济南市中央商务区市政工程

1. 案例总体概况（表9-31）

济南市中央商务区市政工程BIM应用概况　　表9-31

| 内容 | 描述 |
|---|---|
| 设计单位 | 济南市市政工程设计研究院（集团）有限责任公司 |
| 软件平台 | 欧特克（Autodesk） |
| 使用软件 | Revit，Smart3D，Civil3D，Infraworks，Recap，Navisworks，ArcGis |
| 应用阶段 | 设计阶段 |
| BIM应用亮点 | BIM协调设计平台 |

2. 工程概况

中央商务区CBD一期市政工程：

地面道路：新建“三横三纵”共六条市政道路，道路总长度8373m，其中，宽30m的城市支路三条，宽42m城市次干路三条。

综合管廊：总长4520m，设置两三个仓室，收纳7种管线。

地下环路：主要解决五大塔楼周边地块的车辆到发，实现停车资源共享，建成后将为23个地块的9600个车位提供服务。主线全长2125m，共设置6处出入口，匝道总长度1860m。

3. 实施方案

（1）总体路线

遵循“基础模型创建——BIM设计协同平台构建——数据分析——方案比选——成果输出”的路线进行，如图9-48所示。

现状分析
点云数据生成现状建筑模型
地形图生成现状地形模型
物探生成现状管线模型

方案建模
城市设计模型　地面道路模型　地下环路模型
综合管廊模型　轨道交通模型　管线综合模型
交通设施模型　地下空间开发关键节点模型　交通需求预测模型
交通标线模型　交通运行评价模型

BIM设计协同平台
依靠BIM技术，搭建设计协同平台，整合多家设计单位方案，协调各专业设计。

CBD规划设计管理平台上多家设计单位方案的整合、建模

“BIM设计协调平台”的初步应用

图9-48 济南市中央商务区市政工程BIM实施总体路线

（2）现状模型

利用无人机技术对现状地形及路网规划进行数据采集，使用 Autodesk Recap 软件进行处理，生成相应的点云数据，快速生成三维建筑模型。基于航拍图与地形图，利用 Civil3D 软件和 ArcGIS 软件生成现状地形。通过 Access 数据库技术及 ArcGIS 及鸿业软件，将管线物探表转化为三维管线模型。

（3）地面道路模型

使用 Civil 3D 软件进行道路设计，并生成道路模型。地面道路模型构建时，专门注意 BRT 站台、地下环路出入口、人行道、道路绿化景观等重点节点和重点配套建设方案的建模。

（4）地下环路模型

同样使用 Civil 3D 软件进行道路设计，并生成道路模型。生成地下环路模型后，一方面是利用 vissim 从交通方面对运行服务水平进行定量评估，另一方面，从空间布置上，考虑与地面 BRT 站台的协调、与轨道交通竖向设计的协调以及与建筑配建停车场的协调，为地下环路的比选提供定量及定性支撑。

（5）综合管廊模型

利用 Civil3D 创建管廊模型。放入 BIM 协调设计平台，检查与地下环路、轨道车站及线路、地下停车场等构筑物是否发生碰撞，设计是否合理、可行，并为综合管廊设计方案提出对应的反馈意见。使用 Revit 软件对综合管廊关键节点进行优化设计并使用 Navisworks 对管廊中的管线、结构进行碰撞检查，使之做到零碰撞，从而有效地节省施工成本。

（6）轨道交通模型

利用 Revit、Lumion 创建轨道交通模型。放入 BIM 协调设计平台，检查与地下环路、综合管廊、地下停车场等构筑物是否发生碰撞，与规划建筑地下一层商业联系是否顺畅，与地面道路的连通性是否满足需求，并对轨道交通、地面交通、规划建筑方案提出对应的反馈意见。该模型的设计检验功能，在 CBD 规划建设管理平台与济南市轨道交通公司的多轮协调工作中，发挥巨大作用。

（7）规划模型

基于 SOM 城市设计方案，利用 ArcGIS 与 InfraWorks360 建立规划建筑模型，后期随着 CBD 用地开发进度，将继续推进超高层建筑建模工作。

（8）模型整合与协同优化

创建完成各专业模型后，对专业协调点进行详细分析。例如现状地形与规划建模之间，计算拆迁量与土石方；在地面道路与规划建筑之间，核算视距设计；在地面道路与地下环路之间，检验竖向与出入口的协调程度；在地下环路、综合管廊、轨道交通之间核查竖向方案及进行碰撞检查；在轨道交通与地面道路及规划建筑模型之间，检验出入口方案及竖向方案。

4. 应用点（表 9-32）

济南市中央商务区市政工程 BIM 应用　　表 9–32

| 应用点 | 使用软件 | 应用说明 |
| --- | --- | --- |
| 现状分析 | Autodesk，Recap，Smart 3D | 使用无人机拍摄获取的照片素材，使用 Recap 软件生成三维实景模型，从而真实地反映出项目周边的情况。<br>通过真实的三维模型，使项目现状更加直观，对方案的讨论、决策都在可视化的状态进行，极大地提高了效率，也使各方之间沟通更加便捷 |
| 规划建筑 | Arcgis10.2，Infraworks360 | 基于 SOM 城市建设方案，对规划建筑进行建模。后期，BIM 模型进入施工阶段之后，还将继续进行超高层建筑详细建模 |
| 地面道路 | AutoCAD，Civil 3D 2016 | 使用 Civil 3D 软件结合现状地形基于设计方案生成道路平纵横方案，最终生成模型实体。应用 Civil 3D 软件的分析功能对设计进行科学分析 |
| 地下环路 | AutoCAD，Civil 3D 2016 | 使用 Civil 3D 软件，结合城市设计模型和地面道路模型、轨道交通，比选地下环路布局、竖向、出入口布置方案，并对推荐方案进行合理优化，并完善消防、通风、安全疏散、火灾自动报警、给水排水、供配电、照明、监控等配套工程模型 |
| 综合管廊 | Revit 2016，Civil 3D，Subassembly，Composer | 使用 Civil 3D 部件编辑器创建基于空间曲线的综合管廊模型，对综合管廊节点使用 Revit 软件进行优化设计，对错综复杂的管廊管线进行可视化表达 |
| 轨道交通模型 | AutoCAD，Civil 3D 2016 | 根据轨道交通公司方案进行建模，并与地下环路、综合管廊等进行协同性检验，优化轨道交通竖向及车站出入口设置 |
| 协同设计 | Civil 3D | 将地下环路、综合管廊、轨道交通、地面道路模型整合在一起，统筹地下空间利用，审视微观设计空间，确保设计方案的可行性 |
| 碰撞检查 | Navisworks | 使用 Navisworks 对综合管廊与地下环路、管廊中的管线与结构、轨道交通与管线进行碰撞检查，验证设计方案可行性与合理性，减少施工中可能发生的错漏碰缺带来的影响，从而降低施工成本，加快施工进度 |
| 汇流分析 | Civil3D | 利用现状地形、竖向规划、景观规划，核算规划区域的汇水面积 |
| 土方计算 | Civil3D | 利用现状地形、竖向规划、道路设计、景观设计等，精确核算区域的填挖方量，通过反馈设计方案以进行填挖平衡，降低工程总造价 |
| 交通仿真 | VISSIM | 基于综合交通预测流量，对区域内交通规划设计进行建模，实施规划区域的交通运行仿真，定量化评估交通设施服务水平，反馈道路、地面公交及轨道交通设计方案 |
| 模拟驾驶 | Infraworks | 基于驾驶员视角，评估地下空间与地上空间景观协调性，评估地面道路空间资源及景观设计方案对驾驶员驾驶行为及心理的影响，打造高品质的 CBD 驾乘环境 |

5. 项目亮点

本次 BIM 解决方案通过创建 BIM 协调设计平台，在多家设计单位、多种专业类型之间高效率的沟通、协调与整合发挥了巨大作用，通过统筹分析，分析结果分别反馈到各设计单位的专业工程设计人员，有力保障总体工程的协调推进。

本 BIM 平台下一步向济南市中央商务区建设单位——济南市城市建设投资集团公司移交，并持续提供更新维护等工作，将 BIM 协调设计平台向施工协调及模拟平台演进，进一步推动 BIM 技术在济南市工程范围内的深化应用。

另外本 BIM 解决方案对于其他重点片区建设工程的规划、设计、建设、管理具有极强的示范作用，其过程中生成的设计组块也可在其他项目中应用。

6. 存在的问题与发展思考

（1）BIM 协调平台随开发进度而不断更新

目前 CBD 建设仅处于一期市政工程阶段，随着 CBD 用地开发逐步进入轨道，基础设施工程将陆续开建，其中必然存在与目前设计方案不相符的内容，例如轨道交通车站站点微调、地下商业空间开发布局微调等，BIM 协调平台必须与后期设计方案进行同步更改，一直保持 BIM 的协调作用。

（2）BIM 协调平台加入智慧城市计划

CBD 作为城市核心区域，是智慧城市建设的重点区域，BIM 协调平台为智慧城市的建设提供良好的实施载体，并在此基础上加入手机信令数据、线圈流量数据、交通控制数据、浮动车 GPS 数据、水光、电、暖等实时运行数据，将 BIM 协调平台的应用从规划设计走向运营，增加 CBD 的科技含量，增强 CBD 的魅力。

### 9.4.3 上海市延安东路隧道大修工程

1. 案例总体概况（表 9-33）

上海市延安东路隧道大修工程 BIM 应用概况　　表 9-33

| 内容 | 描述 |
|---|---|
| 设计单位 | 上海市隧道工程轨道交通设计研究院 |
| 施工单位 | 上海公路桥梁（集团）有限公司 |
| 软件平台 | 欧特克 |
| 使用软件 | Revit，Navisworks Manage，Lumion，Unity3D，Tekla，Bentley Navigator，Realworks，Unity，Oracle |
| 应用阶段 | 设计、施工、运维 |
| BIM 应用亮点 | 首次在隧道大修工程中开展 BIM 技术全过程应用；<br>隧道现状三维扫描获取基础数据，优化设计方案；<br>施工工艺模拟优化施工方案；<br>运维管理平台的开发和应用 |
| 展望 | 结合后续项目完善平台的功能模块，深化平台的落地应用；<br>管理模式变革；管理精细化程度应提高 |

2. 工程概况

上海延安东路隧道北线始建于 1982 年，为本市穿越黄浦江的第二条隧道，隧道全长 2261m，其中圆形隧道长 1452.25m，于 1988 年 12 月建成通车；南线（复线）隧道始建于 1994 年，全长约 2207.5m，其中圆形隧道长 1292m，于 1997 年 1 月正式通车。

隧道大修于 2015 年 3 月 14 日正式封交施工，主要涉及道路的翻新、土建结构的局部改造、隧道内装饰和机电系统的更换与升级、附属结构改造，大修分两个阶段实施，采用单孔封闭临孔运营的大修模式，根据工期安排，将于 2015 年 12 月 31 日实现南北双线通车运行。

3. 实施方案

本项目 BIM 应用的定位目标：借助 BIM 技术优势和科学的设计、施工和运维管理方法，优化隧道设计、施工方案，控制施工进度，减少工期，降低成本投入，提高安全运行水平和设施设备维护管理能力，保障大修工程的顺利完成，也为其他既有市政设施工程 BIM 技术应用提供参考和指导。

（1）设计阶段 BIM 应用

设计阶段 BIM 应用旨在创建精确且满足施工阶段应用需求及其拆分规则的三维信息模型，为施工和运维阶段 BIM 应用奠定数据基础，通过点云扫描技术获取大修设计基础数据，优化设计方案，通过装修效果仿真优化隧道照明和装修方案。

（2）施工阶段 BIM 应用

施工阶段 BIM 应用立足大修工程实际，通过施工专项方案模拟与优化、施工进度的科学管理，消除传统施工交底沟通障碍，规避施工安全隐患，提高施工部署的科学合理性。收集隐蔽工程过程信息，确保隐蔽工程质量，解决传统隐蔽工程无源可溯的难题。施工期 BIM 技术的运用，优化了施工部署，解决立体交叉施工相互协同难题，确保大修“优质、快速、高效”开展。BIM 技术运用是延东隧道北线大修提前完工的重要保障，拓展 BIM 技术的运用深度与广度，南线大修在安全管理、工期、质量上将再创新高。

（3）运维阶段 BIM 应用

运维阶段 BIM 应用目标在于开发基于 BIM 竣工模型的隧道安全运行管理平台，建立包含建设期和运营期信息的 BIM 数据库，完善隧道的应急管理，实时监测隧道健康状态，提高隧道安全运行水平。

4. 应用点（表 9-34）

上海市延安东路隧道大修工程 BIM 应用　　表 9-34

| 序号 | 阶段 | 应用点 | 具体内容 |
|---|---|---|---|
| 1 | 设计阶段 | 隧道原状、大修模型创建 | 创建隧道主体的土建和机电系统（包括通风、消防、照明、供电、监控等）模型、地面附属设施的土建和机电系统（包括通风、消防、照明、供电、监控等）模型及隧道周边环境模型 |
| 2 | | 设计方案优化 | 通过点云扫描模型与 BIM 模型的整合，为设计师掌握现场情况以及设计决策提供有力依据 |
| 3 | | 装修效果仿真 | 根据装修相关图纸及设计资料对 BIM 模型进行深化建模，生成装修效果模型，并制作装修漫游视频，优化照明和装修方案 |
| 4 | 施工阶段 | 施工筹划模拟及优化 | 运用 BIM 技术，按照施工筹划进行“虚拟施工”，检查校核施工筹划的合理性，通过检查→反馈→修改施工方案→修改 BIM 施工筹划模型→再次检查，形成科学合理的施工筹划 |
| 5 | | 重要工艺精细化施工模拟 | 利用 BIM 技术建立隧道三维实体模型、施工机具模型，并在施工方案拟定工作面处进行组装完成虚拟施工模拟，通过虚拟施工可直观地显示出传统二维设计中的“视野盲区”，预见多作业面立体交叉施工时的空间“打架”现象，将虚拟施工信息进行整理提取用以修正施工方案 |
| 6 | | 施工管理 BIM 平台 | 基于施工管理 BIM 平台，开展进度、质量、施工环境管理 |
| 7 | | 竣工模型交付 | 在运维模型创建工作之初确定隧道运维单位的信息需求，明确各单位的界面划分，确定运维模型的信息内涵以及创建流程 |

续表

| 序号 | 阶段 | 应用点 | 具体内容 |
|---|---|---|---|
| 8 | 运维阶段 | 运维管理 BIM 平台 | 以设计、施工阶段逐步细化完善的三维模型及竣工相关的完整数据、文件为基础，开发基于 BIM 技术的隧道运维管理平台，该平台集成影响隧道安全运行的各类数据（包括设施设备运行信息、检测信息、安全受控状态、当前养护状态、重点构件实时监控信息、设施设备管理关键步骤的实时追踪信息），主要包括：设施设备综合监控与预警、应急处置、巡检养护、结构安全监测与评估等 |

5. 项目亮点

（1）大修工程全生命期应用

BIM 技术应用不应局限于新建工程，对于改造大修类工程也可以结合项目特点针对性开展应用，尤其是在当前国内大量民用和基础设施相继进入维修改造周期的大环境下。BIM 技术应用不应局限于工程设计施工某个细分阶段，而应该贯穿工程项目设计、施工及运维的全过程。

（2）BIM 应用"指导"施工

项目利用 BIM 技术对施工工艺进行精细化模拟，优化施工方案，对施工班组进行形象可视化的技术交底，"指导"施工技术方案的贯彻实施；利用施工管理平台实现现场实际进度与计划进度的对比分析，对滞后工序发出报警，"指导"施工进度的管理与把控。

（3）新兴技术整合应用

项目开创性地将三维数字成像技术扫描应用于工程实践，将扫描得到的测点数据和预事先在电脑中建立的理想三维模型进行对比，从而对隧道的空间尺寸、空间点位进行校核，特别是在牛腿线型的描述上，利用 3D 点云扫描的高精度，大大减少了测量放线工作量及线型修正工作量。

（4）基于 BIM 技术的隧道运维管理平台

项目基于 BIM 技术的隧道运维管理平台的数据基础是施工管理平台的竣工移交模型和关联的数据与文档资料。在此基础上，平台结合 BIM 可视化、空间计算、数据集成等特点，跨平台集成综合监控、养护公司养护管理系统、结构监测等数据，有效整合运维阶段动态数据（监测、检测、巡检、养护、评价、决策），为维养管理人员的快速处置、科学决策、精细化管理提供全面的支持。

6. 存在问题与发展思考

（1）平台的功能完善和深化应用

BIM 技术应用本质上属于信息化建设的范畴，尤其是平台类的开发。一般来讲，隧道的施工管理和运维管理本身业务繁杂，管理对象和涉及单位众多，开发周期较长，因此单个项目难以实现平台全模块的完整和完善开发，需要结合后续项目不断完善平台的功能模块和深化平台的落地应用。

（2）管理模式变革

BIM 技术需要更新的建设、运维管理模式支持。由于 BIM 技术的全生命周期应用特点，基于 BIM 的管理需要前道工序为后道工序提供更多的支持，跨阶段集成的特征十分明显，

EPC 模式可有效保障设计与施工阶段的深度集成，但考虑运维阶段的延续应用，仍需要考虑将养护单位尽早介入施工阶段的相关工作中，以保障竣工移交模型和资料更好地满足运维的需要。

（3）管理精细化程度应提高

由于 BIM 技术的应用将管理的细度提升到了构件级，而现场的精细化管理程度受工期目标、管理人员技能、管理人员数量等因素的严重影响，虽有精细化管理的期望，短期内仍很难实现，具体体现在方案考虑不细致、计划不能细化到具体的部位、实际进度统计汇报不能细化到具体的部位等。精细化管理程度直接影响 BIM 应用的效果，加上目前施工阶段 BIM 应用软件的易用性问题，经常导致 BIM 应用跟不上现场施工的节奏。建议研究符合我国工程项目管理特色并适合 BIM 技术应用的精细化管理模式，使 BIM 能在施工阶段更好地为我国的工程项目管理服务。

### 9.4.4 宁东基地综合管廊工程

1. 案例总体概况（表 9-35）

宁东基地综合管廊工程 BIM 应用概况　　表 9-35

| 内容 | 描述 |
|---|---|
| 设计单位 | 中国市政工程西北设计研究院有限公司 |
| 软件平台 | 欧特克（Autodesk） |
| 使用软件 | Revit2016，Navisworks，P6，Fuzor，鸿业综合管廊，造价算量，探索者 |
| 应用阶段 | 设计阶段 |
| BIM 应用亮点 | BIM 项目管理 |

2. 工程概况

宁东化工新材料园区将形成主、支线综合管廊布局，辅以缆线管廊。管廊长度共计 18.76 公里。主线综合管廊里程 10.48 公里，支线综合管廊里程 7.18 公里，缆线综合管廊里程 1.1 公里。

BIM 应用综合管廊难点在于，涉及电力蛇形铺设，给水、中水、排水、燃气、大管径蒸汽管道入廊及补偿问题等多专业问题，同时项目本身还要跨越铁路等现有交通及管线设施问题，对原有的管线交叉模拟解决碰撞问题，合理有效解决入廊问题。

3. 实施方案

（1）通过建立标准综合管廊专业族库，同时通过协同设计对管廊复杂的交叉结点提高了设计效率，同时按照合同要求对不同建模型深度要求，分类建模达到 G3 ~ G4 级别水平。

（2）综合管廊按照鸿业综合管廊 BIM 软件提供的专业分为 10 大类进行分类并编码。

（3）为了实现全过程应用主要采取了如图 9-49 所示的建模方法：

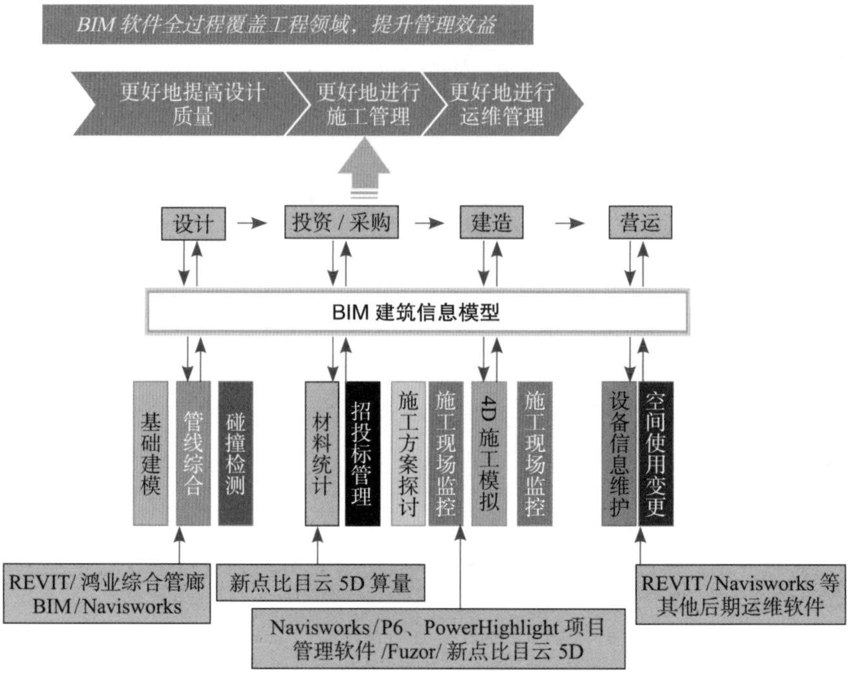

图 9-49　建模方法及应用软件和流程

4. 应用点（表 9-36）

宁东基地综合管廊工程 BIM 应用　　表 9-36

| BIM 实施应用阶段 | 该阶段提交的设计文件成果 |
| --- | --- |
| 第一阶段（BIM 基础模型） | 提交初版 RVT 格式 BIM 原始模型，通过 BIM 技术的应用大大提高各专业协同效率，对于管廊复杂的交叉结点提高了设计效率 |
| 第二阶段（综合碰撞检测） | 1. 提交初版 RVT 格式 BIM 原始模型；<br>2. 提交碰撞报告多次，并以邮件形式 PDF 及 word 格式主送业主；<br>3. 各专业工程量统计，并以邮件形式 PDF 及 word 格式主送业主；<br>4. 辅助施工图参数化设计的图纸及节点施工图；<br>5. 给定路径的漫游动画或固定视角的图片（WMV 格式、JPG 格式） |
| 第三阶段（优化 BIM 模型） | 1. 提交深化设计阶段 RVT 格式 BIM 原始模型；<br>2. 提交碰撞报告多次，并以邮件形式 PDF 及 word 格式主送业主；<br>3. 各专业工程量统计，并以邮件形式 PDF 及 word 格式主送业主；<br>4. 通过 BIM 技术平台和三维模型，准确提供工程量的统计 |
| 第四阶段（施工管理配合） | 1. 给定路径的漫游动画或固定视角的图片（WMV 格式、JPG 格式）；<br>2. 提交施工模拟视频成果；<br>3. 提供实际的工程量信息加入 BIM 模型；<br>4. 通过无人机等设备，实时反映现场情况，排查安全隐患，了解实际施工进度 |
| 第五阶段（施工管理配合第二阶段） | 1. 协助甲方进行施工现场管理，细化对人、机、材料的协调管理，协助进行造价控制工程，通过新点比目云，P6、powerhighlight 等施工管理软件进行深度优化施工管理；<br>2. 给定路径的漫游动画或固定视角的图片（WMV 格式、JPG 格式）；<br>3. 定期提交施工模拟成果 |

续表

| BIM 实施应用阶段 | 该阶段提交的设计文件成果 |
| --- | --- |
| 第六阶段<br>（竣工验收） | 1. 提交 RVT 格式 BIM 原始竣工模型（LOD4 级别的竣工 BIM 模型）；<br>2. 协助施工算量，竣工结算；<br>3. 提交 BIM 工作总结报告 PDF。<br>上述所有文件均为原始模型 DVD 光盘三套 |
| 第七阶段<br>（运营维护阶段） | 通过第三方智能化控制软件公司，通过 BIM 模型提供后期运维，后期智能化管理平台，达到 BIM 模型利用的最大化、深度化 |

5. 项目亮点

（1）BIM 实施主要人员架构

为更好地在本项目实施 BIM 信息化管理服务模式，如图 9-50 所示，建立建筑信息模型，针对这个项目，成立专门的 BIM 管理团队，由公司总经理担任项目牵头负责人、公司技术经理担任服务技术总监。项目经理担任各专业 BIM 的负责人。同时邀请中国市政工程西北设计研究院有限公司专业的设计顾问团队协助操作，以确保 BIM 咨询服务的良好运行。

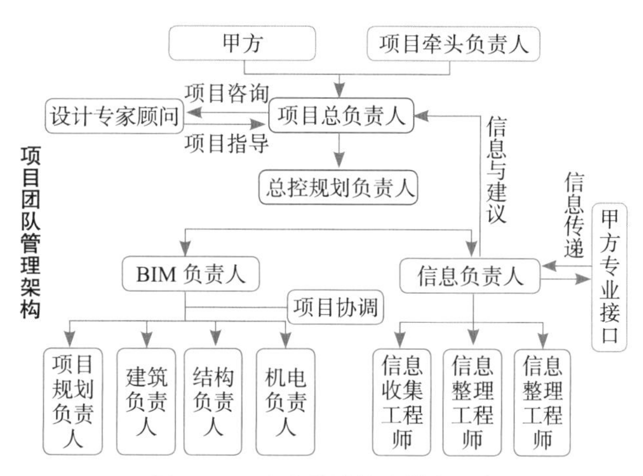


图 9-50　宁东基地综合管廊工程 BIM 应用管理服务模式

（2）项目进度设计计划及关键工序节点控制（表 9-37）

宁东基地综合管廊工程 BIM 应用工作计划　　表 9-37

| 序号 | 服务内容 | 计划起始时间 | 计划时间（工作日） | 备注 |
| --- | --- | --- | --- | --- |
| 1 | BIM 项目实施标准制定 | 自项目实施之日起 | 5 | 在项目实施过程中再调整 |
| 2 | 创建建筑、结构、机电 BIM 基础模型 | 自接收相关资料后 | 40 | 第一版模型时间 |
| 3 | 提供碰撞报告及优化建议 | 自接收相关资料后 | 15 | 分析与整理时间 |
| 4 | 阶段性优化 BIM 模型 | 自接收相关资料后 | 根据项目情况确定 | 收到各方优化方案后修改模型时间 |
| 5 | 录入相关深度化实际参数和信息 | 自接收相关资料后 | 25 | 收集和录入信息时间 |
| 6 | 管廊对比效果图动画模拟施工 | 自接收相关资料后 | 5 | 模型细化和渲染时间 |
| 7 | 各专业工程量统计 | 自接收相关资料后 | 10 | 工程量统计时间 |
| 8 | 根据现场变更签证及图纸变动，调整、修改 BIM 模型直至竣工模型 | 自接收相关资料后 | 根据项目情况确定 | 每次修改约合 3 个工作日内 |

宁东基地综合管廊工程 BIM 应用成果如图 9-51 所示。

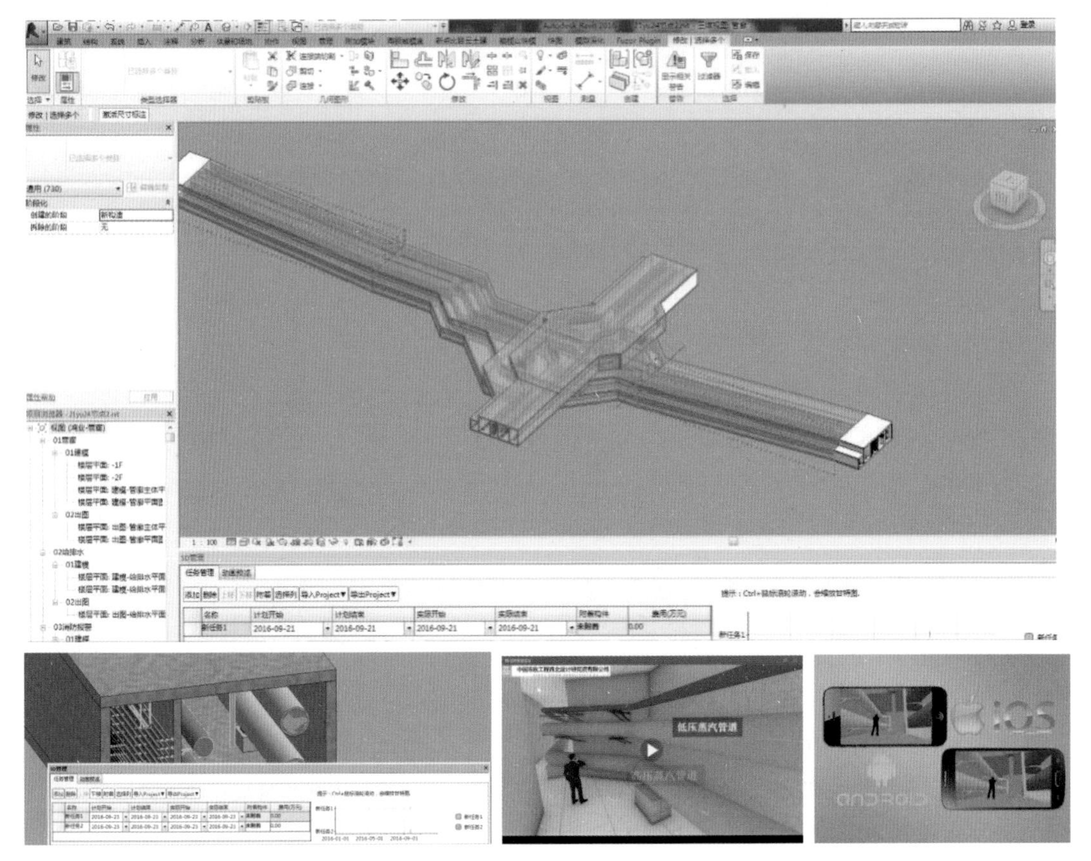


图 9-51　宁东基地综合管廊工程 BIM 应用成果

6. 存在问题

（1）项目仅仅停留在功能性应用及项目级应用，对于 BIM 的应用不够彻底，在企业级应用还存在与施工单位交流提高的过程，还要进一步深挖，循序渐进地推进 BIM 技术的应用普及。要从企业实际出发，抓住突破点，逐步覆盖全过程全周期。

（2）REVIT 建模本身还有一定的局限性，对过大的模型支对机器要求太高，对管廊钢筋混凝土工程的计算还要依靠其他软件，同时加入钢筋构件会拖慢模型及效率，现在还要考虑另设模型加入钢筋，以达到精确化算量的目的。

（3）针对 BIM 模型的规范化、标准化还需要实现统一，还不能实现标准化 BIM 审图，需要把 BIM 模型进行传统的二维化出图，才能完成审图。

（4）对于特型大口径蒸汽管道的压力仿真计算，还需要转换借助其他软件计算，REVIT 尚需进一步完善。

（5）REVIT 本身的协同设计还存在逻辑和效率问题，还需要优化。

（6）由于缺乏国家标准对 BIM 算量进行控制和认同，影响企业使用 BIM 模型作为算量依据，目前只能作为施工辅助算量使用。

### 9.4.5　银川市沈阳路地下综合管廊及道路工程

1. 案例总体情况（表 9-38）

银川市沈阳路 BIM 应用概况　　表 9-38

| 内容 | 描述 |
| --- | --- |
| 设计单位 | 中国市政工程西北设计研究院有限公司 |
| 软件平台 | 奔特力（Bentley） |
| 使用软件 | MicroStation，PowerCivil，AECOsim Building，ProStructures，Navigator，LumenRT |
| 应用阶段 | 设计阶段 |
| BIM 应用亮点 | 基于路线、桩号完成市政基础设施 BIM 设计 |

2. 工程概况

道路工程：沈阳路西起新南公路，东至亲水大街，沿线下穿包兰铁路、穿越阅海湖，并与通达北街、满城北街等道路平面交叉，路线全长 4263.452m。全线新建照明路灯、给水排水管道。

综合管廊工程：综合管廊全长约 4373m，敷设在道路南北两侧的侧绿化带下，收纳电力、通信、给水、燃气、污水等管线。综合管廊除满城街～通达街段采用分离式单舱＋双舱布置外，其余路段均采用分离式两舱布置，下穿包兰铁路段和阅海湖隧道段与隧道合建。综合管廊设中心变电所一座，建筑面积 354.32m$^2$。

工程难点：①本工程是涵盖了道路、桥梁、建筑、结构、给水排水、电气等几乎全市政专业的综合性项目，在管廊交叉口，控制中心出入口等节点结构非常复杂，各专业协同难度大。②本工程两处下穿通道均结合管廊结构，既要满足隧道设计的要求，又要满足管廊的设计要求，在结构空间上容易出现碰撞。③入廊管线与现状管线的连接以及入廊管线与非入廊管线的位置关系复杂，容易相互干扰产生碰撞。

3. BIM 实施方案

（1）工作流程图（图 9-52）

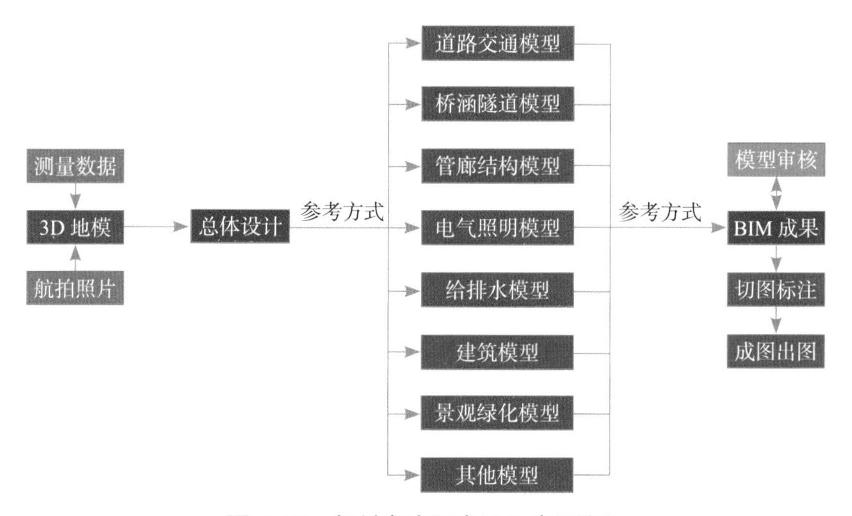


图 9-52　银川市沈阳路 BIM 应用流程

（2）建模方案

1）地形模型：将外业资料导入 PowerCivil，对数据进行处理后得到地形模型，确定包兰铁路及阅海湖位置。

2）道路模型：根据地形模型，进行道路平纵横设计，之后再进行交叉口、辅道等细部设计。最后在三维道路上进行交通工程、标志标线、景观绿化等设计。

3）管廊设计：根据路线确定管廊平面线形，再根据实际情况确定管廊纵断面及横断面，组合形成三维管廊模型；确定节点位置，进行节点设计；最后结合给水排水、通风模型调整管廊，如增设吊装孔等。

4）建筑设计：在外部条件稳定后即展开设计，待道路模型完成后将建筑模型置于对应的位置。

5）结构设计：利用建筑模型、三维管廊模型和三维道路模型所包含的隧道模型提取后进行三维结构设计，得到钢筋混凝土结构模型。

6）给水排水、电气设计：根据已有的道路模型、管廊模型等确定水电专业的管线位置、检查井、雨水口位置，以及其他条件，进行水电专业设计并得到给水排水模型、电气模型。

4. BIM 应用点（表 9-39）

银川市沈阳路 BIM 应用　　表 9-39

| 序号 | 阶段 | 应用点 | 具体内容 |
|---|---|---|---|
| 1 | 方案设计阶段 | 设计方案建模 | 根据规划方案创建道路与管廊平纵横方案 |
| 2 | | 规划方案比选 | 利用 BIM 技术对几个设计方案进行三维可视化比选，并根据方案快速估算工程量统计概算 |
| 3 | 初步设计阶段 | 场地建模 | 依据外业数据进行地形建模 |
| 4 | | 设计建模 | 对方案模型进行深化，达到初步设计深度 |
| 5 | | 设计方案比选 | 场地模型和初步设计模型合成，统计并比较不同方案的土石方量 |
| 6 | | 交通仿真分析 | 三维模型结合交通仿真软件进行模拟，优化平交路口、车道布置、标志标线位置等 |
| 7 | | 现状管线分析 | 将测勘的管线数据建模并与设计模型组合，统计并优化现状管线迁改方案 |
| 8 | 施工图设计阶段 | 施工图模型 | 进一步深化初设模型，达到施工图深度 |
| 9 | | 综合管线和优化 | 入廊管线与廊外管线的连接优化，非入廊管线与管廊的空间位置优化 |
| 10 | | 碰撞检查 | 在三维空间中对管廊、管线、道路、建筑进行错、漏、碰、缺检查，并处理完成 |
| 11 | | 二维图纸剖切与工程量统计 | 通过剖切得到二维图纸，分专业进行工程量统计并插入图纸形成完整的施工图 |
| 12 | | 施工方案模拟 | 对管线迁改、施工期间交通组织以及后期管线入廊进行施工模拟 |

5. BIM 实施效果与应用亮点

通过本项目的 BIM 设计过程，中国市政工程西北设计研究院有限公司探索出了一条通过 Bentley 土木设计平台实现的基于路线、桩号完成市政基础设施设计的路线，抛弃了以往进行路桥专业项目 BIM 设计却要依托建筑 BIM 软件的设计方法。通过此种设计方法，将所有与路线相关的设计内容全部与路线建立了逻辑关系，在路线平纵调整时，相关构件无需手动修改即可实现同步修改。

银川市根据住房城乡建设部电视电话会议要求重新出台了《银川市地下综合管廊试点城市实施计划（2016-2018 年）》，并对银川所有正在设计或者即将开工的管廊断面进行了修改。在如此之大的变化下，因为本项目采用 BIM 三维设计，将变更修改工作量降到了最低，以较少的时间和人力完成了设计修改工作，保障了工程施工的顺利进行，如图 9-53、图 9-54 所示。

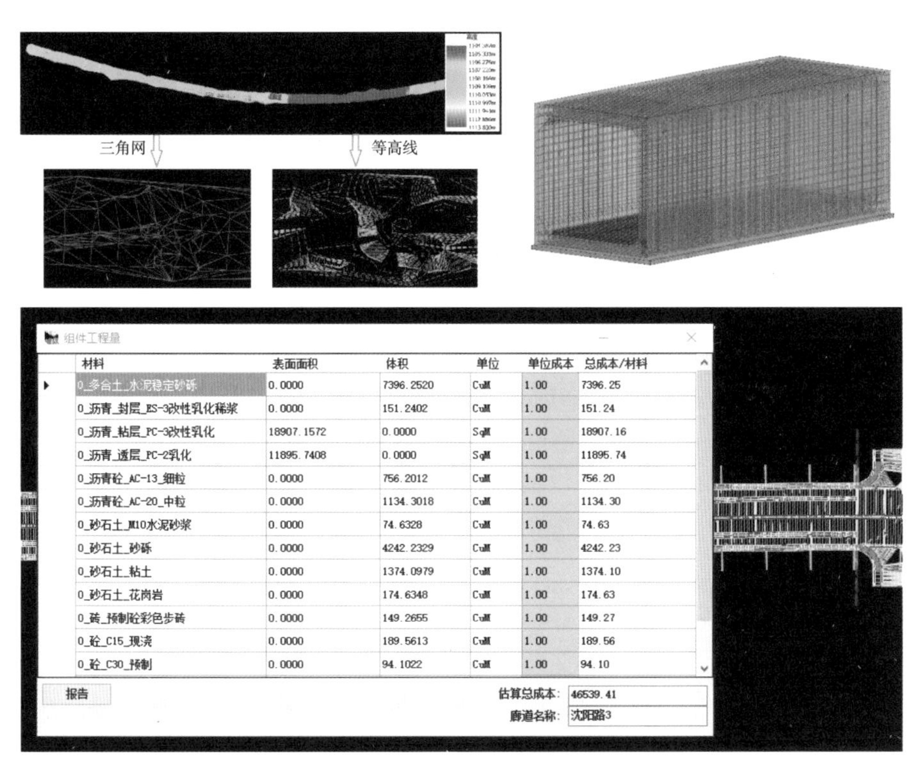


| 材料 | 表面面积 | 体积 | 单位 | 单位成本 | 总成本/材料 |
| --- | --- | --- | --- | --- | --- |
| 0_三合土_水泥稳定砂砾 | 0.0000 | 7396.2520 | CuM | 1.00 | 7396.25 |
| 0_沥青_封层_ES-3改性乳化稀浆 | 0.0000 | 151.2402 | CuM | 1.00 | 151.24 |
| 0_沥青_粘层_PC-3改性乳化 | 18907.1572 | 0.0000 | SqM | 1.00 | 18907.16 |
| 0_沥青_透层_PC-2乳化 | 11895.7408 | 0.0000 | SqM | 1.00 | 11895.74 |
| 0_沥青砼_AC-13_细粒 | 0.0000 | 756.2012 | CuM | 1.00 | 756.20 |
| 0_沥青砼_AC-20_中粒 | 0.0000 | 1134.3018 | CuM | 1.00 | 1134.30 |
| 0_砂石土_M10水泥砂浆 | 0.0000 | 74.6328 | CuM | 1.00 | 74.63 |
| 0_砂石土_砂砾 | 0.0000 | 4242.2329 | CuM | 1.00 | 4242.23 |
| 0_砂石土_粘土 | 0.0000 | 1374.0979 | CuM | 1.00 | 1374.10 |
| 0_砂石土_花岗岩 | 0.0000 | 174.6348 | CuM | 1.00 | 174.63 |
| 0_砖_预制砼彩色步砖 | 0.0000 | 149.2655 | CuM | 1.00 | 149.27 |
| 0_砼_C15_现浇 | 0.0000 | 189.5613 | CuM | 1.00 | 189.56 |
| 0_砼_C30_预制 | 0.0000 | 94.1022 | CuM | 1.00 | 94.10 |

图 9-53　工程数量表

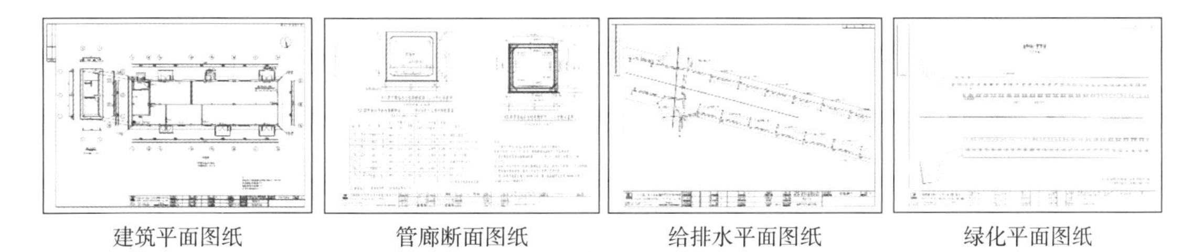


图 9-54　二维出图

6. 存在问题

（1）未实现物理模型与力学计算模型的数据共享。

（2）对批量参数化构件的模型优化还不完善。

（3）电气专业由于二维图纸与三维模型的表达方式差距较大，暂未能有效地将二者结合。

### 9.4.6 云南省保山市市政综合管廊工程

1. 案例总体概况（表 9-40）

保山市市政综合管廊 BIM 应用概况　　表 9–40

| 内容 | 描述 |
|---|---|
| 设计单位 | 同济大学建筑设计研究院（集团）有限公司 |
| 软件平台 | 欧特克（Autodesk） |
| 使用软件 | Revit，Civil 3D，Infraworks，Navisworks，3ds Max，Simulation CFD |
| 应用阶段 | 设计阶段 |
| BIM 应用亮点 | 全过程设计应用 |

2. 工程概况

永昌路综合管廊主要收纳 2 孔 35kV 电力管线、20 孔 10kV 电力管线、10 孔低压电力管线、20 孔通信管和一根的 *DN*300 配水管道。

永昌路综合管廊工程由标准段、管线引出段、端部结合井、投料口、通风口、人员出入口等组成，设计防火分区长度按 200m 考虑。

3. 实施方案

本综合管廊项目的 BIM 应用内容包括全过程设计应用以及扩展应用两部分，其中，全过程设计应用包括三维方案设计、多专业协同详细设计、特殊节点设计优化、管廊内部通风 / 温度 CFD 分析、施工工序模拟 / 建成项目虚拟漫游以及项目成果的数字化交付。

综合管廊的 BIM 全过程设计流程，总结概括了项目实施过程中的必要阶段，提出了设计过程中的可用手段，为 BIM 技术在综合管廊项目中的推广应用奠定了基础。

4. 应用点（表 9-41）

保山市市政综合管廊 BIM 应用　　表 9–41

| BIM 应用 | 应用意义 |
|---|---|
| 三维方案设计 | 在方案阶段，较二维设计而言，希望使用 BIM 技术设计出考虑因素更为全面，也更易被群众及业主理解的方案成果 |
| 多专业协同详细设计 | 由结构专业、给水排水专业和道路专业进行协同深化设计建模 |
| 特殊节点设计优化 | 使用 BIM 完成管线优化 |
| 管廊内部通风、温度 CFD 分析 | BIM 设计完成三维模型后，设计结果可以直接导入到 CFD 分析软件中进行空气流体力学分析，得到与通风、温度相关的分析结果 |

续表

| BIM 应用 | 应用意义 |
| --- | --- |
| 施工工序模拟 | 设计方与施工方能够提前进行沟通 |
| 建成项目虚拟漫游 | 业主在项目建成前即能直观地了解综合管廊的内部情况 |
| 项目成果数字化交付 | 在完成设计、分析、模拟工作的同时，项目本身也积累了丰富的交付成果 |
| BIM 实施标准流程制定 | 总结综合管廊项目的设计流程和设计标准，编写企业 BIM 标准 |
| 二次开发插件定制 | 适用于综合管廊建模的插件开发，以快速完成电缆支架的快速布置 |

5. 项目亮点

（1）三维方案设计

通过 GIS 信息与当地测量数据的结合，可以构建出工程范围的虚拟环境，较为直观地体现综合管廊、周边环境以及改造道路的相互关系，如图 9-55 所示。

（2）特殊节点设计优化

在不同的管线布置方案的情况下，优化后引出段断面净宽可减少 0.7 ~ 0.9m，结构空间减少 18.2% ~ 23.1%，如图 9-56 所示。

图 9-55 保山市市政综合管廊工程范围的虚拟环境

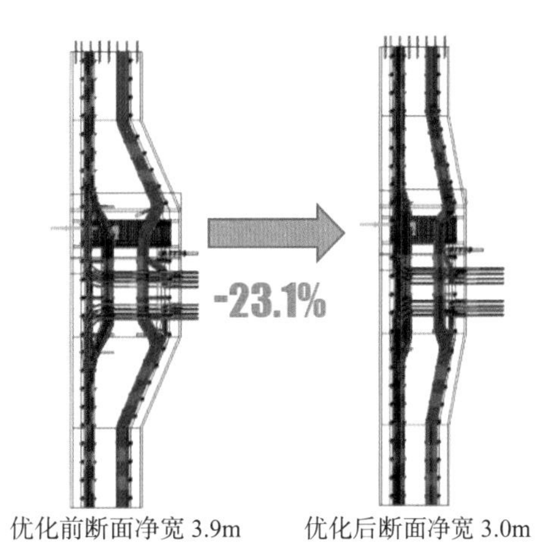


图 9-56 保山市市政综合管廊工程节点设计优化结果

这一结果除了节约了工程造价之外，意义更在于缓解了管廊结构与周边建筑距离过近的问题，大幅降低了施工难度。

（3）项目成果数字化交付

基于 AUTODESK 市政工程解决方案，项目可向业主交付方案模型、三维设计模型、分析模型、仿真漫游模型，以及传统的二维施工图纸。还可使用云渲染技术对模型进行渲染生成效果图，同时，也可以通过移动终端，如 IPAD 来进行设计成果的交接，如图 9-57 所示。

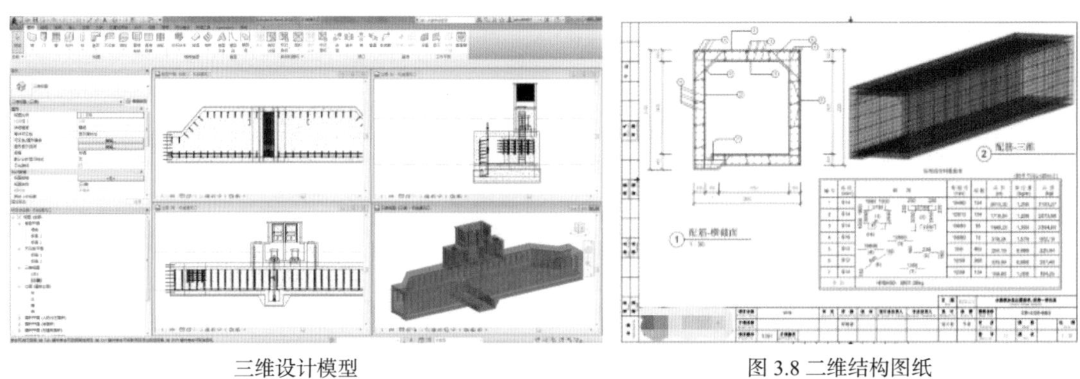

三维设计模型　　　　图 3.8 二维结构图纸

图 9–57　保山市市政综合管廊工程数字化交付

6. 总结

BIM 技术在综合管廊项目中的应用，较之传统设计有着自己独特的优势。在本项目的实施中，完成了基于 BIM 技术的方案展示及项目建成后的虚拟漫游，直观地向业主和公众普及综合管廊这种市政管线基础设施。

也通过 BIM 技术科学的设计和分析手段以得到最优化的设计成果，保证设计合理性的同时，有效的减少了工程造价。

最后，本项目建立了适用于综合管廊项目的 BIM 全过程设计流程，为后续使用 BIM 技术提供一些借鉴和指导。

# 第 10 章

## BIM 常用软件介绍

# 10.1　欧特克（Autodesk）公司平台软件介绍

欧特克有限公司是三维设计、工程及娱乐软件的领导者，其产品和解决方案被广泛应用于制造业、工程建设行业和传媒娱乐业。自 1982 年 AutoCAD 正式推向市场以来，欧特克已针对全球最广泛的应用领域，研发出最先进和完善的系列软件产品和解决方案，帮助用户提高生产效率、有效地简化项目并实现利润最大化，把创意转变为竞争优势。

## 10.1.1　欧特克 BIM 系统平台简介

1. 面向建筑生命周期的欧特克 BIM 解决方案

以 Autodesk Revit 软件产品创建的智能模型为基础。面向基础设施生命周期的欧特克 BIM 解决方案以 InfraWorks 360 和 AutoCAD Civil 3D 土木工程设计软件为基础。还有一套强大的补充解决方案用以扩大 BIM 的效用，其中包括项目虚拟可视化和模拟软件，AutoCAD 文档和专业制图软件，以及数据管理和协作。欧特克工程建设软件集提供综合性工具集，以富有成本效益的套装支持 BIM 流程。

2. 欧特克®工程建设软件集

针对建筑领域，利用一个软件集中提供的、涵盖概念设计到施工的设计技术（其中包括建筑信息模型（BIM）和 CAD）有效支持建筑生命周期的所有阶段。

针对基础设施领域，综合运用基于 CAD 的工具和基于模型的工具，将纵向和横向建筑信息模型（BIM）流程紧密联系在一起，改进设计决策和项目成果。

## 10.1.2　Autodesk 主要 BIM 软件产品

1. Autodesk Revit 软件介绍

Autodesk Revit 系列软件是由全球领先的数字化设计软件供应商 Autodesk 公司，针对工程建设行业开发的三维参数化设计软件平台。目前以 Revit 技术平台为基础推出的专业版模块包括：Revit Architecture（Revit 建筑模块）、Revit Structure（Revit 结构模块）和 Revit MEP（Revit 设备模块——设备、电气、给水排水）三个专业设计工具模块，以满足设计中各专业的应用需求。在 Revit 模型中，所有的图纸、二维视图和三维视图以及明细表都是同一个基本建筑模型数据库的信息表现形式。在图纸视图和明细表视图中操作时，Revit 将收集有关建筑项目的信息，并在项目的其他所有表现形式中协调该信息。Revit 参数化修改引擎可自动协调在任何位置（模型视图、图纸、明细表、剖面和平面中）进行的修改。

Revit 还提供大量的插件，包括自动化桥梁建模程序、Dynamo 参数化建模工具等。在基础设施领域，Revit 被广泛用于桥梁、隧道、地铁车站、水厂、大坝等各类构筑物设计。

2. Autodesk Navisworks 软件介绍

Autodesk Navisworks 是 Autodesk 出品的一个建筑工程管理软件套装 Autodesk® Navisworks® 系列产品，能够帮助建筑、工程设计和施工团队加强对项目成果的控制。

Navisworks 解决方案使所有项目利益相关方都能够整合和校审详细设计模型，帮助用户获得建筑信息模型（BIM）工作流带来的竞争优势。BIM 流程支持团队成员在实际建造前以数字方式探索项目的主要物理和功能特性，缩短项目交付周期，提高经济效益，减少环境影响。

3. Autodesk Civil 3D 软件介绍

AutoCAD Civil 3D 软件是 Autodesk 公司推出的一款面向基础设施行业的建筑信息模型（BIM）解决方案。它为基础设施行业的各类技术人员提供了强大的设计、分析以及文档编制功能。AutoCAD Civil 3D 软件广泛适用于勘察测绘、岩土工程、交通运输、水利水电、市政给水排水、城市规划和总图设计等众多领域。

AutoCAD Civil 3D 架构在 AutoCAD 之上，包含 AutoCAD 的所有功能。同时，AutoCAD Civil 3D 与 AutoCAD 有着高度一致的工作环境。通过工作空间的切换，甚至可以将 AutoCAD Civil 3D 瞬间改头换面为最为熟悉的 AutoCAD 界面。

除了 AutoCAD 的基本功能之外，AutoCAD Civil 3D 还提供了测量、三维地形处理、土方计算、场地规划、道路和铁路设计、地下管网设计等先进的专业设计工具。用户可以使用这些工具创建和编辑测量要素、分析测量网络、精确创建三维地形、平整场地并计算土方、进行土地规划、设计平面路线及纵断面、生成道路模型、创建道路横断面图和道路土方报告、设计地下管网等。

另外，AutoCAD Civil 3D 还集成了 Autodesk 公司的一款强大的地理信息系统软件——AutoCAD Map 3D。AutoCAD Map 3D 提供基于智能行业模型的基础设施规划和管理功能，可帮助集成 CAD 和多种 GIS 数据，为地理信息、规划和工程决策提供必要信息。

4. Autodesk® InfraWorks 360 软件介绍

Autodesk® InfraWorks 360 软件为台式机、Web 和移动设备提供了突破性的三维建模和可视化技术。通过更加高效地管理大型基础设施模型和帮助加速设计流程，土木工程师和规划师可帮助交付各种规模的项目。此外，用户还可以通过 Autodesk® InfraWorks 360 随时随地了解项目方案，从而与更广泛的受众进行交流。Autodesk® InfraWorks 360 除了基础设计功能之外，还包含了道路设计、桥梁设计和排水设计三个专业设计模块，可供土木工程设计师在真实的项目环境中开展方案和详细设计。

### 10.1.3 Autodesk 主要 BIM 环境资源

1. 族库

族库也就是构件库，是建模的基本单元。Autodesk 的族库有两种：一般族库随着软件的更新而同步发布，在软件的安装选项里选择国家和地区就可以安装基础的 Revit 软件的族库；另一种族库则主要有相关的设备企业贡献，放置于 Seek.autodesk.com，该网站上提供了主要软件如 AutoCAD，Revit 及 AutoCAD MEP 等软件格式的族库。

2. 插件资源及产品增强扩展包

欧特克维护 Subscription 提供的产品增强扩展包：在采购了 Autodesk Mantainess subscription 服务后登录网址：account.autodesk.com 可获取最新的产品与服务、产品增强包（插件）等功能。用户自主贡献的欧特克产品的客户端或插件：Autodesk 打造了一个软件二次开发产品发布与分享的平台，任何用户均可上传自己开发的插件用户分享或在线销售。

https：//apps.exchange.autodesk.com/RVT/zh-CN/Home/Index

3. 二次开发资源

欧特克提供二次开发的基本资料是：SDK 包。SDK 包在软件的安装包中即可获取，如输入建筑设计套包的如下地址（样例）即可获取 Revit 软件的 API 开发包：\BDS2016.IB3.Ultimate.px86x64\MASTER\Utilities\SDK

4. Autodesk Forge – 云服务技术平台

网址：http：//forge.autodesk.com/

Autodesk Forge 包含三部分，Forge 计划（program）、Forge 平台（platform）和 Forge 基金（fund）。Forge Program 致力于提供社区支持计划，通过代码示例、博客、论坛等多种方式支持用户使用 Autodesk 云服务扩展自己的业务。Forge Platform 即一系列云服务的总称，即一系列为设计、制造、使用、协作和可视化提供的云服务和 API。Forge Fund 基金提供 1 亿美金的基金投资于创业公司，以便促进 Autodesk 云技术的应用。

5. Autodesk360 系列服务之 A360 Drive - 基于云端的设计协同与文件管理

网址：360.autodesk.com

基础的网盘功能，可通过 Autodesk360 本地程序实现本地盘和网盘的同步，从而可支持多团队成员在同一个网盘上设计协同（前提是同一个账户登录）。

6. A360 Team 云端项目管理平台

网址：myhub.autodesk360.com

基于 A360 云端，组建项目团队，提交项目文档，发起项目会议记录项目管理的日志等，将项目、项目团队、文档资料、任务进行综合管理和记录。

7. Autodesk 360 系列服务之云端渲染

Autodesk® Cloud 提供了强大的渲染能力，支持在云中生成极具吸引力的视觉效果。缩短渲染时间，在桌面进行其他任务的同时，用户还可以在云端进行渲染；通过消除了对专业渲染硬件的需求，帮助用户降低成本。Revit 或 Navisworks 登录 Autodesk 账号后，若有相关的云积分（Cloud Unit），则可执行在线渲染。

8. Autodesk BIM 360

如前所述 Autodesk BIM 360 系列云产品是一种单独销售的租赁式云服务。通过 BIM 360 相关的云平台，可随时随地的获取 BIM 模型和信息、发起或解决项目任及进行项目状态查看与可视化汇报等。通过 BIM360 系列服务，用户可以将办公室及施工现场无缝地对接起来，打通 BIM 应用的“最后一公里”。目前 BIM 360 系列云产品主要包括 BIM 360 Glue、BIM 360 Field、BIM 360 Layout、BIM 360 Plan、BIM 360 Docs 以及 BIM 360 Team。服务范围涵盖包括施工深化、施工准备、施工现场和施工交付的施工全生命周期（注意一般 BIM360 系列服务支持 30 天内的免费试用）。

# 10.2 达索（Dassault）公司平台软件介绍

## 10.2.1 达索 BIM 系统平台简介

法国达索系统公司（Dassault Systémes）是 PLM（Product Lifecycle Management，产品生命周期管理）解决方案的主要提供者，与达索宇航公司（Dassault Aviation）同属于法国达索集团。2013 年全球营收额 25 亿美元，大部分来源于 PLM 领域。达索系统专注于产品生命周期管理（PLM）解决方案已有超过 30 年历史。在这 30 年间，达索系统一直是与全球各个行业中的领袖企业合作，行业跨度从飞机、汽车、船舶直到消费品和工业装备和建筑工程。达索系统帮助客户实现重大的业务变革，带来战略性的商业价值，包括缩短项目实施周期、增强创新、提高质量。

## 10.2.2 "3D 体验"

达索系统之所以能在众多不同的行业中取得成功，一方面借助于先进的三维设计和仿真工具，另一方面也依赖于灵活、强健、可靠的 PLM 系统平台。目前市面上的达索 PLM 产品分为 V5 和 V6 两个技术平台。V5 平台是以传统单机应用为基础的技术架构，而 V6 平台是以服务器应用为基础的云技术架构。2014 年，达索系统在 V6 平台的基础上推出了全新整合的"3D 体验（3DEXPERIENCE®）"协同平台，以及基于该平台的一系列行业解决方案。"3D 体验"解决方案具有如下特征：

1. 完全基于云的系统架构

"3D 体验"平台既提供企业云也提供公有云服务，可根据企业需求，灵活快速地部署。其企业云版本是将数据库部署在企业自身的服务器上，更适合企业安全和定制的需求。同时，面向中国市场的公有云服务也于 2016 年 9 月正式上线，适合于追求快速轻量化实施的企业。

2. 云端协同平台

在云端协同平台之上，由一系列的 3D 和智能软件工具组成众多的行业解决方案，服务于企业的各个流程，既包括工程设计、分析、施工，也包括项目管理、运营以及供应链管理。

3. 为所有软件产品重新设计了简单一致的、易于使用的用户界面

在"3D 体验"平台上，达索系统实现了前台和后台的双重整合：后台的所有数据存储在同一套数据库内，不同人员、不同软件模块都共享同一数据，不再需要交换数据或者转换格式；而前台的各个应用模块都基于同一个 3D 图形平台，因此可实现同样的操作方式和图形效果，不需要在不同的图形平台之间切换。

## 10.2.3 达索主要 BIM 软件产品

1. BIM 项目管理（ENOVIA）

大型建设项目越来越需要全球化的团队协作，并及时获取来自各方的信息。同时，随着建筑业主对项目全生命期管理的需求愈发提高，企业愈发希望借助 BIM 模型来实现上下

游协同，优化项目成本与收益。ENOVIA 是一套基于 B/S 架构的异地多项目协同管理系统，实现了项目管理与 BIM 信息的集成整合，以及单一数据源的信息共享，用于服务整个项目。

在项目管理中有三大要素：时间、成本、质量。在应用 BIM 的建筑业项目中，传统的管理软件要么侧重于时间进度和成本管理，要么侧重于模型质量和文档管理。而 ENOVIA 的最大特点是把这三者有机的结合起来，形成一个整合的 BIM 项目管理系统。

ENOVIA 关注以下几个方面的内容：

（1）时间管理：工作任务分解、项目进度、事件流程的自定义和跟踪处理；

（2）成本管理：资源利用与使用效率、成本跟踪、人员的任务分配与工作量统计；

（3）质量管理：2D/3D 协同校审、模型碰撞检查、历史版本记录与可视化对比。

ENOVIA 还提供了商业智能与大数据分析工具，能够将项目的所有信息集成汇总成动态图表看板，直观展示给项目经理以掌控全局。同时，它还具有高度灵活的可定制能力与扩展接口，能够根据企业的需求进行个性化的定制，以及与 ERP 等第三方系统的集成整合。

2. BIM 工程设计（CATIA）

CATIA 是达索系统的 CAD/CAE/CAM 一体化集成解决方案，现已整合到“3D 体验”平台。它覆盖了众多产品设计与制造领域，被广泛应用于航空航天、汽车制造、船舶、机械制造、消费品等诸多行业。在建筑行业，CATIA 常常被应用于复杂造型、超大体量的项目设计，其强大的曲面建模功能及参数化能力，为设计师提供了丰富的设计手段。同时，CATIA 也非常适合于设计与建造集成的一体化项目，并具有良好的二次开发扩展性。

针对建筑与土木工程行业，达索系统还建立了专门的研发团队，并已发布针对建筑幕墙和土木工程两个子行业的设计 / 建造集成解决方案。主要功能如表 10-1 所示。

CATIA 建筑与土木工程专用模块主要功能　　表 10–1

| 应用 | 功能 |
|---|---|
| 数字地形模型 | 1. 支持大地测量坐标系；<br>2. 通过测量点或等高线等原始数据生成数字地形模型；<br>3. 创建地形的纵 / 横断面；<br>4. 土方计算 |
| 土木工程建模 | 1. 专为土木工程提供的参数化建模工具和 2D 草图工具，适合于桥梁、隧道等工程设计；<br>2. 预置上百种预定义的土木工程构件模板，并可增加自定义模板；<br>3. 新的道路中心线设计功能（2017x 预览版） |
| 钢混构件设计 | 智能式钢筋建模（2017x 预览版） |
| 钢结构设计 | 1. 用于精细化设计的 3D 设计模型，并生成构件加工图；<br>2. 用于有限元分析的功能模型，可输出到 ANSYS、ABAQUS 等软件进行分析计算 |
| 建筑 / 结构的概念设计 | 1. 通过体量创建建筑概念造型；<br>2. 对建筑内部空间进行规划，并自动统计空间信息；<br>3. 预定义的梁、柱、基础等结构构件，高效生成结构模型；<br>4. 可将结构方案模型导出到分析软件 |
| 建筑精细化设计 | 1. 用于建筑及幕墙设计的 3D 建模与曲面造型功能、2D 草图功能；<br>2. 专业的钣金模块，可用于幕墙设计 |
| 手绘草图 | 支持数字手写板，可手绘 3D 电子草图 |

续表

| 应用 | 功能 |
| --- | --- |
| 设计校审 | 1. 3D 设计浏览及批注；<br>2. 碰撞检查 |
| 支持 IFC 标准 | 1. 内置基于 IFC 的 AEC 数据模型；<br>2. 通过 IFC 接口导入 / 导出 BIM 数据；<br>3. 可通过扩展支持自定义的 BIM 对象类型和属性 |

3. BIM 施工仿真（DELMIA）

DELMIA 致力于复杂制造 / 施工过程的仿真和相关的数据管理。在制造业，DELMIA 是最强大的 3D 数字化制造和生产线仿真解决方案。而在建筑业，DELMIA 被用作建筑施工规划的虚拟仿真解决方案，帮助用户高效利用时间、优化施工、降低风险等诸多优点。

借助于 3DEXPERIENCE 平台的集成数据环境和直观的 3D 场景，DELMIA 可以协助设计、施工、业主进行良好的沟通与分享。它具有以下功能：

（1）施工模型的组织：可通过 3D 图形界面，把设计模型转换、分解成施工模型，并生成具体的施工任务，并定义任务之间的逻辑关系，以及为每个任务分配资源。

（2）施工计划的编制：根据任务分解关系，自动生成甘特图。可调整任务起止时间，然后据此自动生成 4D 施工工序模拟动画。

（3）复杂工艺的验证：针对复杂的关键工艺，可以精细化模拟设备的运作过程，验证工艺可行性，降低操作风险。

（4）施工资源的优化：根据施工计划，分析设备、材料等各种资源的使用效率，避免现场窝工造成浪费，优化设备效率，节省成本。

（5）极具真实性的人机模拟：可模拟现场人员的各种动作，例如操作设备、现场安装等，以验证人员操作的可行性，确保人员安全，并优化工作效率。

（6）与 CATIA 无缝衔接：省去数据转化工作及数据处理带来的数据损失，节约数据转换时间，也更便于上下游的沟通与协作。

尽管很多软件都可以进行一定程度上的施工仿真模拟，但能够做到 DELMIA 这样精细化仿真同时符合工程真实性的软件并不多。在 DELMIA 中，企业可以根据项目中的不同场景实现不同的精细度的仿真模拟：总体上的施工规划可能只需要做到工序级别，而复杂的施工环节可能需要工艺级别甚至人机交互级别的仿真。借助 DELMIA 平台，无论是工序级别的进度规划还是工艺级别的操作流程，都可以在虚拟环境下得以验证。

4. BIM 仿真分析（SIMULIA）

达索 SIMULIA 品牌（前身为 ABAQUS 公司）是世界知名的计算机仿真软件，创立于 1978 年，其主要业务为世界上最著名的非线性有限元分析软件 Abaqus 进行开发、维护及售后服务。2005 年 5 月，前 ABAQUS 软件公司与达索系统合并，共同开发新一代的模拟真实世界的仿真技术平台 SIMULIA。

SIMULIA 不断吸取最新的分析理论和计算机技术，领导着全世界非线性有限元技术和仿真数据管理系统的发展，目前产品线包括统一有限元技术（Unified FEA）、多物理场分析技术（Multiphysics）和仿真生命周期管理平台（Simulation Lifecycle Management）三部分内容。Abaqus 软件已成为国际上最先进的大型通用非线性有限元分析软件，被全球工业界广泛接受，并引领制造业最真实模拟世界的仿真技术平台的发展。

Abaqus 软件已被全球工业界广泛接受，并拥有世界最大的非线性力学用户群。Abaqus 软件以其强大的非线性分析功能以及解决复杂和深入的科学问题的能力，在结构工程领域得到广泛认可，除普通工业用户外，也在以高等院校、科研院所等为代表的高端用户中得到广泛称誉。研究水平的提高引发了用户对高水平分析工具需求的加强，作为满足这种高端需求的有力工具，Abaqus 软件在各行业用户群中所占据的地位也越来越突出。

# 10.3 奔特力（Bentley）公司平台软件介绍

## 10.3.1 奔特力 BIM 系统平台简介

美国 Bentley 公司是全球领先的并致力于基础设施领域软件解决方案的提供商，其在土木交通领域的产品覆盖从规划、设计、施工到运维的各个阶段，并且在 BIM 数据的互用性、大体量模型的支撑能力，多专业协同及全生命周期工程信息 BIM 数据管理应用等方面具有较大的优势。

Bentley 面向市政行业的全生命周期解决方案总体构架如图 10-1 所示：

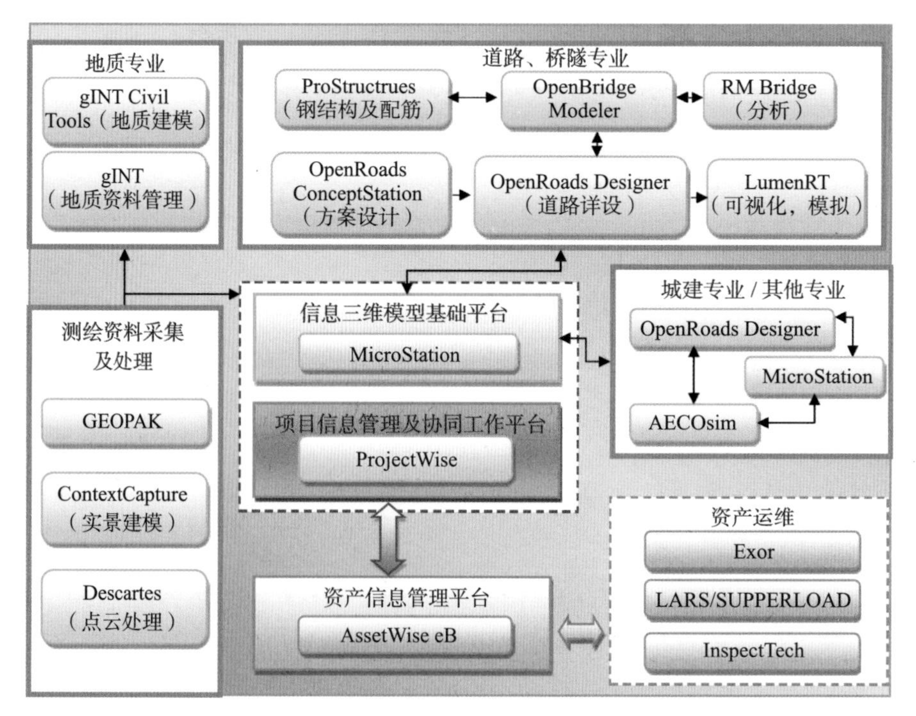


图 10-1　Bentley 市政行业全生命周期解决方案总体构架

市政行业采用 Bentley 公司的软件平台和专业软件来开展全生命周期 BIM 应用具有如下优势：

1. Bentley 产品具有较强的专业三维设计建模能力，其在市政道路、地下管网、公路、铁路、建筑、桥隧等方面的设计软件较为完善，针对各专业自身需求开发的软件保证了市政项目在设计和施工阶段 BIM 建模的各类需求。

2. Bentley 产品建立的所有模型具有统一的数据格式（.dgn），不需要转换，保证了兼容性和互用性；在分享和传递 BIM 模型时，可将其发布为轻量级的 i-model 数据格式。除了 Bentley 自身的市政建模产品以外，用户还可以用主流的 BIM 建模工具发布 i-model。在应用流程中使用 i-Model，可以在 BIM 信息无损的前提下，保证模型数据的处理效率，并可将信息模型在工程全生命周期进行有效的传递。

3. Bentley 优秀的 MicroStation 平台有着全球领先的对大体量模型的支持能力，使得 BIM 应用在常规的硬件条件下就得以实施，满足越来越复杂的市政行业项目的实际需求。

4. Bentley 全生命周期解决方案可以建设单位将建设期完成的整个项目信息模型移交给运营单位，并形成业主运营商需要的以资产信息模型为核心的数字化资产。

5. Bentley 优秀的工程项目内容管理及协同平台 ProjectWise 保证了项目所有参与方的信息共享及协同工作，支持三维信息模型及二维图纸的异地、移动设备上的快速查找和浏览，方便实现静态标准资料或归档资料的管理，以及动态的建设过程资料和工作流程的管理，满足数字化移交的要求。以 PW 为平台实现设计过程及施工阶段的管理，将直接为生产带来效益，真正实现 BIM 的价值。

6. Bentley 平台软件具有较好的二次开发接口，支持 VBA、C++、.Net 等开发工具，易于扩充，便于软件的后续发展。

### 10.3.2 奔特力市政行业主要 BIM 软件产品

1. OpenRoads 系列软件介绍

OpenRoads 是一款面向道路、轨道交通、桥隧、场地、雨水道等基础设施设计的专业软件，也是土木行业的 BIM 平台（与 MicroStation 同样基于 PowerPlatform 平台技术，可集成其他专业产品设计的模型），可为土木工程和交通运输基础设施项目的整个生命周期提供支持。它包括用于前期方案设计比选的 OpenRoadsConceptStation，详细设计的 OpenRoads Designer，以及跨平台 BIM 数据可视化查询浏览的 OpenRoads Navigator。

2. OpenBridge Modeler 软件介绍

OpenBridge Modeler 是一款专业智能的桥梁 BIM 软件。应用本软件可以直接根据地形、道路、入口坡道以及相关基础设施来校准桥梁设计，同时提供桥梁的上下部模板库，让复杂的桥梁模型设计能够高效智能地完成。并生成完整的桥梁几何线形报告，包括土木工程元素和桥梁元素报告、桥面和梁座标高、数量以及成本估算。

3. AECOsim Building Designer 软件介绍

AECOsim Building Designer 是 Bentley 集成化的建筑设计软件，可完成建筑设计、结构设计、电气设计、暖通设计、给水排水设计等三维设计及二维详图生成。具有面向对象的参数化创建工具，能实现智能的对象关联，参数化门窗洁具等；能够实现二维图纸与三维模型的智能联动。

4. ProjectWise 软件介绍

ProjectWise 是唯一一款专门针对基础设施项目的建造、工程、施工和运营进行设计和建造开发的项目协同工作和工程信息管理软件。以 ProjectWise 为核心建立项目信息管理中心和协同工作环境，在确保信息唯一性、安全性和可控制性的前提下，实现设计信息的方便、准确、迅速地传递。

5. AssetWise 及 eB 软件介绍

Bentley 认为整个项目的全生命周期可分为两个信息管理阶段，一个是项目建设期的项目信息管理 PIM，一个是运维阶段的资产信息管理 AIM，项目信息管理主要是通过 ProjectWise 来完成，在资产信息管理阶段则是利用 AssetWise 及其面向不同领域的专业运营产品来完成。ProjectWise 和 AssetWise 共同组成了 Bentley 为市政 BIM 应用提供的互联数据环境，支撑了从项目到资产的全声明周期 BIM 应用。

### 10.3.3 Bentley 市政实景建模解决方案

1. Bentley 实景建模解决方案

实景建模技术是最近几年刚刚兴起的一项新的技术，它引领了一场测绘以及三维建模领域的革命，相比于传统的手工测绘以及手工建模，实景建模技术可以大大节约人力成本和成本，实景建模技术可广泛应用数字城市城市规划、交通管理、数字公安、消防救护、应急安防、防震减灾、国土资源、地质勘探、矿产冶金、建筑设计、工程与施工、制造业、娱乐及传媒、电商、科学分析、文物保护、文化遗产等领域等领域，Bentley 公司在 2015 年收购实景建模技术全球领导者 Acute3D 公司之后，意在将此项技术应用到基础设施项目的全生命周期，服务于业主、工程师和设计师。

2. Bentley ContextCapture 利用普通照片创建三维模型

借助 ContextCapture，可以利用普通照片快速为各种类型的基础设施项目生成极具难度的现有条件三维模型。无需昂贵的专业化设备即可快速创建细节丰富的三维实景网格，并使用这些模型在项目的整个生命周期内为设计、施工和运营决策提供精确的现实环境背景。

用户可以使用 ContextCapture 快速可靠地生成任何规模的三维模型，小到几厘米的物体，大到整座城市。只受限于输入照片的分辨率，而生成的三维模型的精细程度没有限制。

3. Bentley ContextCapture 提供功能：

（1）可以接受多种硬件采集的原始照片或者视频，包括大中小型无人机、街景车、手持式数码相机、手机等，并直接把这些数据自动生成连续真实的三维模型，支持多种影像格式（图片：JPEG、TIF、RW2、3FR、DNG、NEF、CRW、CR2，视频：AVI、MPG、MP4、WMV、MOV）。

（2）通过点云（PTX/E57）生成三维实景网格模型。

（3）可生成带有多细节层次和分页优化的三维模型数据，三维网格导出格式（3MX/

OBJ/FBX/KML/Collada/STL/OSGB/I3S），能够方便地导入多种主流三维 CAD、BIM 和 GIS 应用平台。

（4）可以测量三维模型中点的 GPS 坐标、周长、面积、挖方、填方等。

4. Bentley ContextCapture 能够实现如下用途：

（1）分析 / 掌握现有条件；

（2）轻松传达设计意图并且更快获得利益相关方的认可；

（3）在真实环境中展示项目；

（4）风险管理；

（5）安防管理；

（6）监督建筑 / 施工项目；

（7）通过对模型进行单体化，添加属性实现资产的运维管理；

（8）通过虚拟仿真模拟对特殊环境下的地面工作人员进行培训。

### 10.3.4 与市政路桥设计结合典型工作流

第一步，在 Bentley ContextCapture 中生成三维实景模型；

第二步，通过 Bentley Descartes 产品从以上三维模型中自动提取地形数据；

第三步，在 Bentley ConceptStation 产品中把这些地形数据作为底图，用于道路 / 桥梁的前期设计；

第四步，模拟交通流量，虚拟化模型，使设计模型得到生动表达。

## 10.4 图软（GRAPHISOFT）公司平台软件介绍

### 10.4.1 图软 BIM 系统平台简介

GRAPHISOFT 隶属于德国 Nemetschek 国际集团旗下品牌之一。GRAPHISOFT 公司于 1982 年由 Gabor Bojar 和 Istvan Gabor 在匈牙利首都布达佩斯创建。GRAPHISOFT 凭借其卓越的产品以及独特的创造力专门为建筑师、工程师以及施工人员打造的建筑软件产品成为了众多软件中的领先者。其主打产品是由建筑师开发设计，专门针对建筑师的三维软件产品 ARCHICAD。GRAPHISOFT 和 ARCHICAD 荣获了一系列国际著名奖项。

30 年来，GRAPHISOFT 公司的特点是创新。GRAPHISOFT 通过行业内第一款为建筑师打造的 BIM 软件 ARCHICAD 引领 BIM 变革；通过创新的解决方案持续引领行业进步，比如革命性的 GRAPHISOFT BIM ServerTM 提供了全球第一个实时的 BIM 协作环境；GRAPHISOFT EcoDesigner 是世界上第一款完全整合的建筑能耗分析模型软件；GRAPHISOFT BIMx 是一款旗舰的 BIM 交流工具；著名的 Open BIM 概念亦由 GRAPHISOFT 提出。

### 10.4.2 图软主要 BIM 软件产品

1. ARCHICAD BIM 平台软件介绍

GRAPHISOFT 旗舰产品 ARCHICAD 是由建筑师开发，为建筑师服务的，是全球第一款建筑设计类 BIM 软件，至今已有 30 年的 BIM 经验。

为建筑方案设计、施工图设计、施工管理到后期运维提供一个可实施的 BIM 解决方案，帮助用户更有效地提高企业的生产效率，达到项目缩短工期、节约资金、提高建筑品质的目的。

ARCHICAD 丰富的造型能力让设计师可以自由释放他们的创造性，并将 BIM 工作流延伸到翻新改造工程项目。ARCHICAD 软件扩展了其 BIM 工具的设计能力，包括新的壳结构、变形体工具，以此支持古典与现代建筑中更广泛的建筑外观与造型。

除了建筑造型的自由度以外，在三维空间中进行自由设计一直是建筑师渴望的。在三维空间中进行自由造型增加了空间定位的难度。ARCHICAD 推出的 3D 辅助线和编辑平面工具革新了建筑设计软件对 3D 空间的定义，为建筑设计提供真实的透视图及 3D 环境。

快速、准确地生成符合国标的图纸和文档，是 ARCHICAD 的又一大优势。源于 20 世纪 80 年代的 ARCHICAD，在很多年里，一直是苹果个人电脑上唯一的一款建筑 CAD 软件。因此，ARCHICAD 不仅具有自由设计、形体建模方面的强大功能，在绘图、出图等二维工具上，也有多年积累的独特优势。

2. GRAPHISOFT MEP Modeler—ARCHICAD 插件介绍

MEP Modeler 是 GRAPHISOFT ARCHICAD 的一个扩展功能，可以用来创建、编辑或者导入 3D MEP 管网，并通过 ARCHICAD 进行碰撞检测和专业协调。使用这个工具，建筑师和工程师们可以在设计和建造过程中能得到更多的预知结果，达到了缩短时间、减少浪费、控制成本的目的，更好地协调建筑项目。

3. GRAPHISOFT Ecodesigner—ARCHICAD 插件介绍

能效分析是设计的一个关键因素。80% 有关可持续设计的决策发生在早期设计阶段。ARCHICAD 能够让建筑师可以在设计的最初阶段，积极地优化设计。

4. GRAPHISOFT BIM 服务器软件介绍

GRAPHISOFT 推出的 BIM 服务器是基于模型的团队协同解决方案中的先行者。

通过行业领先的 Delta Server 技术，在服务器和客户端之间传输的不再是文件，而是仅修改的元素。通过网络传输的文件量，由 100M 级字节，缩减为 100K 级字节，瞬间流量降低至最小，确保了在办公室内或通过互联网的协同工作和数据交换的速度及可靠性。

通过互联网的实时异地协同，既提高了工作效率，也打破了地理位置的限制。

5. GRAPHISOFT BIMcloud 解决方案介绍

它由最初为 GRAPHISOFT 的 BIM 服务器建立的“Delta-Server”技术发展而来的。BIMcloud 不仅仅是一个简单的“云”技术 BIM 服务器。它能够充分利用其自身优势使之前在传统 IT 设置中无法做到的资源管理和工作流整合。

6. GRAPHISOFT BIMx—ARCHICAD 插件介绍

BIMx 支持在移动设备上浏览，为 GRAPHISOFT 用户提供独有的竞争优势。新版本的 BIMx 提供即时交互功能，可以使远在施工现场的设计师能实时反馈变更修改信息，与设计师进行交流，提高工程沟通效率。

最新发布的 BIMx Docs 和 BIMx Pro，引入了超级模型和在线沟通的理念。不仅可以对模型进行浏览漫游，更可以随意查看各个角度、视点对应的图纸文档，自由进行剖切；并且可以将移动端的批注、意见等，通过网络发回到 ARCHICAD 里，真正实现无缝沟通。

### 10.4.3 开放的设计协同（OPEN BIM）

Open BIM 是由 GRAPHISOFT® 和 Tekla® 和 buildingSMART® 的其他成员发起的推动及促进贯穿于 AEC 行业的 Open BIM 理念的一个市场活动，为计划成员提供定向交流的平台和共同的商标。

Open BIM 为普遍的参考者建立了一个通用语言，使行业和政府使用透明的商业协议，可进行评估的服务和可靠的数据质量来获得项目。

Open BIM 支持透明开放的工作流，且提供贯穿项目生命周期的持续的项目数据，避免重复输入相同数据和间接的错误。小的以及大的（平台）软件供应商能够在系统上独立的参与和竞争，是“最好的组合”解决方案。

### 10.4.4 ARCHICAD 对 IFC 的支持

ARCHICAD 软件推行其开放的设计协同道路，完善与各学科协同工作流，比如通过改善模型修改的监测及对 IFC 性能的优化。对 IFC 界面的持续更新帮助其维护及提升在这个领域的领导力，也是 ARCHICAD 软件最重要的一个不同之处。

ARCHICAD 是 IFC 的先行者，GRAPHISOFT 公司在 BuildingSmart 联盟中，既是 IFC 标准制定者同样也是支持者，对于其他 BIM 软件厂商，只要是原生支持 IFC 标准，而非部分支持，理论上就可以与 ARCHICAD 实现 100% 数据的交换。

通过对 IFC 的支持，ARCHICAD 提供了除基于其 API 接口进行应用开发外的另一个广阔的应用集成途径，无论是对于结构、设备专业的设计，还是能量、安全分析，都可以有效地集成在一起，因此基于 ARCHICAD 模型的多专业一体化设计是未来最值得期盼的一件事情。

数据交付成果从单一的 .DWG 格式到包含多种数据信息的 .IFC 格式，甚至到完全区别于传统格式的 BIMx，以共享和交换信息为目的，协助建设项目在全生命周期内基于数字化设计的创建、修改以及后续应用提供了更加丰富的用户体验。

## 10.5 北京鸿业同行科技有限公司平台软件介绍

### 10.5.1 鸿业 BIM 系统平台简介

北京鸿业同行科技有限公司（简称鸿业公司）是一家全国领先的高新技术软件公司，

致力于基础设施建设领域的软件开发及销售服务，公司成立于 1992 年 12 月 20 日，发展到今天拥有 200 多名员工，以北京、上海、洛阳为核心覆盖全国，超过 3000 家单位，20000 多名工程师正使用鸿业软件。公司参与制定了多套国家与行业标准，受到了业界用户的一致好评。鸿业公司服务宗旨是：用心服务、坚持进取。

2008 年鸿业公司开始启动 BIM 产品线建设，BIM 可以直观表达设计意图，表现复杂构造及相互空间关系，方便进行碰撞与干涉检查，为分析计算提供充分的信息，可实现元素级协同设计，精确进行工程量统计，便于施工过程的模拟和成果检查，有利于设计与施工运维的衔接。BIM 技术涉及多专业，多领域的综合应用，其实现方式是多种软件工具相互配合的结果。

鸿业公司融合二十多年工程设计件软的开发经验，结合市政、建筑设计规范和我国本地化设计习惯，在市政、建筑设计领域全面推广基于 BIM 核心的产品解决方案，建筑领域，在 REVIT 平台上推出了涵盖建筑、给水排水、暖通空调、电气等专业的 BIM 设计软件；市政领域，推出了以 AutoCAD 为基础，以三维道路路立得为设计平台，涵盖城市规划、市政道路、交通设施、三维管线、暴雨模拟和低影响开发、综合管廊等专业的 BIM 设计软件。

## 10.5.2　鸿业市政领域主要 BIM 软件产品

1. 路立得——道路设计软件介绍

路立得不仅是 BIM 企业解决方案设计平台，还可以为企业提供智能化、自动化、三维解决方案。覆盖了市政道路设计和公路设计的各个层面，能够有效地辅助设计人员进行地形处理、平面设计、纵断设计、横断设计、边坡设计、交叉口设计、立交设计、三维漫游和效果图制作等工作。所有设计、三维、算量、出图等工作都紧密围绕 BIM 这个核心进行。实现了所见即所得、模拟、优化以及不同专业间的协调功能，同时结合市政道路设计软件，可以完成平、纵、横、土石方等二维施工图设计和各类表格工程量统计。随着 BIM 概念在工程建设行业的推广应用，路立得 BIM 信息将成为衔接规划、设计、施工、运维的整个工程全生命周期的信息载体。

桥隧设计是路立得三维建模的一部分，自动根据设计参数生成三维数据，在设计过程中可以随时查看当前的三维模型。可实现常规桥梁和隧道三维设计外，互通立交桥三维设计，带辅路的跨线立交、下穿立交三维设计。特殊桥梁拱桥、斜拉桥、悬索桥三维建模。

鸿业交通设施设计软件是严格结合《道路交通标志和标线》GB 5768-2009 开发的新版交通设施设计软件。可以进行图面布置，快速生成大样图和各种工程量表，标志杆和标志牌布设可智能关联道路方向，支持标志牌版面多语言文字，进行标志杆结构计算和绘制结构大样图，可辅助快速完成交通设施的设计工作。

2. 管立得——室外管线设计软件介绍

管立得三维管线设计系统包括给水排水管线设计、燃气管线设计、热力管网设计、电力管线设计、电信管线设计、管线综合设计。管道支持直埋、架空和管沟等埋设方式，电力电信等支持直埋、管沟、管块、排管等埋设方式。软件可进行地形图识别、管线平面智能设计、竖向可视化设计、自动标注、自动表格绘制和自动出图。平面、纵断、标注、表格联动更新。可自动识别和利用鸿业三维总图软件、鸿业三维道路软件路立得以及鸿业市政道路软件的成果，管线三维成果也可以与这些软件进行三维合成和碰撞检查，实现三维漫游和三维成果自执行文件格式汇报，满足规划设计、方案设计、施工图设计等不同设计阶段的需要。

3. 综合管廊设计系统

鸿业综合管廊设计系统基于 AutoCAD 和 Revit 双平台。可以进行综合管廊工艺设计、机电设计、结构设计和管道设计。通过系统提供的系列工具快速建立管廊 BIM 模型，并可以根据 BIM 模型生成施工图以及工程数量表。并且该系统所建立的管廊 BIM 模型可以和鸿业路立得、管立得结合，生成完整的地形、地上道路、桥梁与建筑、地下管网、综合管廊的合成模型。

4. 暴雨排水模拟和低影响开发系统

鸿业暴雨排水和低影响开发模拟系统以《室外排水设计规范》、《海绵城市建设技术指南》、《海绵城市专项规划编制暂行规定》等规范文件为依据，以 AutoCAD 为平台，融设计、分析、模拟于一体，既可进行传统做法的模拟计算，也可用于低影响开发措施下的模拟计算，适用于总规、控规、修详等方面的低影响开发模拟计算，也可以进行管网、湖泊、河流一体化的模拟和内涝规划编制。

软件采用二三维一体划机制，二维设计的同时，自动生成 BIM 设计成果。管道、检查井、地形、街道、建筑等 BIM 化，可以通过漫游发布，生成 EXE 自执行文件，进行三维淹没分析、漫游查看，也可以使用该发布形式的 BIM 模型浏览、查询相关专业信息，使领导更直观了解设计意图。也可用来指导施工和后续运维。

5. 族立得

族立得是基于 REVIT 平台和大型数据库的族库管理软件。提供族的分类管理、快速检索，设备布置，导入导出、族库升级等功能。内置大量本地化族 3000 余种，10000 多个类型，是设计院实现族库标准化、族成果管理和快速建模的得力工具。

6. 鸿业 BIMSpace 管理平台

鸿业 BIMSpace 完全实现了从工具软件向平台软件转变的质的飞跃。鸿业 BIMspace 从工程项目管理的全生命周期出发，设置族库管理、文件管理、资源管理三大基础模块。其中族库管理将 3000 多种类型的族直接提供给用户使用，同时将全面的管理机制一并提供给用户使用；文件管理则将中心文件的创建、备份、存档流程化，为设计单位的快速应用提供帮助；而资源管理中涵盖常见的各专业样板和几十种视图模板，将设置界面化，便于终端用户的直接使用。从三大基础模块到建筑软件、性能分析、机电软件、管线综合等六个方面入手，一方面着力解决了设计人员使用 Revit 软件常见的上手慢、效率低、出图难的问题；另一方面对三维建模的实际效果进行价值分析的同时，特别针对深化设计部分，提供了管道调整、对齐、加套管、开组合洞和支吊架等系列功能。

7. BIM 解决方案市政协同设计图（图 10-2）

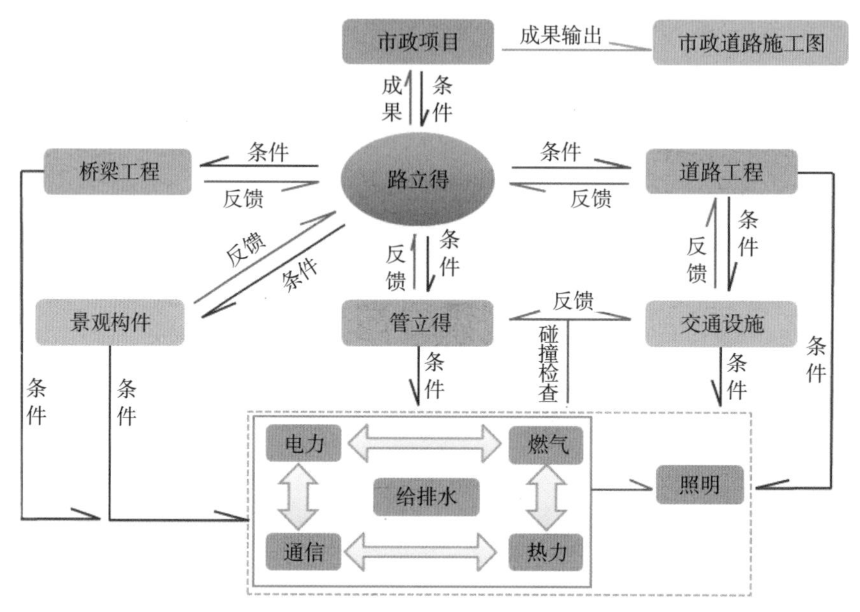


图 10–2　市政工程设计鸿业软件应用解决方案

# 10.6　北京探索者软件股份有限公司平台软件介绍

## 10.6.1　探索者 BIM 系统平台简介

北京探索者软件股份有限公司是工程软件领域提供全专业二三维一体化解决方案的软件开发商和供应商。公司成立于 1999 年，现已发展成为北京总部集研发、销售、服务、咨询为一体，并拥有遍布全国的销售和服务网络的知名软件公司。经过十几年积累，公司自主研发的 40 余款软件产品覆盖民用、工业、市政、石油、电力、机械等多个行业。全国 95% 以上的甲级设计院为探索者软件的用户。同时，探索者公司参与了多个国家、省、行业、院标准的制定。公司现已逐步转变为能提供技术咨询、项目设计辅助、软件定制以及与客户共同开发等多元化、全方位的技术型服务企业。

探索者软件股份有限公司从 2008 年开始从事 BIM 领域的软件开发，是国内最早从事 BIM 研发的软件公司，公司着力打造探索者“BIM 云平台、三维信息化管理、三维协同设计、数据中心、出图、应用”六大平台，覆盖了 BIM 设计的全过程；并针对不同需求推出了基于 Revit、SP3D、PDMS 等多个三维平台的解决方案。

探索者软件借助自身研发优势及深厚的专业积累，在建筑领域，探索者现已开发完成了建筑、结构、水暖电全专业的 BIM 应用解决方案。解决方案以云平台及三维设计管理平台为支撑，并通过“三维设计、二维表达”的设计理念，解决全专业 BIM 的建模、设计、计算、出图、应用问题。

在市政领域，探索者数据中心平台为 Revit、CATIA 等不同三维设计平台提供模型数据转换功能，实现多专业之间数据共享与协同，并针对水池这类特定市政工程，完成了基于双平台的探索者水池工程协同设计平台，该平台以 BIM 理念为核心，完成从工艺提资到结构建模，从计算分析到出图算量各设计阶段的完整信息数据模型以及全流程数据流通。

### 10.6.2 探索者市政领域主要 BIM 软件产品

1. 探索者云平台

在市政设计行业，针对 BIM 应用过程，通过建立云平台，保障 BIM 设计过程的数据访问，提供不间断的需求服务，用户在任何时间、任何地点、利用任何设备、通过任何网络连接，都能调取 BIM 相应软件，从无线、有线到 Web，可以随时访问所需的桌面，从而可以安全、自由地实现实时业务处理。

2. 水池设计系统 TSTK 产品介绍

TSTK2016 是一个基于 Revit 和 CAD 双平台，集工艺提资、快速建模、有限元计算、一键出图、自动算量等功能于一体的可视化水池工程辅助设计系统。探索者水池设计系统广泛适用于电力、石油、市政、化工、医药、建材、水利、环保等类型的结构专业水池设计。主要包括沉淀池、曝气池、消化池、清水池、调蓄池等多种使用类型。

探索者水池设计系统 TSTK 优势：

（1）模型信息的完整性

探索者水池辅助设计系统的模型信息除了对工程对象进行三维几何信息和拓扑关系的描述，还包括完整的工程信息描述，例如池壁、梁、板、柱、支柱、扶壁柱等各种结构主体构件；走道板、加腋等附属结构构件以及管廊、洞口等工艺要求。

（2）模型计算分析准确性

探索者水池设计系统具有自主研发的有限元分析（TKAnalysor）功能，基于准确水池模型的网格剖分技术，荷载组合自动添加功能，并提供了多种其他有限元分析软件（SAP2000、midas GEN）的接口来进行分析对比和包络设计，提供内力云图查看及计算结果文本输出功能。

探索者水池辅助设计系统可根据有限元计算分析结果，自动完成选配筋过程，生成水池工程的三维立体钢筋，保证了水池工程 BIM 模型数据的完整性。

（3）一键成图

使用本软件，可以在快速的建立水池模型后，自动计算出图，一键生成全部水池施工图。程序自动生成施工图主要包括水池顶层平面图、底层平面图、池壁平面图、剖面图、洞口加固图、钢筋表等。

1）提供多种方式快速建立各类水池结构模型；

2）直接识别工艺或建筑条件图，自动建模；

3）用户手动输入尺寸数值，参数化建模；

4）在已有条件图的基础上，通过手工选择图形实体等方式，人机交互建模。

（4）精确计算

TSTK 可以自动计算内部水压力、外部水压力、外部土压力等多种受力信息；具备完善的荷载组合功能，自动实现多种类型的荷载组合。对于多格水池的可变荷载，程序自动实现各荷载单独作用的荷载组合。提供两种计算方法供用户选择：

1）手算查表法，采用规范公式查表计算；

2）有限元法，采用自主开发的高精度有限元内核进行计算。

（5）计算与施工图同步

用户可以在使用过程中计算模型和施工图同时修改，修改完成后时时进行同步对比。用户可以在施工图绘制完成后，再次返回修改计算模型，程序即可实现同步绘制新的施工图，用户可以通过另存多个工程的方式，将几次采用不同模型和计算方法生成的施工图进行对比参照。

（6）专业向导

程序在使用过程中，无处不在地体现了对用户的专业引导，使用户绘制的施工图在不知不觉中满足各种繁杂的条文要求。增强了结果图形的可使用度，减少用户查找规范条文的麻烦。

（7）图面美观

程序中应用了大量的优化几何图形算法，确保图形生成结果美观，这些优化图面的几何算法是目前国内最先进的算法。

图 10-3 为探索者水池设计系统 TSTK 关键技术。

内置的独立数据库技术

系统定义了专用的 TKM 工程文件格式，每个工程文件采用【内置的独立数据库】，数据库中包含了水池工程的几何数据、连接关系、荷载数据、水位数据、用户设置的工程规范数据、计算结果数据、配筋数据、底图、施工图等，TKM 文件中集成了前述各类数据，因此用户可以创建多个工程同时操作。

磁吸技术

在用户交互输入建模时，采用了【磁吸技术】，用户只需点取构件附近位置，程序会将坐标位置磁吸到构件结点或构件连接边上。

构件三维编辑技术

构建三维编辑技术：用户可以在二维视图和三维视图下编辑修改构件几何数据和属性，相互连接的构件可以联动修改，也可以独立修改，编辑时采用了 ToolTip 导航、亮显、双击激活等方式，所见即所得，极其直观方便。

提供多种有限元分析软件及 BIM 软件接口

提供了多种有限元分析软件及 BIM 软件的接口来进行分析计算，如 SAP2000、MIDAS、STAAND.PRO、PKPM、TKAnalysor（探索者分析软件）、Revit、Bently ISM 等。

施工图多样化与递归剖切技术

除了能自动生成全部施工图以外，运用独创的递归剖切算法，在任何视图上操作都能得到任意大小和任意方向的剖切图，图面清晰美观，尺寸标注精准合理。

探索图面自动建模

参数化建模、用户交互输入建模、Revit 数据导入建模以及搜索用户底图自动建模。

水格连通

自动合并多个不同不格呈一个大水格或将一个大水格分解出多个独立水格，且自动维护水位连通性和一致性。

构件光滑处理技术

各个相互连接的构件都自动进行了融合与光滑处理，使得整个水池模型显示真实美观，并且能精准计算出各类构件的混凝土用量。

钢筋三维编辑技术

采用了钢筋三维编辑技术，可以在三维视图中直接修改钢筋的等级、间距、直径、锚固长度等，编辑时采用了 ToolTip 导航、亮显、双击激活等方式，所见即所得，并且可以使得施工图联动修改。

钢筋联动修改技术

钢筋联动修改技术：在任何视图上修改了一处钢筋的数据，其他视图或钢筋表都能同步修改。

图 10-3　探索者水池设计系统 TSTK 关键技术

# 参考文献


[1] 清华大学 BIM 课题组《设计企业 BIM 实施标准指南》

[2] 清华大学软件学院 BIM 课题组《中国建筑信息模型标准框架研究》

[3] 国家标准《建筑工程信息模型应用统一标准（送审稿）》

[4] 国家标准《建筑工程设计信息模型交付标准（送审稿》

[5] 国家标准《建筑工程设计信息模型分类和编码标准（送审稿）》

[6] 住房城乡建设部《关于推进建筑信息模型应用的指导意见》

[7]《上海市政府推广应用 BIM 技术指导意见》

[8]《上海市建筑信息模型技术应用指南（2015 版）》

[9] 上海现代集团《上海地区 BIM 技术应用标准体系研究》研究报告

[10] 上海现代集团《上海市“十三五”BIM 技术推广应用政策需求》

[11] 上海现代集团《上海市“十三五”BIM 技术推广应用能力建设规划》

[12] 上海市工程建设规范《上海市建筑信息模型应用标准》DG/TJ 08-2001-2016

[13] 上海市工程建设规范《市政各排水建筑信息模型应用标准》DG/TJ 08-2205-2016

[14] 上海市工程建设规范《市政道路桥梁建筑信息模型应用标准》DG/TJ 08-2204-2016

[15] 欧特克公司《Autodesk BIM 部署方案》

[16] 北京市地方标准《民用建筑信息模型设计标准》DB11/T 1069-2014

[17] 深圳市建筑工务署《深圳市建筑工务署政府公共工程 BIM 应用实施纲要》

[18] 深圳市建筑工务署标准《BIM 实施管理标准（2015 版）》

[19] 上海申通地铁集团有限公司《城市轨道交通 BIM 应用技术标准》

[20] 住房城乡建设部工程质量安全监管司《市政公用工程设计文件编制深度规定（2013 年版）》

[21] 筑龙 BIM 网 http：//bim.zhulong.com/

[22] 中国 BIM 门户网 http：//www.chinabim.com/

[23] 中国 BIM 培训网 http：//www.bimcn.org/